U0252344

高能炸药爆轰学

陈　朗　刘丹阳　杨　坤　著

科 学 出 版 社

北　京

内 容 简 介

本书是关于高能炸药爆轰理论和技术研究的专著。全书分为 6 章，分别介绍了炸药爆轰基本理论，炸药爆轰基本性能计算，炸药爆轰反应数值模拟，炸药冲击起爆研究，炸药爆轰波结构分析，含铝炸药爆轰能量释放研究等内容。

本书可供从事爆轰物理、炸药技术和弹药设计的科研人员、教师、工程师以及相关专业的研究生阅读或参考。

图书在版编目(CIP)数据

高能炸药爆轰学 / 陈朗, 刘丹阳, 杨坤著. -- 北京 : 科学出版社, 2024. 11. -- ISBN 978-7-03-080449-5

I. TQ564

中国国家版本馆 CIP 数据核字第 2024PS9535 号

责任编辑: 陈艳峰　郭学雯 / 责任校对: 彭珍珍
责任印制: 张　伟 / 封面设计: 无极书装

科 学 出 版 社 出版
北京东黄城根北街 16 号
邮政编码: 100717
http://www.sciencep.com
北京中科印刷有限公司印刷
科学出版社发行　各地新华书店经销
*
2024 年 11 月第　一　版　开本: 720 × 1000　1/16
2024 年 11 月第一次印刷　印张: 12
字数：240 000

定价：128.00 元

(如有印装质量问题，我社负责调换)

前　言

炸药是在一定强度刺激下能够发生快速反应，在极短时间内释放大量能量，发生爆炸的物质。炸药爆炸是靠一个带化学反应的冲击波在炸药中高速传播来完成的。人们把这种带化学反应，以稳定速度传播的冲击波，称为爆轰波，把以爆轰波完成的炸药反应过程称为炸药爆轰。

炸药爆轰波主要由前沿冲击波和爆轰反应区组成，具有一定的结构和宽度。一般高能炸药爆轰波时间宽度在几十纳秒范围，空间宽度为毫米以下。炸药在爆轰波内完成化学反应，释放的能量几乎全部支持爆轰波传播，化学反应结束之后是爆轰气体产物膨胀过程。因此，在爆轰中，炸药会在极短时间和空间范围内，完成从凝聚相态向气态的快速转化，同时，能释放出大量的热量，在有限空间内形成高温高压状态，对周围介质产生强烈的压缩作用，形成高强度爆炸冲击波。爆炸冲击波压缩和波后膨胀拉伸，会使周围物体破坏，而高温高压爆轰气体产物的快速膨胀又会推动物体高速运动。人们正是利用了炸药爆炸冲击波的破坏和爆轰气体产物膨胀的作用来实施军用毁伤和民用爆破。因此，深入认识炸药爆轰行为和能量释放规律，发展系统的炸药爆轰理论，对单质炸药设计与合成、混合炸药配方研究、战斗部装药设计和威力评估、爆炸安全性研究等具有十分重要的意义。

在本书中，我们系统介绍了炸药爆轰基础理论、计算方法和试验技术，总结了近十多年来，围绕高能炸药爆轰反应的研究成果和经验，可为从事炸药技术、爆轰物理和弹药工程等相关研究的科研人员、教师和研究生提供参考。

本书分为 6 章。第 1 章炸药爆轰基本理论，主要介绍炸药爆轰 CJ 理论、ZND 爆轰模型和非平衡态 ZND 爆轰模型。第 2 章炸药爆轰基本性能计算，主要介绍炸药爆轰性能的化学热力学数值计算、近似计算和反应分子动力学计算方法。第 3 章炸药爆轰反应数值模拟，主要介绍炸药爆轰非线性有限元计算方法、炸药爆轰反应速率方程和状态方程及其参数标定方法。第 4 章炸药冲击起爆研究，主要介绍炸药冲击起爆机制、起爆临界条件理论分析、冲击起爆研究方法，炸药组分和温度对冲击起爆的影响。第 5 章炸药爆轰波结构分析，主要介绍炸药与窗口界面粒子速度测量试验原理、炸药爆轰波结构参数分析方法，含铝炸药爆轰波结构特征及铝粉反应分析。第 6 章含铝炸药爆轰能量释放研究，主要介绍含铝炸药爆轰不同阶段能量释放研究方法、铝粉含量和尺寸对爆轰能量释放的影响规律。

本书涉及的研究工作得到了国家自然科学基金重点项目 (11832006)、国家自然科学基金青年科学基金项目 (12302432)、北京理工大学爆炸科学与安全防护全国重点实验室基金 (QNKT23-13)、国防预研重大专项等的支持，获得了中国兵器科学研究院，中国兵器工业集团第二〇四研究所、八〇五厂，中国工程物理研究院流体物理研究所、化工材料研究所等单位的大力支持和帮助。本书出版得到了北京理工大学爆炸科学与安全防护全国重点实验室出版基金的资助。在此，深表感谢！

作者才疏学浅，书中难免存在不妥之处，望读者指正。

陈 朗

2024 年 6 月 8 日

目　录

前言
第 1 章　炸药爆轰基本理论 …… 1
1.1　CJ 爆轰理论 …… 1
1.1.1　爆轰波的基本方程式 …… 1
1.1.2　CJ 爆轰的稳定传播条件 …… 4
1.1.3　基于 CJ 模型的炸药爆轰参数计算 …… 7
1.2　爆轰波的 ZND 模型 …… 8
1.2.1　ZND 爆轰模型 …… 8
1.2.2　ZND 模型爆轰波反应区内的定常解 …… 10
1.3　CJ 点后的稀疏波 …… 12
1.4　非平衡态 ZND 爆轰模型 …… 14
参考文献 …… 16
第 2 章　炸药爆轰基本性能计算 …… 17
2.1　炸药爆轰性能化学热力学计算 …… 17
2.1.1　炸药爆轰产物热力学状态方程 …… 17
2.1.2　炸药爆轰性能化学热力学数值计算方法 …… 25
2.2　炸药爆轰性能参数的近似计算 …… 31
2.2.1　单质炸药爆轰性能参数的近似计算 …… 31
2.2.2　混合炸药爆轰性能参数的近似计算 …… 32
2.2.3　爆轰性能参数的其他近似计算 …… 33
2.3　炸药爆轰性能参数反应分子动力学计算 …… 35
2.3.1　反应分子动力学计算基本原理 …… 35
2.3.2　反应分子动力学计算炸药爆轰性能参数 …… 36
参考文献 …… 42
第 3 章　炸药爆轰反应数值模拟 …… 45
3.1　非线性有限元计算基本理论 …… 46
3.2　炸药爆轰反应速率方程 …… 49
3.2.1　反应速率相关概念 …… 49
3.2.2　炸药热分解反应速率方程 …… 52

3.2.3 典型炸药爆轰反应速率方程 ······ 53
3.3 炸药爆轰产物 JWL 状态方程 ······ 57
3.4 未反应炸药状态方程 ······ 60
3.5 炸药爆轰反应速率方程和未反应炸药状态方程参数标定 ······ 61
3.5.1 基于永磁体磁场的炸药爆轰电磁粒子速度测量法 ······ 62
3.5.2 未反应炸药状态方程参数 ······ 64
3.5.3 炸药爆轰反应速率方程参数 ······ 66
3.6 炸药爆轰产物状态方程参数标定 ······ 71
3.6.1 炸药圆筒试验 ······ 71
3.6.2 炸药爆轰产物 JWL 状态方程参数 ······ 76
参考文献 ······ 80
第 4 章 炸药冲击起爆研究 ······ 83
4.1 炸药冲击起爆机制 ······ 83
4.2 炸药冲击起爆临界条件理论分析 ······ 86
4.2.1 非均质炸药冲击起爆“热点”理论 ······ 87
4.2.2 孔隙度和温度对炸药临界起爆条件的影响 ······ 91
4.3 炸药冲击起爆研究方法 ······ 96
4.4 不同组分混合炸药冲击起爆研究 ······ 99
4.5 炸药温度对冲击起爆的影响 ······ 105
4.5.1 受热炸药的冲击起爆试验和数值模拟 ······ 106
4.5.2 受热炸药密度和晶型变化对冲击起爆的影响 ······ 107
4.5.3 高温下黏结剂状态变化对炸药冲击起爆的影响 ······ 113
参考文献 ······ 116
第 5 章 炸药爆轰波结构分析 ······ 124
5.1 炸药爆轰波结构分析方法 ······ 124
5.2 炸药与窗口界面粒子速度测量试验原理 ······ 126
5.3 炸药爆轰波参数分析 ······ 127
5.3.1 阻抗匹配计算法 ······ 129
5.3.2 实验直接测量法 ······ 131
5.3.3 分段拟合法 ······ 132
5.4 CL-20 含铝炸药爆轰波结构特征 ······ 136
5.5 CL-20 含铝炸药爆轰中铝粉反应分析 ······ 139
参考文献 ······ 144
第 6 章 含铝炸药爆轰能量释放研究 ······ 146
6.1 含铝炸药爆轰能量释放研究情况 ······ 146

6.2 含铝炸药爆轰产物膨胀前期的能量释放 …… 150
6.2.1 强约束炸药驱动金属平板试验 …… 150
6.2.2 铝粉含量和尺寸对炸药驱动金属能力的影响 …… 152
6.2.3 含铝炸药爆轰产物 JWLM 状态方程 …… 159
6.3 含铝炸药爆轰产物膨胀中期能量释放 …… 161
6.3.1 强约束炸药爆轰驱动水体的试验 …… 162
6.3.2 强约束炸药爆轰驱动水体流场特征 …… 163
6.3.3 强约束炸药爆轰水中冲击波能量 …… 165
6.3.4 强约束炸药爆轰产物膨胀做功 …… 169
6.4 含铝炸药爆轰产物膨胀后期能量释放 …… 171
6.4.1 炸药水中自由场爆炸试验 …… 172
6.4.2 炸药水中自由场爆炸能量释放特征 …… 173
6.4.3 铝粉含量对炸药水中爆炸性能的影响 …… 176
6.4.4 铝粉尺寸对炸药水中爆炸性能的影响 …… 178
参考文献 …… 180

第 1 章　炸药爆轰基本理论

炸药爆炸主要是通过快速传播的爆轰波来完成的。炸药中的爆轰波是一种带化学反应的冲击波，它在炸药中传播时，冲击波前沿阵面会强烈压缩炸药，使其发生快速化学反应，释放大量热量，支持爆轰波以稳定的速度传播。炸药反应后，突变为高温高压气态爆轰产物，对周围介质产生强烈的压缩作用，形成爆炸冲击波和高速气体流动。因此，炸药爆轰过程涉及强动态冲击、快速化学反应、冲击波高速传播和气体产物高速运动等复杂的物理化学变化，这是化学反应和快速流动耦合问题。目前，尽管实验观测手段和计算技术已有很大进步，但是人们仍然不能够全面认识炸药爆轰本质反应机制和细节过程。

如果同时考虑爆轰的化学反应和流动，问题就变得十分复杂，难于求解。为此，人们采用了不考虑爆轰中的化学反应，只看单纯的流动过程，基于流体力学理论来处理的方法，使问题容易求解，从而发展了基于 CJ(查普曼–朱格特) 和 ZND(泽尔多维奇–冯·诺依曼–德林令) 模型的经典爆轰理论，解决了大量工程计算问题。

本章主要介绍炸药 CJ 爆轰理论、ZND 模型以及非平衡态 ZND 模型，这是研究炸药爆轰问题的基本理论。

1.1　CJ 爆轰理论

CJ 理论由查普曼 (Chapman D L) 和朱格特 (Jouguet E) 在 19 世纪末、20 世纪初各自独立地提出，被称为查普曼–朱格特理论，简称爆轰波的 CJ 模型 [1,2]。该理论有两个主要特征：一是完全忽略了爆轰的化学反应，认为化学反应在无限薄的爆轰波阵面上瞬间完成。二是提出爆轰波稳定传播的基本条件，即 CJ 条件。这在很大程度上简化了问题，从而能够获得爆轰问题的解析解。

1.1.1　爆轰波的基本方程式

CJ 爆轰模型认为爆轰波是一维的，不考虑在传播过程中的热传导、热辐射及耗散效应，爆轰波阵面是一个强间断，化学反应在爆轰波阵面上瞬间完成，波阵面后的爆轰产物处于热化学平衡状态。因此，爆速为 D 的爆轰波是一个带化学反应的强间断，其模型可用图 1.1.1 表示，图中 p、ρ、e、T、u 分别表示压力、密度、内能、温度和介质质点速度，下标 0 和 1 分别代表爆轰波前和波后两种状态。

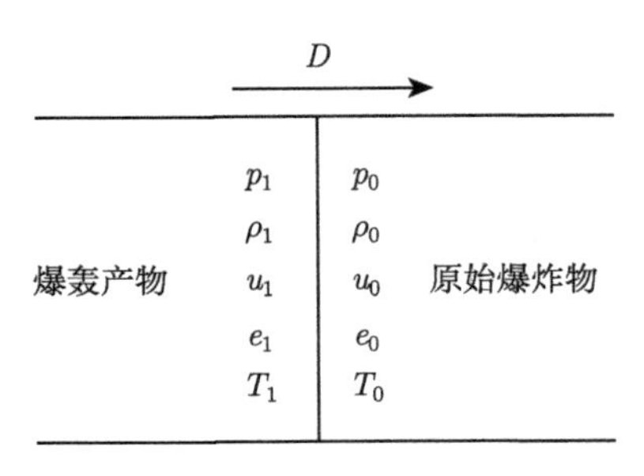

图 1.1.1　CJ 爆轰模型

CJ 模型将爆轰波视为带化学反应的冲击波，因此波阵面上应满足质量、动量和能量守恒三大定律，爆轰波与冲击波的基本关系式相似，但在能量守恒方程中，需加一个反应热项来体现化学反应的能量释放。如果将坐标系取在爆轰波阵面上，那么站在该坐标系上观察，原始爆炸物以 $D-u_0$ 的速度流入，则爆轰产物以 $D-u_1$ 的速度从波阵面后流出。

由质量和动量守恒定律，得到

$$\rho_0(D-u_0)=\rho_1(D-u_1) \tag{1.1.1}$$

$$p_1-p_0=\rho_0(D-u_0)(u_1-u_0) \tag{1.1.2}$$

一般情况下，爆轰波前质点速度 $u_0=0$，而 $\rho=\dfrac{1}{v}$，v 为比容，将其代入式 (1.1.1) 和式 (1.1.2) 可得波速 D 和爆轰产物质点速度 u_1 的表达式

$$D=v_0\sqrt{\frac{p_1-p_0}{v_0-v_1}} \tag{1.1.3}$$

$$u_1=(v_0-v_1)\sqrt{\frac{p_1-p_0}{v_0-v_1}} \tag{1.1.4}$$

式 (1.1.3) 可改写为

$$p-p_0=-\frac{D^2}{v_0^2}v+\frac{D^2}{v_0} \tag{1.1.5}$$

它代表 p-v 坐标平面内一条过初始状态点 (p_0,v_0) 的直线，其斜率为 $-\dfrac{D^2}{v_0^2}$，这条直线为瑞利 (Rayleigh) 线。当波前状态 (v_0,u_0) 已知时，直线的斜率只与爆速 D 有关系，而爆速与炸药性质有关，对于给定的炸药，其爆速是一定的，且爆速也较容易被测量。

若以 E_0 和 E_1 分别表示炸药和爆轰产物单位质量的总内能，Q_0 和 Q_1 分别表示炸药和爆轰产物单位质量所含的化学能，e_0 和 e_1 表示相应状态的物质内能，则爆轰波阵面前后单位质量的总内能分别为

$$E_0 = e_0 + Q_0$$

$$E_1 = e_1 + Q_1$$

而波阵面通过前后单位物质总内能的变化为

$$E_1 - E_0 = (e_1 - e_0) + (Q_1 - Q_0) \tag{1.1.6}$$

其中，$Q_1 - Q_0$ 的实质是爆轰反应放出的化学能，又称为爆热。由于爆轰产物中化学能 Q_1 为零，故上式可改为

$$E_1 - E_0 = (e_1 - e_0) - Q_0 \tag{1.1.7}$$

根据能量守恒定律，单位时间、单位面积上从波阵面流入的能量应等于从波后流出的能量。流入波面的物质所携带的能量包括物质本身所具有的内能 $E_0\rho_0(D-u_0)$，物质流动的动能 $\rho_0(D-u_0)\dfrac{1}{2}(D-u_0)^2$ 和由物质的体积与压力所决定的压力势能 $P_0(D-u_0)$。

流出波阵面时能量同样包括上述三项，这样，爆轰波的能量守恒方程为

$$\begin{aligned}&E_0\rho_0(D-u_0) + \rho_0(D-u_0)\frac{1}{2}(D-u_0)^2 + p_0(D-u_0)\\&= E_1\rho_1(D-u_1) + \rho_1(D-u_1)\frac{1}{2}(D-u_1)^2 + p_1(D-u_1)\end{aligned} \tag{1.1.8}$$

在 $u_0 = 0$ 的条件下，将式 (1.1.3)、式 (1.1.4) 和式 (1.1.6) 代入，可以推导出爆轰波的于戈尼奥 (Hugoniot) 曲线方程为

$$e_1 - e_0 = \frac{1}{2}(p_1 + p_0)(v_0 - v_1) + Q_0 \tag{1.1.9}$$

以上根据质量、动量和能量三个守恒定律建立了爆轰波的三个基本方程式 (式 (1.1.3)、式 (1.1.4) 和式 (1.1.9))。如果加上爆轰产物的状态方程，就具备了四个方程，但是爆轰波有五个参数 (p_1、ρ_1、u_1、e_1或T_1和D)，方程组不封闭，因此，还需要建立第五个方程式。查普曼和朱格特通过研究爆轰波在炸药中稳定传播的条件，建立了第五个关系式，即所谓爆轰波稳定传播的 CJ 条件式，使方程组封闭有解。

1.1.2　CJ 爆轰的稳定传播条件

前面已述，在给定的初始条件 (v_0, p_0) 下，爆轰波以某一特定的速度 D 定型传播，爆轰波反应区内各断面上产物的状态处在瑞利线上，由于爆轰波的于戈尼奥线是爆轰反应产物的终态的轨迹，那么稳定传播的爆轰波，其反应终了爆轰产物的状态，应与爆轰波的瑞利线和其于戈尼奥曲线的交点或切点相对应。在 v-p 同一平面上作初始状态为 (v_0, p_0)，爆速为 D 的爆轰波的瑞利线和于戈尼奥曲线，以及不含反应的冲击波的于戈尼奥曲线，如图 1.1.2 所示。图中曲线 1 为冲击波的于戈尼奥曲线，曲线 2 为爆轰波的于戈尼奥曲线，曲线 3 是过 O 点的等熵线。ON 和 OW 是过 O 点与曲线 2 相切的两条线，分别相切于 J 点和 W 点，直线 OA 是过 O 点作的垂直线 (爆速 $D=\infty$)，与曲线 2 相交于 A 点，直线 OB 是过 O 点作的水平线 (爆速 $D=0$)，与曲线 2 相交于 B 点，斜线 OLK 和斜线 OHS 是过 O 点的两条割线，交点分别为 L、K、H、S。从图中可以看出，爆轰波瑞利线与爆轰波于戈尼奥曲线之间存在以下几种情况。

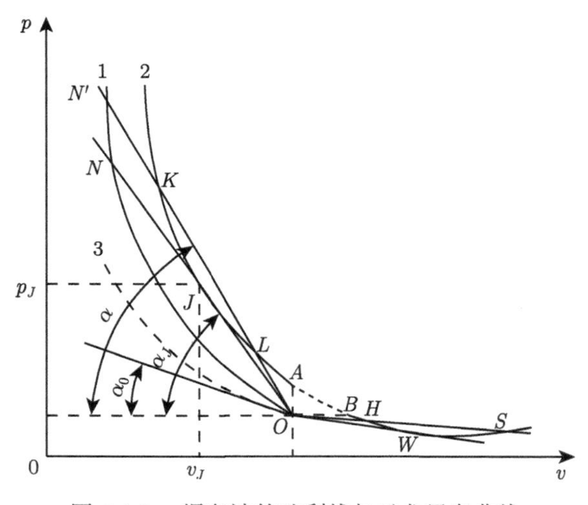

图 1.1.2　爆轰波的瑞利线与于戈尼奥曲线

对于 AB 段，由于在该线段内，$v > v_0, p > p_0$，因此 $\dfrac{p-p_0}{v_0-v} < 0$，故根据方程 (1.1.3) 可知，爆速 D 为虚数，这种情况没有实际意义，因此不必研究它。

在 B 点处，$v > v_0, p = p_0, D = 0$。这符合定压燃烧现象。

在 B 点以下的部分，具有 $v > v_0, p < p_0$，按方程 (1.1.3) 可知爆速 D 为实数，但据方程 (1.1.4) 可知爆轰波过后质点速度 $u_1 < 0$。这表明对应的波是稀疏波而不是压缩波，符合燃烧过程的特征，故曲线 2 的 BWS 段这部分对应的是燃烧过程而不是爆轰过程。其中 BHW 段的 $(p-p_0)$ 负压值较小，称为弱燃烧支；

而 WS 段的 $(p-p_0)$ 负压值较大，称为强爆燃烧支；W 点的状态与燃烧波速度最大值的过程相对应，同时由于在 W 点处 $-\left(\dfrac{\partial P}{\partial v}\right)_{2,W}=\dfrac{p_W-p_0}{v_0-v_W}$，所以该点称为燃烧过程的 CJ 点，其特点是燃烧过程是稳定传播的。

在 A 点处，满足 $v<v_0,p>p_0$ 的条件，同样由式 (1.1.3) 知爆速 D 为无穷大，这表明该点是与定容的爆轰过程相对应的。

在 A 点以上的 AJK 线段上，各点都满足 $v<v_0,p>p_0$ 的条件，据式 (1.1.3) 和式 (1.1.4) 可知 D 和 u 皆为正值，且由于通过该线段上的任意点的瑞利线与横坐标负方向的夹角都比等熵线 3 在过初始点 $O(v_0,p_0)$ 的切线与横坐标负方向的夹角 α_0 大，即

$$\left(\frac{p-p_0}{v-v_0}\right)_2>-\left(\frac{\partial p}{\partial v}\right)_{S,0}$$

因此，该线段上各点相应的过程的爆轰波传播速度 D 比原始爆炸物的当地声速 c_0 大，这表明该段各点符合爆轰过程的特征，故称为爆轰支。其中 J 点称为 CJ 爆轰点，过该点是对应的最小爆轰速度 D_J。在 J 点以上的部分，$(p-p_0)$ 值要比 J 点以下 (即 JLA 线段) 线段上各点对应的 $(p-p_0)$ 值要大，因此，被称为强爆轰支，则 JLA 线段部分被称为弱爆轰支。

从上述对曲线 2 上各 JLA 段物理意义的分析可知，爆轰过程反应产物的终态点必然在该曲线的爆轰支上。

那么在爆轰支上的所有点是否能够维持爆轰波的稳定传播呢？查普曼和朱格特对该问题各自进行了深入的理论研究，得出了同一结论。认为爆轰波若能自持稳定传播，则只有爆轰反应终了产物的状态，与瑞利线和爆轰波于戈尼奥曲线 2 相切点 J 的状态相对应，否则，爆轰波在自由传播时是不可能定常传播的。

切点 J 的状态称为 CJ 状态，该状态的重要特点是爆轰波相对于波后产物的速度为声速，也就是说稀疏波在此状态下传播的速度恰好等于爆轰波向前推进的速度，即

$$D_J-u_J=c_J \quad 或 \quad c_J+u_J=D_J \tag{1.1.10}$$

该式被称为查普曼–朱格特方程，简称为 CJ 方程或 CJ 条件。式中 u_J 为 CJ 面处爆轰产物的质点运动速度，c_J 为爆轰波 CJ 面处产物的声速。对于任何弱扰动都是以当地的声速进行传播的，而 c_J+u_J 为 CJ 面的当地声速。根据这一特点，则爆轰波面后的稀疏波就不能传入爆轰波反应区之中，因此，反应区内所释放出的能量，全部用来支持爆轰波的定常传播。

对切点 J 满足 $c_J+u_J=D_J$ 这一结论可以进行证明论证。在 p-v 平面上，

过初始点 (v_0, p_0) 作瑞利线 R 与于戈尼奥曲线 2 以及过两线相切点 J 的等熵线 S，如图 1.1.3 所示。其中 $\alpha_{\min}$ 为瑞利线 R 和水平轴线之间的夹角。

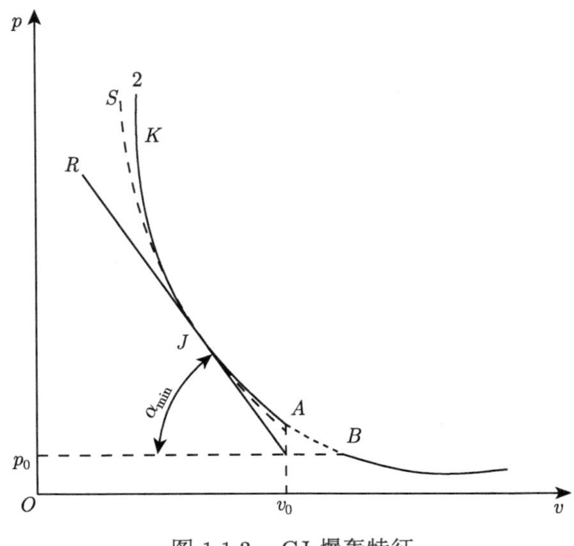

图 1.1.3　CJ 爆轰特征

由于瑞利线 R 与于戈尼奥曲线 2 在 J 点相切，因此由切点条件知

$$\left(\frac{\mathrm{d}p}{\mathrm{d}v}\right)_{R,J} = \left(\frac{\mathrm{d}p}{\mathrm{d}v}\right)_{2,J}$$

式中，下标 R 和 2 分别表示瑞利线和于戈尼奥曲线，J 表示切点。

而瑞利线的斜率为

$$-\left(\frac{\mathrm{d}p}{\mathrm{d}v}\right)_{R,J} = \frac{p_J - p_0}{v_0 - v_J}$$

因此有

$$-\left(\frac{\mathrm{d}p}{\mathrm{d}v}\right)_{R,J} = -\left(\frac{\mathrm{d}p}{\mathrm{d}v}\right)_{2,J} = \frac{p_J - p_0}{v_0 - v_J} \tag{1.1.11}$$

将爆轰波的于戈尼奥曲线方程式 (1.1.9) 进行微分，有

$$\mathrm{d}e = \frac{1}{2}\left[(v_0 - v)\,\mathrm{d}p - (p + p_0)\,\mathrm{d}v\right] \tag{1.1.12}$$

将式 (1.1.11) 代入式 (1.1.12)，可以得到

$$\left(\frac{\mathrm{d}e}{\mathrm{d}v}\right)_{2,J} = -p_J \tag{1.1.13}$$

而爆轰产物处于热力学平衡状态，因此根据热力学平衡方程

$$T\mathrm{d}S = \mathrm{d}e + p\mathrm{d}v \tag{1.1.14}$$

对于沿着过 J 点的等熵线 S_J，熵 S 是随比容 v 变化的一条与水平轴线平行的线，即 $\left(\dfrac{\mathrm{d}S}{\mathrm{d}v}\right)_{S,J} = 0$，因此根据式 (1.1.11) 可得到 $\left(\dfrac{\mathrm{d}e}{\mathrm{d}v}\right)_{S,J} = -p_J$，由此在 J 点处有 $\left(\dfrac{\mathrm{d}e}{\mathrm{d}v}\right)_{S,J} = \left(\dfrac{\mathrm{d}e}{\mathrm{d}v}\right)_{2,J} = -p_J$，这表明等熵线和于戈尼奥曲线也在 J 点相切，即 J 点是瑞利线、于戈尼奥曲线和等熵线的公切点。

由 J 点是三线的公切点的条件可知

$$-\left(\frac{\mathrm{d}p}{\mathrm{d}v}\right)_{R,J} = -\left(\frac{\mathrm{d}p}{\mathrm{d}v}\right)_{2,J} = -\left(\frac{\mathrm{d}p}{\mathrm{d}v}\right)_{S,J} = \frac{p_J - p_0}{v_0 - v_J} \tag{1.1.15}$$

而根据式 (1.1.3) 和式 (1.1.4) 可得

$$D_J - u_J = v_J\sqrt{\frac{p_J - p_0}{v_0 - v_J}}$$

将式 (1.1.15) 代入上式得

$$D_J - u_J = v_J\sqrt{-\left(\frac{\mathrm{d}p}{\mathrm{d}v}\right)_{S,J}} = c_J$$

故式 (1.1.10) 得到论证，因此，爆轰波能够稳定传播必然在 J 点处有爆轰波传播速度等于波后质点速度加上爆轰产物的声速。

1.1.3 基于 CJ 模型的炸药爆轰参数计算 [3]

假定炸药爆轰产物满足“γ 定律”状态方程：

$$E(p, v, \lambda) = \frac{pv}{\gamma - 1} - q\lambda \tag{1.1.16}$$

其中 E 为单位质量内能、p 为压力，v 为比容。将式 (1.1.16) 代入式 (1.1.9)，认为凝聚相炸药爆轰产物压力 p 很高，$p_0 = 0$ 是一个非常好的近似，因此可得

$$\left(\frac{pv}{\gamma - 1} - q\right) - \frac{1}{2}p(v - v_0) = 0 \tag{1.1.17}$$

把式 (1.1.3) 代入，消除式 (1.1.17) 中的 p，得到爆轰冲击下可能的比容的二次方程：

$$v^2 - Bv + C = 0 \tag{1.1.18}$$

其中，$B = 2\gamma v_0/(\gamma+1)$，$C = (\gamma-1)(1+2q/D^2)v_0^2/(\gamma+1)$。判别式 (B^2-4C) 确定式 (1.1.18) 根的特性。此时，常数 C 中的 D 值是自由的。对于 B^2 大于、等于或小于 $4C$ 的情况，式 (1.1.18) 分别存在两个、一个或零个实根。单个实根 (即唯一解) 的情况对应于

$$D_{\mathrm{CJ}}^2 = 2q(\gamma^2-1) \tag{1.1.19}$$

这是 CJ 解。对于小于式 (1.1.19) 的 D 值，没有符合守恒定律和化学反应区长度为零假设的实解。

根据 D_{CJ} 值可以得到

$$v_{\mathrm{CJ}} = \gamma v_0/(\gamma+1) \tag{1.1.20}$$

$$p_{\mathrm{CJ}} = \rho_0 D_{\mathrm{CJ}}^2/(\gamma+1) \tag{1.1.21}$$

其中，$\rho_0 = 1/v_0$，

$$u_{\mathrm{CJ}} = D_{\mathrm{CJ}}/(\gamma+1) \tag{1.1.22}$$

1.2 爆轰波的 ZND 模型

CJ 模型与真实爆轰过程并不完全相符。实际上爆轰波不是一个严格的强间断面，它存在一个有一定厚度的反应区，在反应区内存在复杂的反应，对部分爆轰反应区较宽的炸药，CJ 模型有明显的偏差。20 世纪 40 年代苏联科学家泽尔多维奇 (Zel'dovich)，美国科学家冯 • 诺依曼 (von Neumann)，德国科学家德林令 (Doering) 在 CJ 模型的基础上，各自独立地提出了考虑爆轰波结构的 ZND 模型，认为化学反应不是瞬时完成的，化学反应是在一定的厚度区域内按一定的反应速率完成的，爆轰波阵面由先导冲击波和紧随其后的化学反应区构成 [1,2]。同 CJ 模型相比，ZND 模型更接近爆轰反应的真实情况。

1.2.1 ZND 爆轰模型

ZND 模型假设爆轰波阵面有一定的厚度 x_0，由一个无反应的前导预压冲击波和紧随其后的具有一定厚度的连续化学反应区构成，它们以同一速度 D 沿爆炸物传播，其爆轰波结构示意图如图 1.2.1 所示。图 1.2.2 是反映状态变化的 p-v 图，给出了爆轰波阵面内发生的历程，即未反应炸药首先受到前导冲击波的强烈冲击作用，由初始状态点 O 突跃到冲击波于戈尼奥曲线上的 N 点，

该点温度和压力突然升高。但这个冲击过程不发生任何化学反应，随后高速化学反应才被激发，并沿着瑞利线继续进行放热化学反应。随着反应的进行，代表反应进度的变量 λ 从点 $N(\lambda=0)$ 逐渐增大，所释放出的化学反应热能 λQ_0 也逐渐增大，状态由点 N 沿瑞利线逐渐连续向反应 CJ 点 $(\lambda=1)$ 变化，反应区内流体质点处于局部热力学平衡状态。在此过程内随着反应进行，比容 v 不断增大，压力 p 逐渐减小到 p_J，反应热全部释放出。也就是说，爆轰波 ZND 模型假设爆轰波是由前沿预压冲击波和紧跟的连续反应区所构成的，而反应末端对应为 CJ 点的状态。

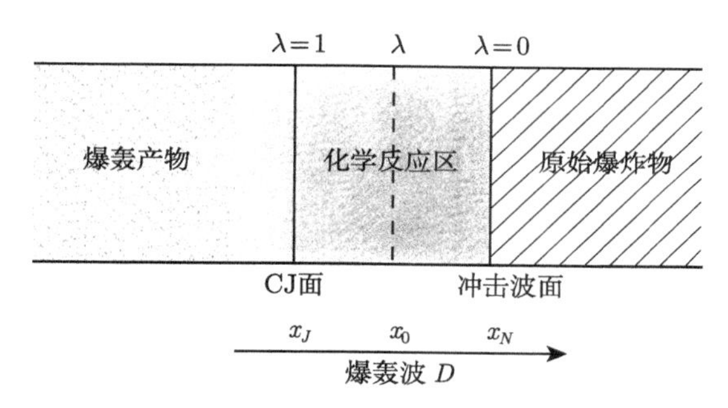

图 1.2.1 ZND 模型爆轰波结构示意图

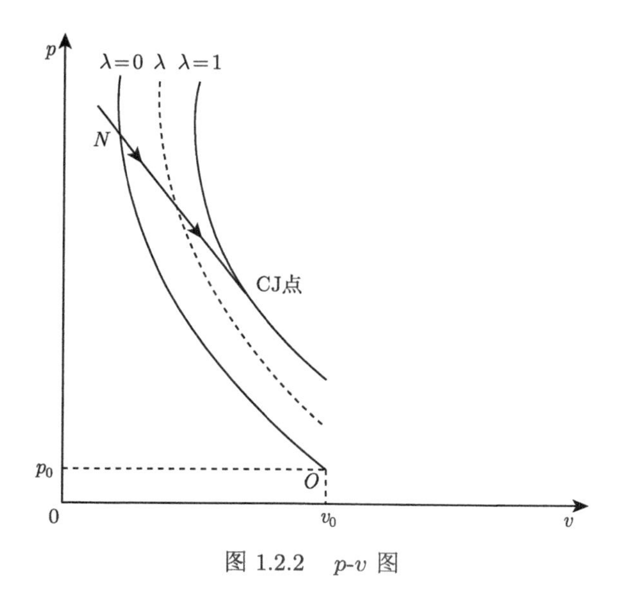

图 1.2.2 p-v 图

在 ZND 模型中爆轰波内的压力分布可用图 1.2.3 来表示。它显示的是一个正在沿爆炸物传播的爆轰波，波阵面厚为 x_0。在前沿冲击波后压力突跃到 p_N，随着反应的进行，压力急剧下降，在反应终了时断面压力降至 CJ 压力 p_{CJ}。CJ 面后为爆轰产物的等熵膨胀区，在该区内压力随着膨胀而平缓下降。图中 CJ 面与前沿冲击波阵面之间压力急剧下降变化的部分称为压力峰 (von Neumann 峰)。

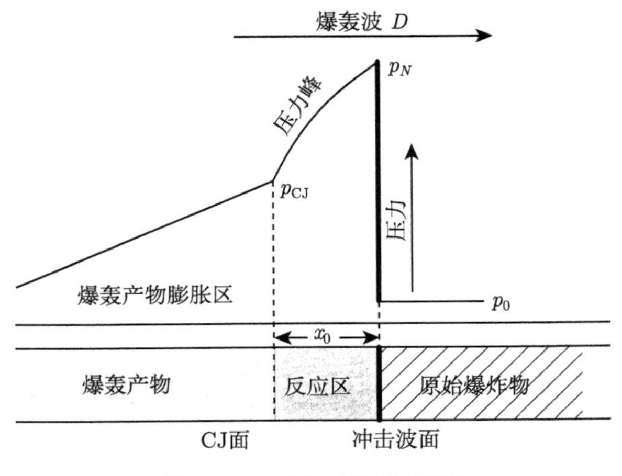

图 1.2.3　ZND 爆轰波模型

ZND 模型是一种经典的爆轰波模型，但仍不完善，并不能完全反映出爆轰波阵面内所发生过程的实际情况。例如，在反应区内所发生的化学反应过程，实际上并不像该模型所描述的那样井然有序，层层展开。由于爆轰介质的密度及化学成分的不均匀性，冲击起爆时爆炸化学反应响应的多样性，冲击起爆所引起的爆轰面的非理想性，以及冲击起爆后介质内部扰动波系的相互作用以及边界效应等，都可能导致对理想爆轰条件的偏离。此外，爆轰介质内部化学反应及流体分子运动的微观涨落等，加之介质的黏性、热传导、扩散等耗散效应的影响，都可能引起爆轰波反应区结构畸变，爆轰波反应区末端并不一定完全满足于 CJ 爆轰条件。

1.2.2　ZND 模型爆轰波反应区内的定常解

爆轰波在反应区内所发生的化学反应历程极为复杂，其中同时存在多级反应过程，因此，用单级特征反应度来表示爆轰波反应区内某一断面处爆炸物的反应进度是不准确的，另外，爆轰波在传播过程中存在着热传导和辐射现象，同时介质的黏性等使得反应过程中存在能量损失。因此，为得到反应区内的定常解，ZND 模型提出了如下几点假设。

(1) 爆轰波的传播过程是一维的；

(2) 前沿冲击比化学反应区薄得多，可以处理为一个无反应的强间断，并忽略黏性、热传导、辐射、扩散等耗散效应，即认为爆轰反应过程无损耗；

(3) 爆轰波反应区内所发生的反应类型是单一的，并且从前沿预压冲击波阵面后到 CJ 面间反应进度是连续增加的，在前沿波阵面后进行的化学反应度 λ 为零，而在 CJ 面处反应全部完成 (λ 为 1)；

(4) 认为爆轰反应区内任一断面处热力学变量均处于局部热力学平衡状态，同时由于爆轰波反应区的厚度远大于分子的自由程，因此可以在反应区内取任一控制面，采用流体动力学的三个守恒定律研究问题。

在上述假设的基础上，可以研究爆轰波反应区内状态参数的分布情况。首先确定反应区内各状态参数 $p, v(\rho), u, T$ 与反应度 λ 之间的函数关系，然后应用反应动力学方程进一步确定各状态参数沿反应区宽度 x 的分布。

如图 1.2.1 所示，在 x 断面到 x_N 断面之间取一个控制面，x_N 面以前为未反应炸药，当到达 x 断面处时已有部分炸药发生了反应，反应度为 λ。在该控制面两侧的参数，同样根据质量、动量和能量守恒定律，由 1.1 节中 CJ 爆轰模型中爆轰波基本公式的推导可得

$$\rho(D-u)=\rho_0(D-u_0) \tag{1.2.1}$$

$$p-p_0=\rho_0\left(D-u_0\right)\left(u-u_0\right) \tag{1.2.2}$$

$$e-e_0=\frac{1}{2}\left(p+p_0\right)\left(v_0-v\right)+\lambda Q_0 \tag{1.2.3}$$

式中，下标 0 表示波前原始爆炸物参数，而 p, u, ρ, v, e 代表反应区内任一断面处以及反应终了态的状态值。

由于内能 e 是压力 p、比容 v 和反应度 λ 的函数，即

$$e=e(p, v, \lambda) \tag{1.2.4}$$

而其中 λ 在这里只有一个分量，因为在 ZND 模型中只考虑单个反应，其反应速率方程为

$$\frac{\mathrm{d}\lambda}{\mathrm{d}t}=r\left(p, v, \lambda\right) \tag{1.2.5}$$

因此，如果反应速率 r 已知，则式 (1.2.1) ~ (1.2.4) 和反应速率方程 (1.2.5) 中，需要求解的变量为 p、u、v 和 λ，共 4 个，因此，方程组封闭，该方程组有解。

由上面的方程组可知，在爆速 D 给定的情况下，只要给出反应进度 λ 的具体值，就可以解出爆轰波反应区内任一断面处的定常解。然而要确定反应过程中的反应度 λ，必须研究出反应速率方程的具体形式及其对时间的积分结果，同时需知道反应物的状态方程，但是状态方程和反应速率方程的形式一般较为复杂，很难求得具体的解析表达式，需要采用数值计算方法计算爆轰过程。

1.3　CJ 点后的稀疏波

在 CJ 模型和 ZND 模型中，都假定起爆材料是无黏性的，即输运过程 (黏度、扩散等) 可以忽略不计。在这种流体中，产生熵的唯一其他来源 (即不可逆性) 是化学反应或冲击波。系统中唯一的冲击是爆炸冲击，而在 CJ 平面上化学反应已经完成，因此，CJ 平面后的流动是等熵的 [3]。γ 定律状态方程的形式为

$$p = C\rho^{\gamma} \tag{1.3.1}$$

这里 C 是常数。

在这些情况下，CJ 面后爆轰气体产物的流动，只由质量和动量守恒方程控制，即

$$\frac{\partial\rho}{\partial t} + u\frac{\partial\rho}{\partial x} + \rho\frac{\partial u}{\partial x} = 0 \tag{1.3.2}$$

和

$$\frac{\partial u}{\partial t} + u\frac{\partial u}{\partial x} + \gamma C\rho^{\gamma-2}\frac{\partial\rho}{\partial x} = 0 \tag{1.3.3}$$

其中，式 (1.3.1) 被用于表示动量方程 (1.3.3) 中的压力项。

由于在 CJ 面后的流动部分没有相关的空间或时间尺度，所以它应该是自相似的。根据泰勒相似理论，可将自相似变量 $z \equiv x/t$ 引入式 (1.3.2) 和式 (1.3.3) 中来表示。用这个变量，可将两个偏微分方程简化为常微分方程：

$$(u-z)\frac{\mathrm{d}\rho}{\mathrm{d}z} = -\rho\frac{\mathrm{d}u}{\mathrm{d}z} \tag{1.3.4}$$

和

$$(u-z)\frac{\mathrm{d}u}{\mathrm{d}z} = -\gamma C\rho^{\gamma-2}\frac{\mathrm{d}\rho}{\mathrm{d}z} \tag{1.3.5}$$

将式 (1.3.5) 除以式 (1.3.4) 得到等式

$$\left[\gamma C\rho^{\gamma-3}\right]^{1/2}\mathrm{d}\rho = \mathrm{d}u \tag{1.3.6}$$

对上式积分得到反应区后的稀疏波流速：

$$u = \frac{D_{\mathrm{CJ}}}{\gamma-1}\left[\frac{2\gamma}{\gamma+1}\left(\frac{\rho}{\rho_{\mathrm{CJ}}}\right)^{\frac{\gamma-1}{2}} - 1\right] \tag{1.3.7}$$

在得到式 (1.3.7) 时，在膨胀开始的 CJ 等熵线上，使用了 CJ 值 $p_{\mathrm{CJ}} = \dfrac{\rho_0 D_{\mathrm{CJ}}^2}{\gamma+1}$，$u_{\mathrm{CJ}} = \dfrac{D_{\mathrm{CJ}}}{\gamma+1}$ 和 $\dfrac{\rho_{\mathrm{CJ}}}{\rho_0} = \dfrac{\gamma+1}{\gamma}$ 来简化表达式。

把式 (1.3.7) 代入式 (1.3.5)，可获得稀疏波中质量密度对空间和时间的依赖关系：

$$\rho(x,t)=\rho_{\mathrm{CJ}}\left[\frac{(\gamma-1)\dfrac{x}{t}+D}{\gamma D}\right]^{\frac{2}{\gamma-1}} \tag{1.3.8}$$

式 (1.3.8) 代入式 (1.3.7) 给出了粒子的速度与 x 和 t 的关系：

$$u(x,t)=\frac{2\dfrac{x}{t}-D}{\gamma+1} \tag{1.3.9}$$

式 (1.3.9) 显示了特定时间的 $u(x,t)$ 稀疏波的解。如果炸药的后边界是一个自由表面 (即密度和压力为零)，那么式 (1.3.9) 表明这个表面将以 $x/t=-D/(\gamma-1)$ 的速度移动。对于 $\gamma=3$ 的材料，自由膨胀速度是爆速的一半 (即 $-D/2$)。

图 1.3.1 是爆轰波从左向右传播的粒子速度与距离的关系简图，显示了领先的冲击波、冯•诺依曼峰、化学反应区和稀疏波区域。

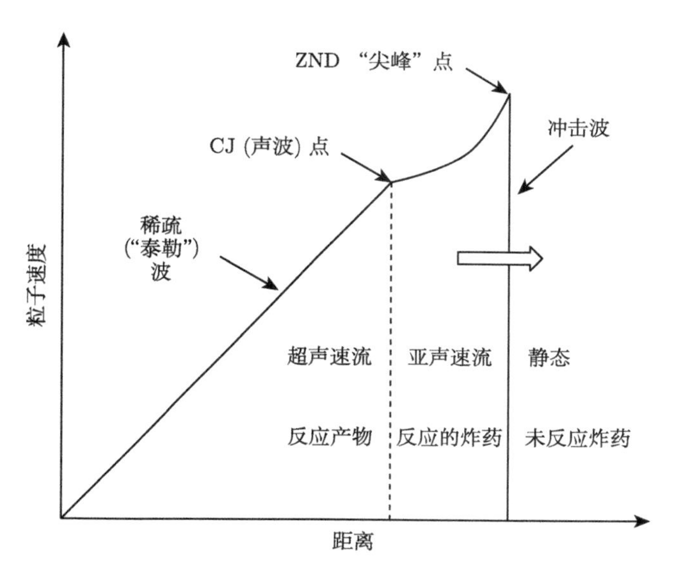

图 1.3.1 爆轰波从左向右传播的粒子速度与距离的关系简图

式 (1.3.1) 表明，在 CJ 点的流动是声速。材料中的声速由 $c^2=\left(\dfrac{\partial P}{\partial\rho}\right)_S$ 给出，下标 S 表示熵，取 CJ 熵时，使用 ρ_{CJ} 和 p_{CJ} 进行简化，可以得到

$$c_{\mathrm{CJ}}=\sqrt{\gamma C_{\mathrm{CJ}}\rho_{\mathrm{CJ}}^{\gamma-1}}=\frac{\gamma D_{\mathrm{CJ}}}{\gamma+1} \tag{1.3.10}$$

由于 $u_{\mathrm{CJ}} = D_{\mathrm{CJ}}/(\gamma+1)$，因此可以得到

$$u_{\mathrm{CJ}} + c_{\mathrm{CJ}} = D_{\mathrm{CJ}}$$

即 CJ 点是声速点。

1.4　非平衡态 ZND 爆轰模型

炸药现有的 ZND 爆轰模型，虽然很好地解释了炸药爆轰波的稳定传播，以及爆轰速度与爆轰能量的依赖关系，然而其忽略了炸药的化学反应，在计算中只能够采用“唯象”的反应速率方程描述炸药爆轰反应速率，因此，不能完全描述炸药的真实反应情况。几十年以来，人们一直在对炸药爆轰反应模型开展研究，也致力于更详细地描述其反应过程。1982 年，美国的 Tarver 基于精密爆轰试验和分子层面理论计算，提出了炸药的非平衡态 ZND 理论模型 (简称 NEZND 爆轰模型)，对炸药爆轰的化学反应动力学过程进行了较好的描述 [4−7]。

NEZND 爆轰模型将炸药爆轰反应分为 4 个主要区域，如图 1.4.1 所示：① 为前导冲击波压缩加热炸药区。未反应的炸药在此区域被压缩、加热，并沿激波前缘运动方向加速。② 为炸药初始化学键吸热并断裂的诱导区。炸药分子在该区域的振动被激发，最终导致初始的吸热键断裂。③ 为炸药快速放热分解的化学反应重建区。随着吸热反应在 ② 区后部附近开始以一定的速度进行，形成的自由基和中间产物发生快速的链式反应，形成大量小分子产物，并放出大量热。④ 为反应产物接近 CJ 状态的膨胀和热平衡区，涉及碳原子的演化，如生成固态的金刚石、石墨等。

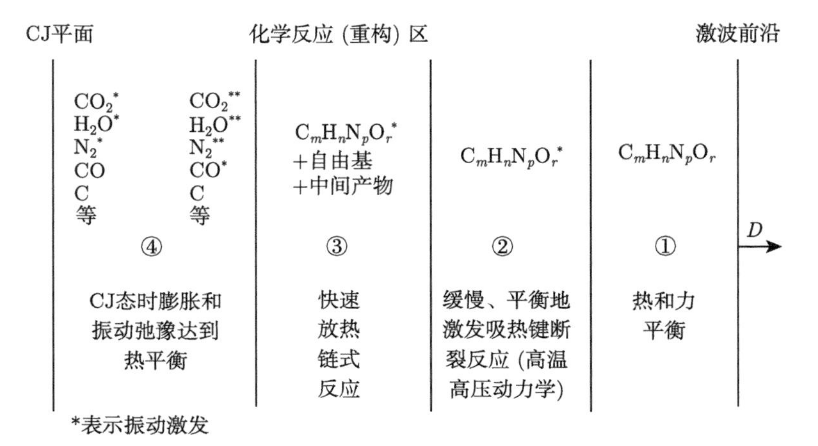

图 1.4.1　炸药 NEZND 爆轰模型的 4 个反应区

现有 NEZND 爆轰模型没有给出这 4 个主要区域的相对厚度或时间。这些数据取决于炸药的化学和物理性质，目前，也没有明确的实验手段能够直接测量出各个区域的相关参数。但随着超快光谱测试技术、超快激光干涉测速技术等测试技术的发展，人们将能够更深入地探索爆轰反应区内的压力、粒子速度变化、产物状态等变化规律，从而讨论了能够证明各区反应特征的实验证据，并对各反应区域的厚度和时间尺度进行研究。如前导冲击波后炸药分子内振动弛豫的时间可能仅为数皮秒，快速放热反应区的宽度也相对较窄，可能在 1 ns 内发生，而放热链式反应结束后，振动激发的产物气体则需要数十纳秒甚至更长时间才能达到平衡。

在理论模型计算方面，Tarver 等根据 Eyring 提出的“高压、高温动力学”理论 [8]，提出可从分子振动角度来描述炸药分子在前导冲击波作用后，炸药分子相继平动、振动、化学键断裂，进而发生分解反应的过程。但受限于实验数据，想要对 NEZND 模型中炸药的反应速率进行完善的理论求解，还有很多困难。而在实际应用中，为实现炸药爆轰反应的数值模拟计算，在 NEZND 模型提出的同时期，Lee 和 Tarver 等将炸药爆轰反应分为由冲击压缩引发热点造成的点火、炸药快速反应和慢速反应三个阶段，而提出了唯象的点火增长模型 [9]，将爆轰反应速率描述为与压力和反应程度相关，针对具体炸药，通过炸药冲击起爆等试验，标定模型相关参数。现已在研究和工程应用中被广泛应用。

可以看到，与经典爆轰模型相比，NEZND 模型结合了固体物理和化学反应动力学理论，可以更好地描述凝聚相态炸药的爆轰波结构。基于人们不断地研究和探索，NEZND 模型对各区域爆轰反应过程的描述也在逐步发展和完善，如图 1.4.2

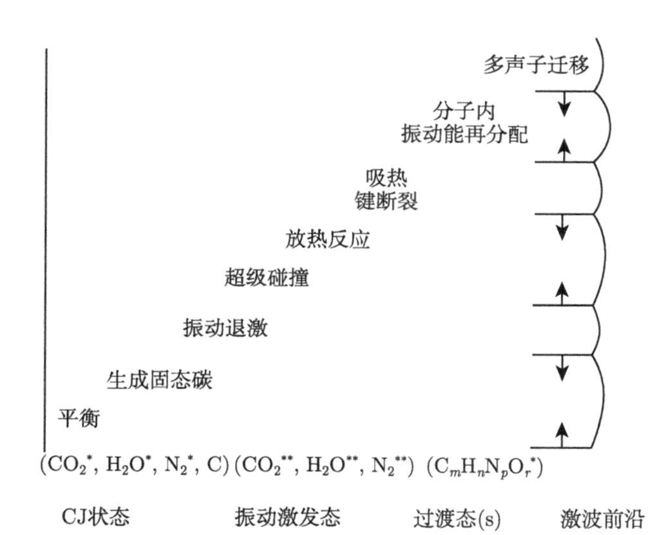

图 1.4.2 NEZND 爆轰反应区过程 (激波前沿从左向右移动)

所示。而除了实验技术的积累和突破外，量子化学计算、分子动力学计算等计算手段的飞速发展，使得人们可以在微观层面研究炸药的爆轰反应，也成为人们佐证该爆轰模型和提供参数支持的重要手段。

参 考 文 献

[1] 北京工业学院八系《爆炸及其作用》编写组. 爆炸及其作用 (上册). 北京: 国防工业出版社, 1979.

[2] 陈朗, 龙新平, 冯长根, 等. 含铝炸药爆轰. 北京: 国防工业出版社, 2004.

[3] Horie Y. Shock Wave Science and Technology Reference Library, Vol.3. New York: Springer, 2009.

[4] Tarver C M, Hallquist J O, Erickson L M. Modeling short pulse duration shock initiation of solid explosives. Proceedings of the 8th International Symposium on Detonation, 1985: 951-961.

[5] Tarver C M. Chemical energy release in self-sustaining detonation waves in condensed explosives. Combustion and Flame, 1982, 46(3): 157-176.

[6] Tarver C M. Multiple roles of highly vibrationally excited molecules in the reaction zones of detonation waves. The Journal of Physical Chemistry A, 1997, 101(27): 4845-4851.

[7] Tarver C M, Manaa M R. Chemistry of detonation waves in condensed phase explosives // Manaa M R. Chemistry at Extreme Conditions. Amsterdam: Elsevier, 2005.

[8] Eyring H. Starvation kinetics: Bond-breaking denied adequate activation by collision can be starved in many ways. Science, 1978, 199(4330): 740-743.

[9] Lee E L, Tarver C M. Phenomenological model of shock initiation in heterogeneous explosives. The Physics of Fluids, 1980, 23(12): 2362-2372.

第 2 章　炸药爆轰基本性能计算

炸药爆炸反应由爆轰波来完成。如果获得爆轰波速度、压力、温度、释放热量、爆轰产物体积和状态方程等参数，就能够得到炸药爆轰基本性能，可在一定程度上，对炸药爆炸威力进行分析评价。根据炸药组成，准确计算出炸药爆轰基本性能，对于单质炸药设计与合成、混合炸药配方研究以及战斗部装药设计和威力评估具有重要意义。本章主要介绍炸药爆轰性能化学热力学计算、近似计算和反应分子动力学计算方法。

2.1　炸药爆轰性能化学热力学计算

在炸药爆轰反应中，初态的凝聚炸药快速变成终态的爆轰气体产物。基于化学热力学理论，可以把炸药爆轰看作从熵值较小的初态，变为熵值最大的终态。由于炸药爆轰反应中，其组成的基本元素的量不发生变化，因此可以基于熵值最大的原理，根据炸药元素的组成，先计算爆轰气体产物组成，再获得爆轰产物热力学状态方程，然后计算出炸药爆轰性能。

2.1.1　炸药爆轰产物热力学状态方程

物质有诸多宏观性质，如压力 p、体积 V、温度 T、密度 ρ、内能 e 等。热力学用物质 (系统) 的性质来描述它所处的状态，即物质 (系统) 的性质确定后，物质 (系统) 就处于确定的状态。反之，物质 (系统) 状态确定后，物质 (系统) 的性质均有各自确定的值。鉴于状态与性质之间的这种对应关系，所以物质 (系统) 的热力学性质，又称作状态函数。压力 p、体积 V、温度 T、内能 e、焓 H、熵 S、亥姆霍兹自由能 A、吉布斯自由能 G 等都是热力学常用的状态函数。

处于一定状态的物质，各种性质都有确定的值，性质间都有确定的关系。如对于由一定量纯物质组成的均相流体 (如气体、液体)，压力 p、体积 V 和温度 T 中任意两个量确定后，第三个量即随之确定，此时就说物质处于一定的状态。处于一定状态的物质，联系性质之间关系的方程，称为状态方程。

人们用来描述炸药爆轰产物的状态方程可分为两类 [1]：一类是显含化学反应的状态方程，被称为热力学状态方程，主要用于计算炸药爆轰性能。另一类是不显含化学反应的状态方程，称为动力学状态方程，主要用于炸药爆轰过程数值模拟计算。

炸药爆轰产物热力学状态方程描述的是爆轰产物中各组分的 p-V-T 关系，如果爆轰产物被描述成分子的混合状态，则炸药爆轰 CJ 状态是一种化学平衡状态，因此，可以用理论计算方法获得爆轰产物的状态方程。首先确定出爆轰产物中各组分的状态方程，然后用混合规则获得各种可能组成 (混合物) 的状态方程，最后计算混合物的自由能，并找出具有最小自由能的组成，这样就可以得到处于化学平衡的爆轰产物状态方程。

这些计算的出发点是各组分在标准大气压及一定范围温度下的热力学函数表，如被广泛使用的 JANAF[2,3] 热力学函数表。虽然状态方程本身不足以计算所有的热力学函数，但是如果使用热力学函数表，就可以计算任何压力及温度下的热力学函数。一旦选择了状态方程，用上述方法可以计算出爆轰产物状态方程。以下介绍几种常用的状态方程。

1. 理想气体状态方程

压力不太高时，炸药爆轰产物气体可近似当作理想气体处理。

所谓理想气体，是指气体分子不占有任何体积、分子之间不存在任何作用力 (如分子之间的引力或斥力) 的气体。

大量实验表明，理想气体的压力 p、比容 v、密度 ρ 和温度 T 之间的关系如下：

$$pv = RT \tag{2.1.1}$$

或

$$p = \rho RT \tag{2.1.2}$$

它反映了理想气体状态变化时所遵守的规律，其中 R 称为理想气体常数。显然有

$$\frac{pv}{T} = R \tag{2.1.3}$$

对于不同的气体，R 值不同。只要知道气体的组成和分子量，应用上述状态方程式就可以确定该气体的 R 值。由式 (2.1.3) 可以得到

$$\frac{pV}{T} = \frac{p_0 V_0}{T_0} = C \tag{2.1.4}$$

其中，p_0、V_0、T_0 指的是标准状态条件，其中 $p_0 = 1$ 标准大气压，$T_0 = 273$ K，V_0 为标准状态下气体所占有的体积，V 为体积。

阿伏伽德罗定律指出，1 mol 任何气体，在标准状态下，占有 22.4 L 的体积。设气体质量为 m，分子量为 M，则

$$V_0 = \frac{m}{M} \times 22.4(\mathrm{L}) \tag{2.1.5}$$

将 V_0 代入式 (2.1.4) 得到

$$\frac{pV}{T}=\overline{R}\frac{m}{M} \tag{2.1.6}$$

可把上式变为

$$pV=\frac{m}{M}\overline{R}T=nRT \tag{2.1.7}$$

其中 n 为物质的量。

2. 真实气体状态方程

一般实际存在的气体，其分子是占有体积的。当密度比较大时，气体分子本身所占有的体积 (一般称为余容) 就不能忽略了。另外，随着密度的增加，气体分子之间的距离越来越小，此时分子之间的相互作用也变得明显起来。一般情况下，高能炸药在爆轰 CJ 点完成化学反应，释放了大量热量，并在单位体积内凝聚相态炸药瞬间变为气态，导致爆轰气体产物处于高温高压状态。实际上，此刻爆轰气体产物处于高度的稠密状态，分子余容和分子之间的相互作用，对气体内能和压力的影响已不能忽略。需要考虑气体分子体积和相互作用力的真实气体状态方程，才能够有效描述爆轰产物。

气体内能 E 和压力 p 受两部分影响。一部分是分子的热运动，对内能和压力的影响，另一部分是分子之间的相互作用力，对内能和压力的影响。前者称为热内能 E_T 和热压力 p_T。它们与气体所处的温度有关：温度高，内能大，表现出来的压力也高；它们还与气体的密度 ρ 或比容 v 有关：密度大，分子之间的距离小，分子的热运动受到限制。因此，热内能和热压力是温度及密度 (或比容) 的函数。后者称之为冷内能 E_K 和冷压力 p_K。它们只与分子之间的距离大小有关，而与温度无关，仅仅是比容 v 的函数。这样，真实气体的状态方程可写成

$$E=E_T(v,T)+E_K(v) \tag{2.1.8}$$

$$p=f(v)\cdot T+p_K(v) \tag{2.1.9}$$

式中，E 和 p 分别表示气体的内能和压力。

位于 CJ 面的炸药爆轰产物的状态参数：压力 p 为 $1\sim 50$ GPa，密度 ρ 为 $2\sim 10\ \mathrm{g/cm^3}$，温度 T 为 $3000\sim 5000$ K。这时，弹性余压和余能量 (p_y, E_y) 可能与相应的热压和热能 (p_T, E_T) 量级相同。因此，既不能忽视分子间的弹性相互作用力，也不能忽视分子的热运动。在这样的条件下，若不考虑分子间相互作用力和分子固有体积，则不可能描述爆轰产物气体行为。

按照是否有一定的物理模型，真实气体的状态方程可分为两类：一类是有一定物理模型的半经验方程，代表性方程为范德瓦耳斯方程；另一类是纯经验公式，

代表性方程是位力方程。当然，还有许多其他计算真实气体性质的状态方程，它们大多是在范德瓦耳斯方程或位力方程的基础上出发，引入更多的参数，来修正真实气体与理想气体的偏差，以提高计算精度。

3. 位力方程

位力方程是一种具有一定理论意义的真实气体状态方程。“位力”来源于拉丁文 virial，是“力”的意思。位力方程是卡末林 • 昂内斯 (Kamerlingh Onnes) 于 20 世纪初将其作为纯经验方程提出的，一般有两种形式：

$$pV_m = RT(1 + Bp + Cp^2 + Dp^3 + \cdots) \tag{2.1.10}$$

$$pV_m = \left(1 + \frac{B'}{V_m} + p^2\frac{C'}{V_m^2} + \frac{D'}{V_m^3} + \cdots\right) \tag{2.1.11}$$

$$\frac{pV_m}{RT} = 1 + \frac{B(T)}{V_m} + \frac{C(T)}{V_m^2} + \frac{D(T)}{V_m^3} + \cdots \tag{2.1.12}$$

式中，V_m 为摩尔体积；B，C，D，$\cdots$，B'，C'，D'，$\cdots$ 分别称为第二，第三，第四，$\cdots$ 位力系数，它们都是温度 T 的函数，并与气体的本性有关。

两式中的位力系数有不同的数值和单位，其值通常由实验的 p、V、T 数据拟合得出。

当压力 $p \to 0$，体积 $V_m \to \infty$ 时，位力方程还原为理想气体状态方程。

虽然位力方程表示为无穷级数的形式，但实际上通常只用到最前面的几项计算。在计算精度要求不高时，有时只用到第二项即可，所以第二位力系数较其他位力系数更为重要。

位力方程最初是一个经验方程，但后来从统计力学的角度已证明其具有一定的理论意义。第一位力系数等于 1，对应于理想气体的行为，第二位力系数反映了两个气体分子间的相互作用，对气体 p-V-T 关系的影响，第三位力系数反映了三分子相互作用引起的偏差。因此，通过由宏观 p，V，T 性质测定拟合出的位力系数，可建立起宏观 p，V，T 性质与微观领域势能函数之间的联系。

在低压和低温下，三个和三个以上分子同时相互作用的可能性很小，因此气体性质完全可以用头两项位力系数作相当精确的描述，见下式：

$$\frac{pV_m}{RT} = 1 + \frac{B(T)}{V_m} + \frac{C(T)}{V_m^2} \tag{2.1.13}$$

此时，第二位力系数 $B(T)$，可利用分子之间相互作用的伦纳德–琼斯 (Lennard-Jones) 势计算 [4]

$$B(T) = -\frac{2\pi N_A}{3k_B T}\int_0^\infty r^3 \frac{dU}{dr}\exp\left\{-\frac{U(r)}{RT}\right\}dr \tag{2.1.14}$$

式中，N_{A} 是阿伏伽德罗常量，k_{B} 是玻尔兹曼常量，r 是分子间距，$U(r)$ 是分子间相互作用势能。

然而，对于处在高压状态下的爆轰产物混合气体，多分子同时碰撞相互作用的情况，已不可忽略。

因此，必须考虑高阶位力项。但是随着位力系数级别的升高，计算的复杂性迅速增大，使理论完善的高阶位力方程难于用于计算炸药爆轰性能。为此，人们考虑到实际计算需要，在位力方程基础上，发展出了多种形式的炸药爆轰产物状态方程及相应的炸药爆轰性能热力学数值计算程序。

4. BKW 状态方程

BKW 状态方程是一种典型的爆轰产物热力学状态方程 [2]。BKW 状态方程由 Kistiakowsky 和 Wilson 在 Becker 方程的基础上改进而来，因此，以三位学者名字的首字母命名。

Becker 基于位力状态方程，提出了描述爆轰产物的状态方程 [5]：

$$\frac{pV_m}{RT} = 1 + \frac{B(T)}{V_m} + \frac{C(T)}{V_m^2} + \frac{D(T)}{V_m^3} + \cdots \tag{2.1.15}$$

Jeans 用 $u(r) = \dfrac{A}{r^{\delta}}$ 形式的中心排斥势能，证明了第二位力系数可以表达为

$$B(T) = \frac{2\pi}{3}\Gamma\left(\frac{\delta-3}{\delta}\right)\left(\frac{A}{KT}\right)^{\frac{3}{\delta}}, \quad \delta > 3 \tag{2.1.16}$$

定义 Z 为爆轰产物的分子余容：

$$Z = \frac{2\pi}{3}\Gamma\left(\frac{\delta-3}{\delta}\right)\left(\frac{A}{K}\right)^{\frac{3}{\delta}} \tag{2.1.17}$$

则有

$$B(T) = \frac{Z}{T^{\frac{3}{\delta}}} \tag{2.1.18}$$

令

$$a = \frac{3}{\delta} \tag{2.1.19}$$

则

$$B(T) = \frac{Z}{T^{a}} \tag{2.1.20}$$

于是

$$x=\frac{B}{V}=\frac{Z}{VT^{a}} \tag{2.1.21}$$

略去高次项，式 (2.1.15) 可写成

$$\begin{aligned}\frac{pV_m}{RT}&=1+\frac{B(T)}{V_m}+\frac{C(T)}{V_m^2}+\frac{D(T)}{V_m^3}+\cdots\\&=1+x+\frac{C(T)}{B(T)}x^2\\&=1+x+\beta x^2\end{aligned} \tag{2.1.22}$$

取近似

$$e^{\beta x}=1+\beta x \tag{2.1.23}$$

注：这一近似仅在 βx 趋近于 0 时才能成立。当 $\beta x>0$ 时，随着 βx 增大，误差不断增加。尽管该近似的误差较大，但归功于研究者对状态方程参数及爆轰产物余容的标定，这种标定以实测的部分主要产物的于戈尼奥参数和炸药爆轰参数为依据，从而使 BKW 状态方程的偏差得到了弥补，可以在高压爆轰下得到正确的结果。

$$\begin{aligned}\frac{pV_m}{RT}&=1+x+\beta x^2\\&=1+x(1+\beta x)\\&=1+xe^{\beta x}\end{aligned} \tag{2.1.24}$$

Becker 又提出：

$$\frac{pV_m}{RT}=1+xe^{x}+\left(-\frac{a}{V}\right)\left(\frac{1}{RT}\right)+\left(-\frac{b}{V^{n+1}}\right)\left(\frac{1}{RT}\right) \tag{2.1.25}$$

式中，$x=Z/V$，Z 为爆轰产物的分子余容；a，b 为常数；V 为气体体积；p 为压力；T 为温度。

该方程能够计算高密度氮的状态。式中，第一项中的 xe^x 用排斥力来估算，主要是用排斥势能来估算余容 Z；第二项中的 a/V，描述吸引力；第三项是修正项，避免在临界点附近方程偏差较大。

Becker[6] 以式 (2.1.25) 的第一项

$$\frac{pV_m}{RT}=1+xe^{x} \tag{2.1.26}$$

来计算硝化甘油和雷汞的爆速，获得了与观测值有相同的数量级的计算准确度。

Kistiakowsky 和 Wilson[7]，对 Becker 方程进行了如下修正：

将 Becker 方程

$$p = RT\frac{1+xe^x}{V} + f(V) \tag{2.1.27}$$

修正一：去掉 $f(V)$，得

$$\frac{pV}{RT} = 1 + xe^x \tag{2.1.28}$$

修正二：对排斥力项，增加一个可调常数 β，得

$$\frac{pV}{RT} = 1 + xe^{\beta x} \tag{2.1.29}$$

修正三：令余容 Z 为温度的函数，之所以设为温度的函数，是因为余容 Z 与第二位力系数 $B(T)$ 相当，而第二位力系数 $B(T)$ 为温度的函数。

修正四：x 用式 (2.1.28) 表示，a 为可调参数。即

$$x = \frac{Z}{VT^a} \tag{2.1.30}$$

Kistiakowsky 和 Wilson 将 Becker 方程最终修正为

$$\frac{pV}{RT} = 1 + xe^{\beta x} \tag{2.1.31}$$

其中，

$$x = \frac{Z}{VT^a} \tag{2.1.32}$$

式中，Z 为爆轰产物的分子余容；a 为常数；V 为气体体积；p 为压力；T 为温度。

Cowan 和 Fickett 在 Kistiakowsky 和 Wilson 修正的方程的基础上，又作了进一步修正。

修正一：在温度项 T 上增加 θ，以防止当温度 T 趋近于 0K 时，压力趋于无穷大，并在一定的容积范围内 $(\partial p/\partial T)_V$ 为正值。θ 值定义为 400。

修正二：由于爆轰产物的分子余容 Z 与 $A^{3/\delta}$ 成正比，而 $A^{3/\delta}$ 又与分子的有效体积成正比，所以 Z 正比于分子的有效体积。分子的有效体积又可以用气体

产物的摩尔余容 k 来表示，故可将爆轰产物的有效体积，作各分子余容的线性组合，并将 Z 定义为

$$Z = k\sum \frac{x_i}{\overline{x}}k_i \tag{2.1.33}$$

式中，$\overline{x} = \sum x_i$，k_i 为第 i 种气体产物的摩尔余容，x_i 为第 i 产物的物质的量。

因此，

$$x = \frac{Z}{VT^a} = k\sum \frac{x_i}{\overline{x}}k_i\frac{1}{V(T+\theta)^a} \tag{2.1.34}$$

经过 Becker 提出、Kistiakowsky 和 Wilson 修正、Cowan 和 Fickett 再修正，BKW 状态方程的完整表达式为

$$\begin{cases} \dfrac{pV_m}{RT} = 1 + x\mathrm{e}^{\beta x} \\ x = k\sum \dfrac{x_i}{\overline{x}}k_i\dfrac{1}{V(T+\theta)^a} \\ \overline{x} = \sum x_i \end{cases} \tag{2.1.35}$$

式中，V 为气态产物的摩尔体积；a, β, k, θ 为经验确定的常数。

5. VLW 状态方程

吴雄应用相似理论，提出了一个以 Lennard-Jones 12-6 势函数为基础的简化位力模型，得到具有四个系数的 VLW 位力物态方程。

他根据位力方程：

$$\frac{pV}{RT} = 1 + \frac{B(T)}{V} + \frac{C(T)}{V^2} + \frac{D(T)}{V^3} + \frac{E(T)}{V^4} + \cdots \tag{2.1.36}$$

从相似假设出发 [8,9]，认为各阶位力系数是相似的，可以通过二阶位力系数，求得高阶位力系数，进而将位力方程以简便形式写出。

$$B = b_0 B^*(T^*)$$

$$B^*(T^*) = \sum_{j=0}^{\infty} b^{(j)} T^{*-(2j+1)/4}$$

$$b^{(j)} = \frac{-2^{j+\frac{1}{2}}}{4^j!}\Gamma\left(\frac{2j-1}{4}\right)$$

$$b_0 = \frac{2}{3}\pi N\sigma^3$$

$$C = b_0^2 C^*(T^*)$$

$$C^*(T^*) = \sum_{j=0}^{\infty} C^{(j)} T^{*-(2j+2)/4} \tag{2.1.37}$$

式中，B^*、C^* 分别为无量纲第二、第三位力系数；T^* 为无量纲温度 $(T^* = KT/\varepsilon)$，N 为阿伏伽德罗常量；ε、σ 为 Lennard-Jones 势参数 [10]；$C^{(j)}$ 在文献中是以表格形式给出的。

吴雄在深入分析 B^*、C^*、T^* 之间的关系后，发现在 $20 < T^* < 100$ 区间内 (爆轰条件下，T^* 总在 $25 \sim 40$ 内变化) 有如下的关系，即

$$C^*(T^*) = \frac{B^*}{T^{*\frac{1}{4}}} \tag{2.1.38}$$

这就是说，无量纲的第三位力系数可由无量纲的第二位力系数求出。于是

$$\begin{aligned} \frac{pV}{RT} &= 1 + \frac{B}{V} + \frac{C}{V^2} + \cdots \\ &= 1 + B^*\left(\frac{b_0}{V}\right) + \frac{B^*}{T^{*\frac{1}{4}}}\left(\frac{b_0}{V}\right)^2 + \cdots \end{aligned} \tag{2.1.39}$$

由位力系数在高温条件下的相似性，推广式 (2.1.39) 得

$$\frac{pV}{RT} = 1 + B^*\left(\frac{b_0}{V}\right) + \frac{B^*}{T^{*\frac{1}{4}}}\sum_{n=3}^{m}\frac{\left(\dfrac{b_0}{V}\right)^{(n-1)}}{(n-2)^n} \quad (n \geqslant 3\text{时}, T^* \geqslant 20) \tag{2.1.40}$$

式 (2.1.40) 称为 VLW 爆轰产物状态方程。

2.1.2 炸药爆轰性能化学热力学数值计算方法

炸药主要爆轰性能有爆速、爆压、爆温、多方指数等。获得准确的某种炸药的爆轰性能是充分利用该炸药的前提条件。炸药爆轰性能化学热力数值计算主要是根据炸药爆轰产物状态方程，基于热力学特性函数极值定理，通过数值迭代计算，获得吉布斯自由能最小情况下 CJ 状态爆轰产物的组成。然后，求出爆压、爆温和爆热等性能参数，再根据 CJ 条件，求出爆速。

1. 热力学极值定理 [11]

孤立系统熵增原理指出：不可逆过程总是使孤立系统的熵值增大，而可逆过程总熵不变。因为一切自发过程都是不可逆的，总是向着总熵增加的方向进行。自

发过程都是由非平衡态趋向平衡态的过程，因此，达到稳定的平衡态时，系统的熵将达到最大值。一个受约束的系统，从非平衡态向着平衡态过渡，最终达到唯一的稳定平衡态。孤立系统熵增原理给出了判断不可逆过程进行的方向和限度的准则，为系统平衡的判据提供了依据。孤立系统熵增原理的表示式为

$$\mathrm{d}S_{\mathrm{iso}} \geqslant 0 \tag{2.1.41}$$

式中，不等号适用于所有自发过程，即自发过程必然使孤立系统的熵增加，或 $\mathrm{d}S_{\mathrm{iso}} > 0$；平衡时，熵达到极大，$\mathrm{d}S_{\mathrm{iso}} = 0$ 和 $\mathrm{d}^2S_{\mathrm{iso}} < 0$。

对于一个无外力场影响和无毛细现象的简单可压缩封闭系统，与环境有热和功的相互作用时，该系统与环境将构成一个合并的孤立系统。当经历一无限小过程时，根据式 (2.1.41) 有

$$\mathrm{d}S + \mathrm{d}S_0 \geqslant 0 \tag{2.1.42}$$

由于热量 δQ 从温度为 T 的环境传入系统，引起环境的熵变为

$$\mathrm{d}S_0 = -\frac{\delta Q}{T} \tag{2.1.43}$$

代入式 (2.1.42) 得到

$$\mathrm{d}S - \frac{\delta Q}{T} \geqslant 0 \tag{2.1.44}$$

或

$$\delta Q - T\mathrm{d}S \leqslant 0 \tag{2.1.45}$$

如果简单系统经历的是热力学能变化为 $\mathrm{d}U$、对环境做功为 $p\mathrm{d}V$ 的准平衡过程，根据热力学第一定律，应有

$$\delta Q = \mathrm{d}U + p\mathrm{d}V \tag{2.1.46}$$

最后得到

$$\mathrm{d}U + p\mathrm{d}V - T\mathrm{d}S \leqslant 0 \tag{2.1.47}$$

系统经历可逆过程时用等号；经历不可逆过程时用不等号。

对于热力学能和体积不变的封闭系统，式 (2.1.47) 将简化为

$$(\mathrm{d}S)_{U,V} \geqslant 0 \tag{2.1.48}$$

这表明，对于 U 和 V 不变的不可逆过程，熵将增加，达到平衡时，熵取极大值。式 (2.1.48) 和式 (2.1.42) 是等同的，这也就是说，热力学能和体积不变的简单封闭系统，就将等同于孤立系统。

对于熵和体积不变的封闭系统，式 (2.1.47) 简化为

$$(\mathrm{d}U)_{S,V} \leqslant 0 \tag{2.1.49}$$

可见，S 和 V 不变的封闭系统所进行的自发过程，热力学能将减少，最终达到平衡态时，热力学能取极小值。

将焓的定义式与式 (2.1.47) 合并考虑时，便得到

$$\mathrm{d}H - V\mathrm{d}p - T\mathrm{d}S \leqslant 0 \tag{2.1.50}$$

同样，可将式 (2.1.50) 简化为

$$(\mathrm{d}H)_{S,p} \leqslant 0 \tag{2.1.51}$$

$$(\mathrm{d}S)_{H,p} \geqslant 0 \tag{2.1.52}$$

式 (2.1.48) 和式 (2.1.51) 表明，保持 U 和 V 不变，或者保持 H 和 p 不变时，自发过程达到平衡时的熵取极大值，称为熵极大值原理，两者都是平衡态判据。而式 (2.1.49)、式 (2.1.52) 分别表明在 S 和 V 不变、S 和 p 不变条件下，自发过程达到平衡时能量取极小值，称为能量极小值原理，它们也是在各自条件下的平衡态判据。熵极大值原理和能量极小值原理统称极值原理。它们是热力学基本定律对封闭系统经过各自不同的过程趋于平衡态得出的结论。

将式 (2.1.47) 应用于恒定温度和恒定体积下的封闭系统，会有

$$\mathrm{d}(U - TS)_{T,V} \leqslant 0 \tag{2.1.53}$$

这里定义一个新的函数，称为亥姆霍兹函数，并用 A 表示，即

$$A = U - TS \tag{2.1.54}$$

这样式 (2.1.53) 变为

$$(\mathrm{d}A)_{T,V} \leqslant 0 \tag{2.1.55}$$

式 (2.1.55) 指出在恒定温度和恒定体积下的封闭系统自发过程，向着亥姆霍兹函数减少的方向变化，平衡态时，亥姆霍兹函数达到极小值。

同样，式 (2.1.47) 应用于在恒定温度和恒定压力下的封闭系统，会有

$$\mathrm{d}(U + pV - TS)_{T,p} \leqslant 0 \tag{2.1.56}$$

再定义一个称为吉布斯自由能的热力学函数，并用 G 表示，即

$$G = U + pV - TS = H - TS \tag{2.1.57}$$

从而

$$(\mathrm{d}G)_{T,p} \leqslant 0 \tag{2.1.58}$$

式 (2.1.58) 指明了在恒定温度和恒定压力下的封闭系统自发过程向着吉布斯自由能减少的方向，并且平衡态时吉布斯自由能达到极小值。这一结论被广泛用于相平衡和化学平衡等场合。

2. 爆轰性能参数计算方程组及求解 [12]

用拉格朗日待定系数法将在化学元素质量平衡条件下求解爆轰产物平衡态化学组成的问题转变为如下方程组求解和吉布斯自由能极小值求解问题。

化学平衡的平衡条件为

$$\sum_{i=1}^{n_g} a_{ij}^g N_{ij}^g + \sum_{i=1}^{n_S} a_{ij}^S N_{ij}^S - b_j^0 = 0, \quad j = 1, 2, \cdots, n \tag{2.1.59}$$

式中，b_j^0 是第 j 种化学元素的物质的量。

爆轰产物气态组分：

$$\mu_i^g + \sum_{j=1}^{m} \lambda_j^g a_{ij}^g = 0, \quad i = 1, 2, \cdots, n_g \tag{2.1.60}$$

爆轰产物凝聚相态组分：

$$\mu_i^S + \sum_{j=1}^{m} \lambda_j^S a_{ij}^S = 0, \quad i = 1, 2, \cdots, n_S \tag{2.1.61}$$

式中，a_{ij}^g 和 a_{ij}^S 分别是 1 g 爆轰产物分子的第 i 种气态和凝聚相态组分中的第 j 种化学元素的物质的量，λ_j^g 和 λ_j^S 是拉格朗日待定系数，μ_i^g 和 μ_i^S 分别是气态和凝聚相态物质的化学势。

$$\mu_i \equiv \left(\frac{\partial G}{\partial N_i}\right)_{T,p,N_{j\neq i}} \equiv \left(\frac{\partial F}{\partial N_i}\right)_{T,v,N_{j\neq i}} \tag{2.1.62}$$

得到

$$\left\{\begin{aligned} \frac{\mu_i^g}{RT} &= \frac{(G_{T_i}^0 + \Delta H_{f,i}^0)}{RT} + \ln\left(\frac{p}{p^0}\right) + \ln x_i + \int_{V_g}^{\infty} \frac{\sigma - 1}{V_g}\mathrm{d}V_g \\ &\quad + N_g \int_{V_g}^{\infty} \left(\frac{\partial \sigma}{\partial N_i}\right) \frac{\mathrm{d}V_g}{V_g} - \ln \sigma \\ \frac{\mu_i^S}{RT} &= \frac{(G_{T_i}^0 + \Delta H_{f,i}^0)}{RT} + M_i \left(p v_i^S - \int_{v_i^{S_0}}^{v_i^S} p_i^S \mathrm{d}v_i^S\right) \end{aligned}\right. \tag{2.1.63}$$

当存在电离组分时，还应补充电荷守恒条件

$$\sum_{i=1}^{n_g} N_i^g n_{\mathrm{ei}} = 0 \tag{2.1.64}$$

这里 n_{ei} 是第 i 种组分的电离阶数，对于正离子 n_{ei} 为正整数，对于负电子 n_{ei} 为负整数，对于电中性组分，则 n_{ei} 为零。

利用方程组式 (2.1.60) ~ 式 (2.1.64)，在已知两个外部热力学参数 (如 p,T 或 v,T) 的前提下，求解平衡态的爆轰产物热力学特性。

其中，外部参数可以显式给定 (如 $T=T_H, p=p_H, v=v_H$)；也可以隐式给定 (例如，通过三大守恒方程组)。温度也可以隐式给出，即通过其他参数 (如系统的内能、焓或熵) 来表示，这相应于热力学中 6 个基本的 T-p、T-v、E-v、H-p、S-v 和 S-p 问题。

一切热力学函数都可从自由能 $F=F(T,V,x_i(i=1,2,3,\cdots,n))$ 导出如下形式的物态方程 (即状态方程)

$$p = -\frac{\partial F}{\partial V} \tag{2.1.65}$$

由式 (2.1.65) 解微分方程，得到自由能 F 的表达式。

内能：

$$E = -T^2 \frac{\partial \left(\dfrac{F}{T}\right)}{\partial T} \tag{2.1.66}$$

熵：

$$S = -\frac{\partial F}{\partial T} \tag{2.1.67}$$

化学势：

$$\mu_i = \frac{\partial F}{\partial x_i} \tag{2.1.68}$$

然后由式 (2.1.66) ~ (2.1.68) 就可分别求出内能 E、熵 S、化学势 μ_i 的表达式。

上面得到的封闭的非线性方程组，描述了多组分非均匀反应介质的平衡状态。求解上述非线性方程组，可先通过牛顿法，把原始方程组线性化，再用迭代方法，给出方程组下一步的解。

计算算法由内环和外环两个嵌套的步骤构成：内环，采用高斯方法，求解式 (2.1.60) ~ 式 (2.1.64) 的线性方程组和爆轰产物状态方程，从而确定在给定两个

外部参数 (压力和温度) 下，爆轰产物的平衡态组成和热力学系数。同时，这些外部参数值，也是由外环计算确定的。外环，在满足流体动力学模型的守恒方程条件下，迭代计算爆轰的稳定性条件。

待定参数的初值是否合适，对方程组是否收敛有解至关重要。考虑到爆轰产物的热力学参数和组分浓度的变化范围很宽，为了达到加速寻找数值解的目的，可以用现有的爆轰产物快速估算法确定初始参数，还可以对参数范围采取一定限制，以防止发散。

鉴于热力学函数 S_T^0、$\left(H_T^0 - S_0^0\right)$ 以及它们的导数在相变点和同质异构转变点发生间断，导致迭代过程的单调进程在这两点附近发生破坏，可在相变区域中，用连续关系替代热力学参数的阶跃式变化。

鉴于要分析的凝聚相态组合众多，导致计算很复杂，可以用近似关系式代替式 (2.1.61)。这些近似关系式，能够降低同时计算的凝聚相态组合个数的限制，而且能获得在不违反吉布斯相律的条件下，参与平衡状态下的系统的凝聚相态组分。随后将近似关系式转变为形如式 (2.1.61) 的方程，或者转变到表达式 $N_i^S = 0$。

为了确定从 CJ 点或者从爆轰产物冲击绝热线上其他点开始膨胀的爆轰产物组成和热力学特性，使用方程组式 (2.1.59) ~ 式 (2.1.64)，并补充以等熵条件 $S_H - S = 0$ 和热力学 S-p 问题的解。

对于不同形式的爆轰产物组分的物态方程，需要不同的热力学数据库与计算方法和程序。目前已经发展和广泛应用的炸药热力学计算的数值模拟方法和计算机程序主要有：BKW、EXPLO5、VLW、Cheetah 等。

表 2.1.1 是几种热力学数值计算程序对不同炸药计算的爆轰性能参数及其与实验值的比较。

表 2.1.1　几种热力学数值计算程序常见炸药爆速和爆压

炸药	初始密度/(g/cm³)	实验值		BKW 计算值 [13]		EXPLO5 计算值 [14]		Cheetah 计算值 [13]		VLW 计算值	
		D/(km/s)	p/GPa	D/(km/s)	p/GPa	D/(km/s)	p/GPa	D/(km/s)	p/GPa	D/(km/s)	p/GPa
HMX	1.89	9.10	40.5	9.24	38.6	9.12	38.6	9.38[15]	37.8[15]	9.20	36.8
PETN	1.76	8.27	31.5	8.27	30.8	8.45	31.6	8.43[15]	28.9[15]	8.55	31.6
TNT	1.63	7.07	20.5	6.84	19.2	7.16	20.8	6.71	17.9	6.69	17.35
CL-20	1.96	9.44[16]	42.5	9.37[17]	40.9	9.34	40.8	9.37	40.2	9.44	40.0
DNTF	1.93[18]	9.25	45.8	–	–	–	–	9.10[19]	–	–	–
Comp B (RDX/TNT-64/36)	1.72	7.98	29.5	7.63	24.8	8.13	28.3	7.97	27.2	8.01	25.8

2.2 炸药爆轰性能参数的近似计算

与数值计算方法相比，炸药爆轰性能参数的近似计算相对简便，在工程设计中具有实用性。本节介绍几种炸药爆轰性能参数的近似计算方法。

2.2.1 单质炸药爆轰性能参数的近似计算

凝聚炸药近似的爆轰参数计算基于认为爆轰产物是固体的格林艾森状态方程[20,21]：

$$p = Av^{-\gamma} + \frac{B}{v}T \tag{2.2.1}$$

式中，A、B 及 γ 都是与炸药有关的常数。对于实际中常用的炸药，其密度 ρ 一般都在 1 g/cm^3 以上，因此，爆轰产物中的热压力 $\frac{B}{v}T$ 对压力的作用相对于冷压力来说要小得多。若将热压的作用忽略，则上式可简化为

$$p = Av^{-\gamma} = A\rho^{\gamma} \tag{2.2.2}$$

该式即为凝聚炸药爆轰产物的近似状态方程。由于其中没有温度项，该方程可近似为等熵方程。这样，该近似的状态方程与爆轰波的基本方程以及 CJ 条件联系起来可得到 p_H、u_H、c_H 以及爆速 D 的近似表达式。

$$p_H = \frac{1}{\gamma+1}\rho_0 D^2$$

$$u_H = \frac{1}{\gamma+1}D$$

$$c_H = \frac{\gamma}{\gamma+1}D$$

$$D = \sqrt{2(\gamma^2-1)Q_v} \tag{2.2.3}$$

凝聚炸药爆轰产物的多方指数可以近似地按下式确定：

$$\frac{1}{\gamma} = \sum \frac{x_i}{\gamma_i} \tag{2.2.4}$$

其中，x_i 为爆轰产物中第 i 成分的摩尔分数；γ_i 为爆轰产物中第 i 成分的多方指数。凝聚炸药各主要产物的多方指数分别为 $\gamma_{\mathrm{H_2O}} = 1.9$，$\gamma_{\mathrm{CO_2}} = 4.5$，$\gamma_{\mathrm{CO}} = 2.85$，$\gamma_{\mathrm{O_2}} = 2.45$，$\gamma_{\mathrm{N_2}} = 3.70$，$\gamma_{\mathrm{C}} = 3.35$。

上述确定 γ 值的方法的优点是简单方便，其缺陷是只考虑了 γ 与炸药组分有关，而没有考虑到 γ 与炸药初始密度 ρ_0 也有关。

为了在计算中同时体现炸药组分和初始密度对 γ 的影响，吴雄 [22] 通过分析处理多种凝聚炸药爆轰产物 γ 的实验值，提出了 γ 值的经验计算式：

$$\gamma = K + \gamma_0(1 - \mathrm{e}^{-0.5459\rho_0}) \tag{2.2.5}$$

其中，$K = \dfrac{c_p}{c_v} = 1.25$，即视爆轰产物为理想气体时的比热比，它与炸药装药的初始密度 ρ_0 无关。上式中右边的第二项 $\gamma_0(1 - \mathrm{e}^{-0.5459\rho_0})$ 为与 ρ_0 有关的部分，其中

$$\gamma_0 = \frac{\sum n_i}{\sum \dfrac{n_i}{\gamma_{0i}}} \tag{2.2.6}$$

其中，γ_{0i} 指产物中第 i 成分的绝热指数；n_i 指第 i 种产物的物质的量，n_i 取决于炸药的分子式和氧系数值 A。

对于许多高密度炸药而言，取 $\gamma = 3$，可以说是一个很好的近似，这样爆轰产物近似的状态方程为

$$p = A\rho^3 \tag{2.2.7}$$

由此得到

$$\left.\begin{aligned} p_H &= \frac{1}{4}\rho_0 D^2 \\ \rho_H &= \frac{4}{3}\rho_0 \\ u_H &= \frac{1}{4}D \\ c_H &= \frac{3}{4}D \\ D &= \sqrt{16Q_v} \end{aligned}\right\} \tag{2.2.8}$$

其中，$D = \sqrt{16Q_v}$ 与实际偏离较大，不宜应用。通常炸药爆速容易被测量，在知道炸药爆速的条件下，前 4 个式子常在工程上用来粗略估算炸药的爆轰参数。

2.2.2　混合炸药爆轰性能参数的近似计算

混合炸药的爆速可以用各组分的体积百分数乘以各组分加权爆速 (或加权“传爆速度”) 的加和方法得到。据此原理，混合炸药爆速 D 的计算式可写为

$$D = \sum \varepsilon_i D_i$$

$$\varepsilon_i = \frac{V_i}{V_0} \tag{2.2.9}$$

式中，D_i 指 i 组分在理论密度 (或结晶密度) 时的爆速 (或非爆炸成分的传爆速度)；ε_i 指 i 组分的体积分数；V_i 指 i 组分所具有的体积；$V_0=\dfrac{\sum m_i}{\rho_0}$，$m_i$ 指 i 组分的质量，ρ_0 指炸药的密度。

对于多组分混合炸药而言，采用混合炸药爆速和爆压的近似计算方法来计算炸药爆速和爆压。

爆速计算式：

$$D=D_a+\frac{D_{\max}-D_a}{\rho_{\max}}\rho_0 \tag{2.2.10}$$

其中

$$\rho_{\max}=\sum m_i\Big/\sum\frac{m_i}{\rho_i} \tag{2.2.11}$$

$$D_{\max}=\sum\varepsilon_{i_0}D_i \tag{2.2.12}$$

$$\varepsilon_{i_0}=\frac{m_i/\rho_i}{\sum(m_i/\rho_i)} \tag{2.2.13}$$

D 是炸药的爆速，D_a 是装药的孔隙的传爆速度，在计算中取 $D_a=D_{\max}/4$，ρ_0 是炸药的密度，ρ_i 是 i 组分的密度，m_i 是 i 组分的质量，D_i 是炸药结晶密度时的爆速 (或非爆成分的传爆速度)。表 2.2.1 为常见含铝炸药中几种组分的 D_i。

表 2.2.1　几种组分的 D_i

炸药或添加物材料	$\rho_i/(\mathrm{g/cm^3})$	$D_i/(\mathrm{m/s})$
RDX	1.81	8800
TNT	1.65	6970
Al	2.7	6850
Wax(石蜡)	1.78	5620

混合炸药爆压计算式：

$$p_H=15.58\left[\varphi_e\cdot\omega\right]\cdot\rho_0^2 \tag{2.2.14}$$

式中，φ_e 是混合炸药中爆炸成分的 φ，ω 是混合炸药中爆炸成分的质量分数，对于 RDX，φ_e 取为 6.784。

2.2.3 爆轰性能参数的其他近似计算

1. 爆速近似计算

Kamlet 和 Jacobs[23] 分析了多种炸药的热力学计算结果，引入了参数 $\varphi=N_g\sqrt{M_gQ_{\max}}$，提出了爆速计算公式 (KJ 公式)：

$$D=1.01\left(1+1.3\rho\right)\sqrt{\varphi} \tag{2.2.15}$$

式中，N_g 为爆轰气体产物物质的量，M_g 为气体产物平均分子量，$Q_{\max}$ 为炸药的最大热。这三个参数，可以从 H_2O-CO_2 分解假设中估计出：首先氧被消耗，生成水；然后，剩余的氧、一氧化碳形成二氧化碳；未反应的碳被压缩为固体碳；氮原子形成氮气。KJ 公式适合计算装药密度大于 1 g/cm^3 的情况。

Aizenshtadt[24] 提出了一种爆速计算公式，如下式所示

$$D = \sqrt{0.73B - 0.24|OB| - 0.073Q_V} + M(\rho - 1.6) \tag{2.2.16}$$

式中，$B = 1000N/M_w$。

氧平衡

$$\mathrm{OB} = 1600\left([\mathrm{O}] + [\mathrm{F}]/2 + [\mathrm{Cl}]/2 - 2[\mathrm{C}] - [\mathrm{H}]/2\right)/M_w$$

定容热

$$Q_v = -1000\left[\frac{\Delta H_f^0}{4.184} + 0.3\left([\mathrm{H}] + [\mathrm{C}] + [\mathrm{N}]\right)\right]/M_w$$

[ ] 表示 1 mol 炸药所含元素的量，系数 M 根据化合物化学计量，分别取 3、3.5 或 4。

Pepekin 和 Lebedev[25] 提出了一个参数 ψ，融入爆速计算中，其计算公式为

$$D = 4.2 + 2.0\psi\rho \tag{2.2.17}$$

式中，参数 $\psi = n_{\mathrm{eff}}Q_{\mathrm{cal}}^{0.5}$，气体爆轰产物的有效分子数 $n_{\mathrm{eff}} = K_{VV}\rho^{0.5}$，系数 K_{VV} 能够根据化学式计算获得。爆炸热 $Q_{\mathrm{cal}} = K_pQ_{\max}$，能量释放系数

$$K_p = 1.014 + 0.122\alpha - 0.0092/(K_{VV}\cdot\rho)$$

氧系数

$$\alpha = [\mathrm{O}]/\left(2[\mathrm{C}] + 0.5([\mathrm{H}] - [\mathrm{F}])\right)$$

对于 HON 和 CHNF 组成的炸药，K_p 为 1。

2. 爆压近似计算

爆压与初始加载密度有明显的接近二次方的关系 [26]。

最常用的 Kamlet 和 Jacobs (KJ)[23] 方法使用了这种关系，并乘以系数 φ：

$$p_{\mathrm{CJ}} = 1.558\varphi\rho^2 \tag{2.2.18}$$

另一种方法考虑了爆压、爆速、等熵指数之间的关系，建立了如下公式：

$$p_{\mathrm{CJ}} = \rho D^2/(\gamma + 1) \tag{2.2.19}$$

2.3 炸药爆轰性能参数反应分子动力学计算

分子动力学计算方法能够在原子、分子层面计算物质的反应过程，分析本质反应机理。近十多年来，人们采用反应分子动力学计算方法，对炸药爆轰反应机理进行了大量研究。也发展了炸药爆轰性能参数反应分子动力学计算法，实现了根据炸药微观分子结构，基于分子动力学计算预测炸药爆轰性能参数。

2.3.1 反应分子动力学计算基本原理

分子动力学计算方法是一种研究分子体系结构与性质的重要方法，已被广泛用于化学化工、材料科学与工程、物理等学科领域 [27]。该方法基于经典力场，在原子尺度上求解势函数，计算原子、分子之间的相互作用力，得到分子的速度、加速度及坐标变化，从而得到体系的宏观状态参数，如压力、温度、能量等。

在分子动力学计算中，假设系统内组成分子的各原子的运动均符合牛顿运动定律，即对于含有 N 个原子的系统，其总能量为各原子的动能与势能之和。其中，势能可表示为各原子坐标的函数 $U(r_1, r_2, \cdots, r_n)$。根据经典力学理论，系统中任意一个原子 i 所受的力 F_i 即为势能的梯度：

$$F_i = -\nabla_i U = -\left(i\frac{\partial}{\partial x_i} + j\frac{\partial}{\partial y_i} + k\frac{\partial}{\partial z_i}\right)U \tag{2.3.1}$$

由牛顿第二定律可知，原子的加速度 a_i 为

$$a_i = \frac{\mathrm{d}^2}{\mathrm{d}t^2} r_i = \frac{\mathrm{d}}{\mathrm{d}t} u_i = \frac{F_i}{m_i} \tag{2.3.2}$$

对时间进行积分，即可获得经过时间 δt 后原子 i 的运动速度 u_i 和位置 r_i

$$u_i = u_i^0 + a_i \delta t \tag{2.3.3}$$

$$r_i = r_i^0 + u_i \delta t + \frac{1}{2} a_i \delta t^2 \tag{2.3.4}$$

其中，上标 “0” 为各物理量的初始值。当 δt 足够小时，采用上述过程，循环计算，即可得到不同时刻原子的空间坐标和运动速度。

在分子动力学计算中，力场是描述分子间作用力的函数，决定了计算结果的准确性。随着分子动力学应用范围的拓展，力场也随之由简单转向复杂。在传统的分子动力学中，虽然能得到系统的演化过程，但不能描述原子间的成键、断键，因此，不能用于化学反应研究。为此，人们发展了可以描述化学反应的力场，来计算物质化学反应。

由 van Duin 等提出的 ReaxFF 反应力场 (reaction force field) 被大量应用于计算炸药反应 [28]。该力场以键级理论为基础，通过原子之间的键长判断化学键的断裂和生成，如果原子间距离大于设定值，那么认为化学键断裂，将相关的作用力及能量清零。在计算过程中，原子之间的键长、键级会不断变化，因此该方法可以描述化学反应过程。ReaxFF 反应力场考虑了基于键级的共价相互作用、氢键、原子间范德瓦耳斯作用力、原子间库仑力，并包含修正项。力场函数的参数依据第一性原理计算结果拟合而来，这使得 ReaxFF 反应力场有近似于量子力学计算的准确度，但需要的计算量大幅减少，可以实现百万原子量级的计算 [29]。

采用 ReaxFF 反应力场计算得到系统的总能量为

$$E_{\text{ReaxFF-lg}} = E_{\text{bond}} + E_{\text{lp}} + E_{\text{over}} + E_{\text{under}} + E_{\text{val}} + E_{\text{pen}} + E_{\text{coa}} + E_{\text{tors}} + E_{\text{conj}} + E_{\text{H-bond}} + E_{\text{vdW}} + E_{\text{Coulmb}} \tag{2.3.5}$$

式中，E_{bond}、E_{lp}、E_{over}、E_{under} 是与化学键的伸缩有关的势能项，E_{val}、E_{pen}、E_{coa} 是与键角弯曲有关的势能项，E_{tors} 和 E_{conj} 是与二面角扭转有关的势能项，$E_{\text{H-bond}}$ 是氢键能，E_{vdW} 和 E_{Coulmb} 分别是分子间相互作用势和静电作用势。

2.3.2　反应分子动力学计算炸药爆轰性能参数

1. 计算原理

根据 CJ 爆轰理论，假设炸药爆轰波阵面是一个强间断，波阵面后的爆轰产物处于热化学平衡状态，波阵面前后的物质满足质量守恒、动量守恒以及能量守恒关系式:

$$\rho_0 u_s = \rho\left(u_s - u_p\right) \tag{2.3.6}$$

$$p = p_0 + \rho_0 u_s u_p \tag{2.3.7}$$

$$e = e_0 + \frac{1}{2}\left(p + p_0\right)\left(v_0 - v\right) + Q \tag{2.3.8}$$

式中，e 表示单位质量总内能，p 表示冲击波方向上的压力张量法向分量，$v = 1/\rho$ 表示单位质量的体积，u_s、u_p 分别表示冲击波速度和粒子速度，Q 为炸药爆热。

在冲击压缩条件下，对炸药爆轰反应进行分子动力学计算，令炸药和爆轰反应产物的热力学参数满足以上三个守恒方程。通过多次计算，获得不同冲击强度下爆轰产物的终态点对应的压力和体积，通过对不同终态点压力和体积关系进行拟合，给出爆轰波产物的于戈尼奥曲线。

例如，采用一阶指数衰减函数 $p = a_0(v/v_0)^{-a_1}$ 拟合出 p-v 关系，瑞利线在 CJ 点的斜率可表示为

$$\frac{\mathrm{d}p}{\mathrm{d}n}(\mathrm{CJ}) = \frac{p_{\mathrm{CJ}} - p_0}{n_{\mathrm{CJ}} - 1} \tag{2.3.9}$$

式中，$n = v/v_0$，为压缩度，作瑞利线与于戈尼奥曲线的切点为 CJ 点，进而获得炸药爆轰 CJ 点的压力和体积，然后可依据下式计算炸药的 CJ 爆速：

$$D_{\mathrm{CJ}} = \sqrt{\frac{p_{\mathrm{CJ}} - p_0}{\rho_0(1 - n_{\mathrm{CJ}})}} \tag{2.3.10}$$

可以看到，计算的核心在于获取满足于戈尼奥方程的终态产物化学平衡状态点。

2. 基于冲击压缩的炸药爆轰性能参数分子动力学计算

Ravelo 等 [30,31] 提出了一种基于冲击压缩的炸药爆轰性能参数反应分子动力学计算方法。此方法在计算中，对炸药晶体沿单轴方向进行压缩，通过对温度的反馈调节，约束体系的内能，使体系满足于戈尼奥条件，达到于戈尼奥温度，从而计算出炸药产物于戈尼奥曲线，进一步确定炸药爆轰性能。

在此计算方法中，炸药原子的运动方程可表示为

$$r'_{\alpha i} = \frac{p_{\alpha i}}{m_i} + \nu_p \eta_\alpha r_{\alpha i} \tag{2.3.11}$$

$$p'_{\alpha i} = F_{\alpha i} - (\nu_p \eta_\alpha + \nu_H \zeta) p_{\alpha i} \tag{2.3.12}$$

$$L'_\alpha = \nu_p \eta_\alpha L_\alpha \tag{2.3.13}$$

$$\zeta' = \frac{\nu_H}{B_0 V_0} \left[e - e_H(t)\right] - \beta_H \zeta \tag{2.3.14}$$

$$\eta'_\alpha = \frac{\nu_p}{B_0} \left(\sigma_{\alpha\alpha} - p_{\alpha\alpha}\right) - \beta_p \eta_\alpha \tag{2.3.15}$$

$$e_H(t) = e_0 + \frac{1}{2} \left[\sigma(t) + p_0\right] \left[v_0 - v(t)\right] \tag{2.3.16}$$

式中，$r_{\alpha i}$ 和 $p_{\alpha i}$ 分别为粒子的位置和动量，下标 α 表示笛卡儿坐标分量 (x, y, z)，ζ 表示无量纲热流变量，L_α 为冲击方向晶胞的长度，B_0 表示体积模量，ν_H 和 ν_p 分别表示热流耦合率常数和恒压频率，η_α 表示无量纲应变率变量，其作用是将冲击波方向上应力张量的分量平衡至设定值，$\sigma_{\alpha\alpha} = \sum (p_{\alpha i} p_{\beta i}/m_i + r_{\beta i} F_{\alpha i})/V$ 表示内应力张量，β_H 和 β_p 为阻尼系数。

Islam 等 [32] 采用此方法，计算了硝基甲烷的爆轰性能参数。图 2.3.1 是不同反应力场下的硝基甲烷产物于戈尼奥曲线和瑞利线，其中瑞利线与于戈尼奥曲线的切点为硝基甲烷的 CJ 点。在不同力场下，预测的硝基甲烷 CJ 压力在 6.2 ~ 11.6 GPa，实验值则在 12 GPa 附近；预测的 CJ 爆速在 4748 ~ 6140 m/s，实验值约为 6200 m/s；预测的 CJ 温度在 2492 ~ 4118 K，实验值约为 3600 K[33,34]。

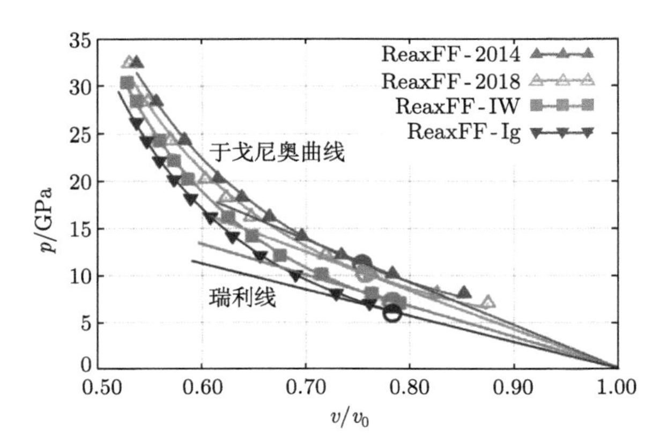

图 2.3.1 硝基甲烷产物于戈尼奥曲线和瑞利线

Strachan 等 [35] 基于冲击压缩的反应分子动力学计算法，计算了不敏感炸药 LLM-105(2,6-二氨基-3,5-二硝基吡嗪-1-氧化物) 的爆轰性能，如图 2.3.2 所示。预测的 CJ 压力约为 27.8 GPa，CJ 爆速约为 8400 m/s，与近似经验公式计算值 (27 GPa，7500 m/s) 相近。

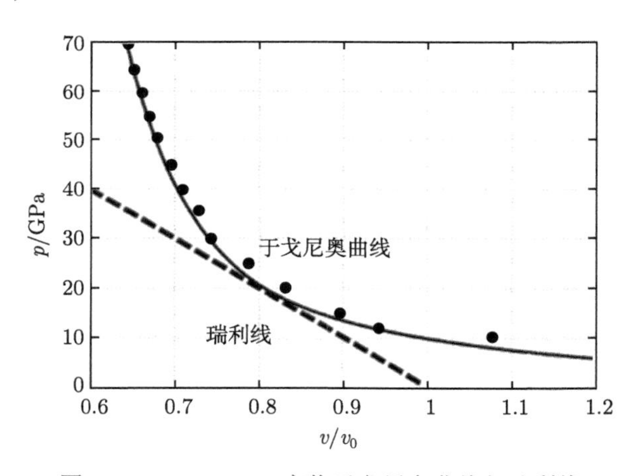

图 2.3.2 LLM-105 产物于戈尼奥曲线与瑞利线

Islam 等 [36] 采用基于冲击压缩的反应分子动力学计算法，计算了 3,3′-联(1,2,4-噁二唑)-5,5′-二甲硝酸酯 (BOM) 爆轰性能参数，图 2.3.3 是计算的 BOM 于戈尼奥曲线与瑞利线。计算的 CJ 压力为 19.62 GPa，CJ 爆速为 6900 m/s。而 BOM 炸药的 CJ 压力理论计算值为 29.4 GPa，爆速为 8180 m/s[37]。

我们采用基于冲击压缩的反应分子动力学计算方法，计算获得了 RDX 和 CL-20 炸药产物的于戈尼奥曲线，如图 2.3.4 所示。预测的 RDX 炸药 CJ 爆压与爆速分别约为 29.4 GPa 和 8025 m/s，CL-20 炸药的 CJ 爆压与爆速分别约为 36.7 GPa

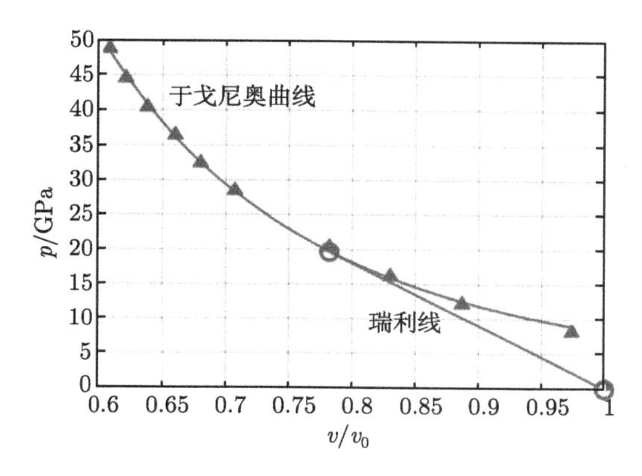

图 2.3.3 BOM 产物于戈尼奥曲线与瑞利线

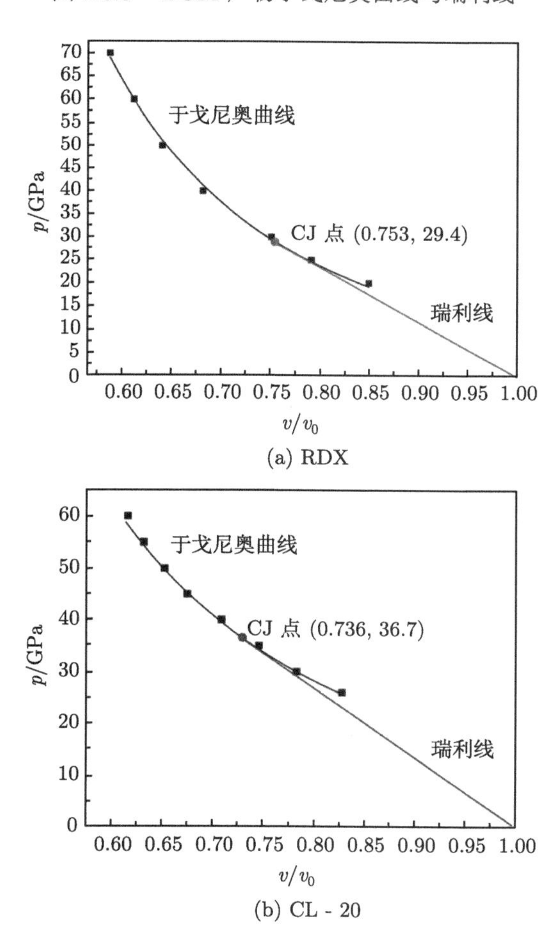

(a) RDX

(b) CL - 20

图 2.3.4 RDX 和 CL-20 产物于戈尼奥曲线与瑞利线

和 8491 m/s，预测的 CL-20 爆轰性能参数相较于理论值偏低，我们认为，一方面是当前的反应力场势函数对炸药平衡态产物组成的预测不够准确，在计算的过程中产生了轻微的过压缩，带来了一定的系统误差。另一方面，计算中的初始炸药晶体密度与炸药理论密度也存在一定偏差。

3. 基于不同压缩度的炸药爆轰性能参数反应分子动力学计算

Guo 等 [38] 通过计算不同压缩度下的炸药晶体在不同温度下的化学反应平衡态，寻找满足于戈尼奥函数为零的能量守恒方程：

$$H = e - e_0 - \frac{1}{2}(p + p_0)(v_0 - v) \tag{2.3.17}$$

式中，H 为于戈尼奥函数，e 为内能，p 为压力，v 为比容。

当代入体系热力学参数后，使 $H = 0$，则认为此时系统达到了冲击状态下的能量守恒，即为于戈尼奥曲线上的一个状态点。通过多次计算，获得了不同压缩度下的于戈尼奥状态点。采用多项式函数对状态点的数据进行拟合，得到炸药爆轰产物于戈尼奥曲线。图 2.3.5 是计算的不同压缩度 RDX 在不同温度下的于戈尼奥函数值。

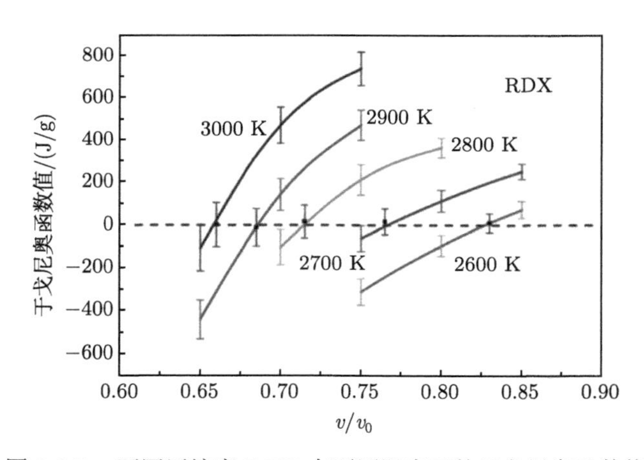

图 2.3.5　不同压缩度 RDX 在不同温度下的于戈尼奥函数值

从 $v/v_0 = 1$ 时的初始点出发作瑞利线与于戈尼奥曲线相切，切点确定为 CJ 点。图 2.3.6 是计算的 RDX 的产物于戈尼奥曲线和瑞利线。

计算的 RDX 炸药 CJ 爆速约为 (8266±198) m/s,实验值为 8639～8700 m/s[39]；计算的 CJ 爆压则约为 (28.62 ± 4.77) GPa。

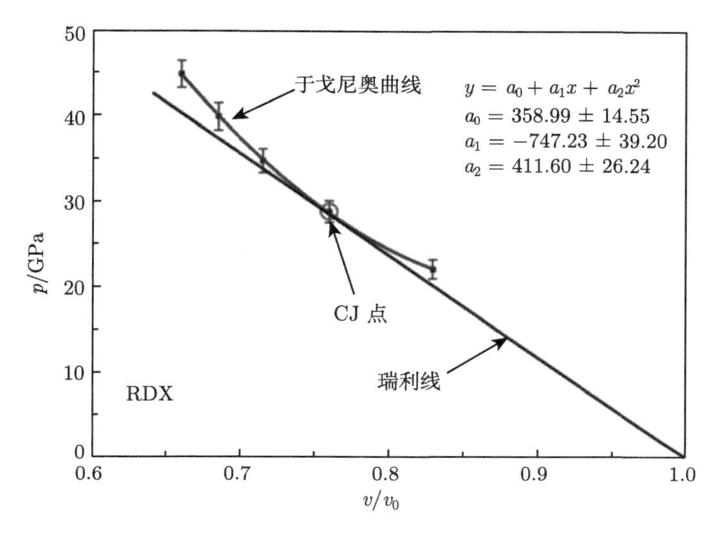

图 2.3.6 RDX 炸药产物于戈尼奥曲线和瑞利线

图 2.3.7 和图 2.3.8 分别是 PETN 和 HMX 炸药的产物于戈尼奥曲线和瑞利线，计算得到的 PETN 炸药的爆压和爆速分别为 (22.47 ± 3.09) GPa 和 (7440 ± 209) m/s。文献 [40] 爆速实验值为 7975 m/s，与计算值相差不大。HMX 炸药的爆压和爆速分别为 (32.68 ± 3.43) GPa 和 (8401 ± 223) m/s。文献 [41] 爆速实验值为 8740 m/s，与计算值相差在 4%以内。

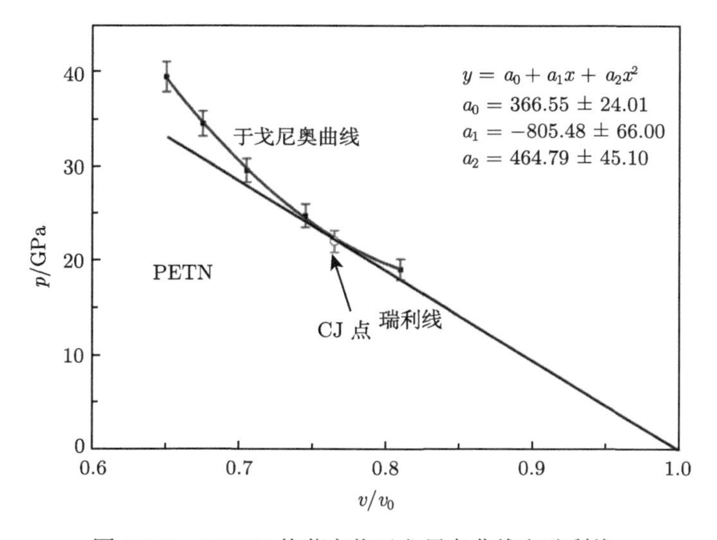

图 2.3.7 PETN 炸药产物于戈尼奥曲线和瑞利线

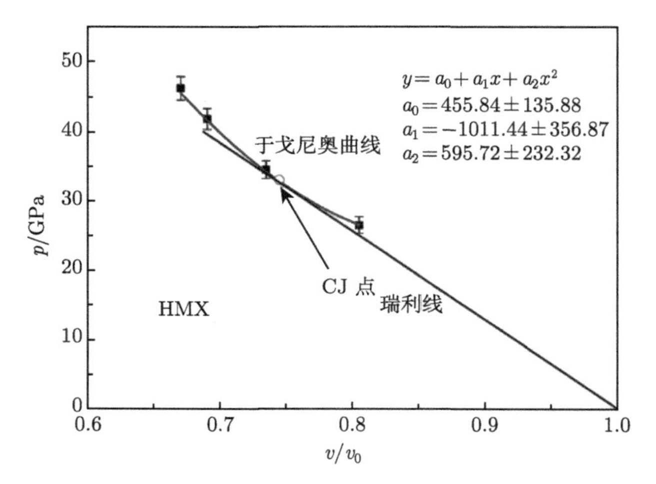

图 2.3.8　HMX 炸药产物于戈尼奥曲线和瑞利线

参考文献

[1] Ficket W, Davis W C. Detonation. Berkeley: University of California Press, 1979.

[2] Mader C L. Numerical Modeling of Detonation. Berkeley: California Press, 1979.

[3] Stull D R, Prophet H. JANAF Thermochemical Data. 2nd ed. New York: Natl. Bur., 1971: 37.

[4] Гиршфелъдер Дж., Кертис ч., Берд Р. Молекулярная теория газов и жидкостей. Пер. сс англ.-М.: Изд. иностр. литер., 1961.

[5] Becker R. Eine Zustandsgleichung für stickoff bei groβen dichten. Zeitschrift fur Physik, 1921, 4(3): 393-409.

[6] Becker R. Physikalisches uber feste und Gasformige sprengstoffe. Zeischrift fur Technische Physics, 1922, (3): 249.

[7] Kistiakowsky G B, Wilson E B. Report on the prediction of detonation velocities of solid explosives. New York: Office of Scientific Research and Development, 1941.

[8] 张光鉴. 相似论. 世界科学, 1985, (1): 56.

[9] 吴雄. 新型爆轰产物物态方程. 高压物理学报, 1991, 5(2): 98-103.

[10] Hirschfelder J O C, Curtiss C F, Bird R B. Molecular theory of gases and liquids. Physics Today, 1955, 17(83): 116.

[11] 陈宏芳, 杜建华. 高等工程热力学. 北京: 清华大学出版社, 2003.

[12] 奥尔连科. 爆炸物理学. 孙承纬, 译. 北京: 科学出版社, 2011.

[13] Lu J P. Evaluation of the Thermochemical Code-CHEETAH 2.0 for Modelling Explosives Performance. Edinburgh: Defence Science and Technology Organisation Victoria (Australia) Aeronautical and Maritime Research Lab, 2001.

[14] Sućeska M. Evaluation of detonation energy from EXPLO5 computer code results. Propellants, Explosives, Pyrotechnics, 1999, 24(5): 280-285.

[15] Elbeih A, Pachman J, Trzciński W A, et al. Study of plastic explosives based on attractive cyclic nitramines. Part I. Detonation characteristics of explosives with PIB binder. Propellants, Explosives, Pyrotechnics, 2011, 36(5): 433-438.

[16] Schmitt R J, Bottaro J C. Synthesis of Cubane Based Energetic Molecules // Southwest Research Ins. Report, 1993.

[17] Liu Q, Duan Y, Cao W, et al. Calculating detonation performance of explosives by VLWR thermodynamics code introduced with universal VINET equation of state. Defence Technology, 2022, 18(6): 1041-1051.

[18] 王军, 董海山, 黄奕刚, 等. DNTF 的合成与表征. 中国工程物理研究院科技年报, 2008, (1): 144-146.

[19] Gottfried J L, Bukowski E J. Laser-shocked energetic materials with metal additives: Evaluation of chemistry and detonation performance. Applied Optics, 2017, 56(3): B47-B57.

[20] 陈朗, 龙新平, 冯长根, 等. 含铝炸药爆轰. 北京: 国防工业出版社，2004.

[21] 北京工业学院八系《爆炸及其作用》编写组. 爆炸及其作用 (上册). 北京: 国防工业出版社, 1979

[22] Wu X. A simple method for calculating detonation parameters of explosives. J. Energ. Mater., 3(4): 263-277.

[23] Kamlet M J, Jacobs S J. Chemistry of detonations. I. A simple method for calculating detonation properties of C-H-N-O Explosives. J. Chem. Phys., 1968, 48: 23-35.

[24] Aizenshtadt I N. A method of calculating the ideal detonation velocity of condensed explosives. Combust Explos Shock Waves, 1976, 12: 675-678.

[25] Pepekin V I, Lebedev Y A. Criteria of the detonation parameters estimation for explosive. Dokl. Akad. Nauk Uzssr, 1977, 234: 1391-1394.

[26] Johansson C H, Persson P A. Density and pressure in the Chapman-Jouguet plane as functions of initial density of explosives. Nature, 1966, 212: 1230-1231.

[27] 严六明, 朱素华. 分子动力学模拟的理论与实践. 北京: 科学出版社, 2013.

[28] van Duin A C T, Dasgupta S, Lorant F, et al. ReaxFF: A reactive force field for hydrocarbons. Journal of Physical Chemistry A, 2001, 105(41): 9396-9409.

[29] 刘连池. ReaxFF 反应力场的开发及其在材料科学中的若干应用. 上海: 上海交通大学, 2012.

[30] Ravelo R, Holian B L, Germann T C, et al. Constant-stress Hugoniostat method for following the dynamical evolution of shocked matter. Phys. Rev. B, 2004, 70(1): 2199-2208.

[31] Maillet J B, Mareschal M, Soulard L, et al. Uniaxial Hugoniostat: A method for atomistic simulations of shocked materials. Physical Review E, 2000, 63(1): 016121.

[32] Islam M M, Strachan A. Reactive molecular dynamics simulations to investigate the shock response of liquid nitromethane. Journal of Physical Chemistry C, 2019, 123(4): 2613-2626.

[33] Tarver C M, Shaw R, Cowperthwaite M. Detonation failure diameter studies of four liquid nitroalkanes. The Journal of Chemical Physics, 1976, 64(6): 2665-2673.

[34] Bhowmick M, Nissen E J, Dlott D D. Detonation on a tabletop: Nitromethane with high time and space resolution. Journal of Applied Physics, 2018, 124(7): 075901.1-075901.10.

[35] Hamilton B W, Steele B A, Sakano M N, et al. Predicted reaction mechanisms, product speciation, kinetics, and detonation properties of the insensitive explosive 2,6-Diamino-3,5-dinitropyrazine-1-oxide (LLM-105). The Journal of Physical Chemistry A, 2021, 125(8): 1766-1777.

[36] Pritom R, Nahian M S, Jayan R, et al. Mechanistic elucidation of shock response of bis(1,2,4-oxadiazole)bis(methylene) dinitrate (BOM): A ReaxFF molecular dynamics investigation. Journal of Applied Physics, 2023, 133(8):085101.

[37] Johnson E C, Sabatini J J, Chavez D E, et al. Bis(1,2,4-oxadiazole) bis(methylene) dinitrate: A high-energy melt-castable explosive and energetic propellant plasticizing ingredient. Organic Process Research & Development, 2018, 22(6): 736-740.

[38] Guo D, Zybin S V, An Q, et al. Prediction of the Chapman-Jouguet chemical equilibrium state in a detonation wave from first principles based reactive molecular dynamics. Phys. Chem. Chem. Phys., 2016, 18(3): 2015-2022.

[39] Deal W E. Measurement of Chapman-Jouguet pressure for explosives. The Journal of Chemical Physics, 1957, 27(3): 796-800.

[40] Davis W C, Craig B G, Ramsay J B. Failure of the Chapman-Jouguet theory for liquid and solid explosives. The Physics of Fluids, 1965, 8(12): 2169-2182.

[41] Kurrle J. HMX detonation vs density. Report OSAO No. 4148, SANL No. 901-003, 1971.

第 3 章　炸药爆轰反应数值模拟

炸药爆轰在高温高压下快速完成，目前，人们虽然能够准确测量炸药爆轰波速度和压力等基本性能参数，但不能精确观测到炸药爆轰反应的细节，因此，根据炸药爆轰基础理论，把爆轰作为流动过程，采用流体力学计算方法，对炸药爆轰反应进行数值模拟研究，获得炸药爆轰反应过程及其对周围介质的作用规律，可为工程设计提供更有效的指导。随着计算技术的快速进步，炸药爆轰数值模拟技术日趋完善，已成为研究炸药爆轰现象的重要手段。

炸药爆轰反应涉及炸药快速化学反应，爆轰冲击波对未反应炸药和周围介质的动态压缩，以及高温高压爆轰产物膨胀，驱动周围介质运动等过程，既有复杂的化学反应，又有固体强动态力学响应，还有快速大变形的非定常流动。基于流体力学基本方程，采用非线性有限元计算方法，能够更有效地解决炸药爆轰计算问题。

对于大变形流动，主要有两种计算方法进行描述：一种是以物质坐标和时间作为独立坐标，基于运动质点来分析物体运动和形变，称为拉格朗日方法；另一种是以空间坐标和时间作为独立坐标，基于空间点上的物质变化，分析流动情况，称为欧拉方法。对于炸药爆轰，人们主要关心炸药起爆、爆轰波传播与作用、爆轰产物能量释放与转换、对周围介质的破坏效应等现象，通常情况下，采用拉格朗日方法能够有效计算炸药爆轰的大多数问题。

炸药爆轰数值模拟中，如何来描述炸药反应是一个关键问题。由于目前人们对大多数凝聚炸药爆轰的本质反应机理，仍然还缺乏清楚认识，难于基于真实化学反应，构建炸药爆轰反应模型，所以主要采用忽略化学反应的"唯像"反应速率方程，计算炸药爆轰反应，其计算的准确度在很大程度上依赖于模型参数是否准确。对于每种炸药，需要进行专门的精密爆轰试验，通过计算结果与试验结果的反复比较，才能够标定准确的炸药爆轰反应速率方程参数。

状态方程是炸药爆轰数值模拟另一个关键问题。计算爆轰波前沿阵面对未反应炸药的冲击加载，需要未反应炸药材料模型和状态方程。而描述炸药爆轰产物状态，需要准确的炸药爆轰产物状态方程。对于每种炸药，这两种状态方程参数也可以用专门的爆轰实验进行标定。而炸药爆轰产物状态方程，还可以根据炸药爆轰产物热力学状态方程计算获得。另外，在炸药爆轰数值中，往往还需要计算爆轰产物和爆炸冲击波与其他介质的作用，因此，计算中还需要其他介质的材料模型和状态方程。

本章主要介绍非线性有限元计算基本理论，炸药爆轰反应速率方程，炸药爆轰产物 JWL 状态方程，未反应炸药状态方程，及其参数的标定方法。

3.1 非线性有限元计算基本理论

炸药爆轰及驱动涉及的非线性大变形计算求解，可归结为变分问题。以变分为基础的有限元方法，适于计算非线性结构的大变形动力响应。目前，人们大量使用基于非线性有限元方法的计算程序，计算炸药爆轰问题。其基础理论和计算方法是基于质量、动量和能量基本方程，用单点高斯积分，引入沙漏黏性控制零能模态，采用四、六、八节点单元进行空间离散化，并应用中心差分法进行时间积分 [1]。

坐标描述：

引入拉格朗日坐标描述，t 时刻物体坐标如下式

$$x_i = x_i(X_j, t) \quad (i, j = 1, 2, 3) \tag{3.1.1}$$

其中，x_i 为质点在固定直角坐标系中的坐标，X_j 为质点的物质坐标。取 $t = 0$ 时刻物体的构形为参考构形，有初始条件

$$x_i(X_j, 0) = X_i \tag{3.1.2}$$

$$\dot{x}_i(X_j, 0) = v_i(X_i) \tag{3.1.3}$$

其中，v_i 定义了质点 X_j 的初始速度。

动量方程：

$$\sigma_{ij \cdot j} + \rho f_i = \rho \ddot{x}_i \tag{3.1.4}$$

式中，$\sigma_{ij \cdot j}$、ρ、f_i、$\ddot{x}_i$ 分别为柯西应力、当前密度、单位质量体积力、质点加速度。

如图 3.1.1 所示，动量方程在外面力边界 S_1 上满足：

$$\sigma_{ij} n_j = t_i(t) \tag{3.1.5}$$

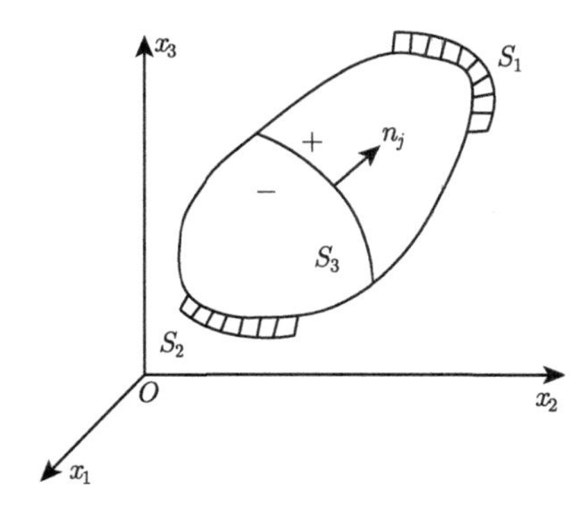

图 3.1.1 动量方程计算图

动量方程在位移约束边界 S_2 上满足：

$$x_i(X_j,t)=D_i(t) \tag{3.1.6}$$

动量方程在间断接触交界面 S_3 上满足：

$$\sigma_{ij}^+-\sigma_{ij}^-n_j=0 \tag{3.1.7}$$

质量守恒方程：

$$\rho V=\rho_0 \tag{3.1.8}$$

其中，ρ_0 为初始密度，$V=|F_{ij}|$ 为相对体积。

$$F_{ij}=\frac{\partial x_i}{\partial X_j} \tag{3.1.9}$$

能量方程：

$$\dot{E}=VS_{ij}\dot{\varepsilon}_{ij}-(p+q)\dot{V} \tag{3.1.10}$$

$$s_{ij}=\sigma_{ij}+(p+q)\,\delta_{ij} \tag{3.1.11}$$

$$p=-\frac{1}{3}\delta_{kk}-q \tag{3.1.12}$$

其中，V 为体积，$\dot{\varepsilon}_{ij}$ 为应变率张量，q 是体积黏性，S_{ij} 为偏应力，p 是压力，而 δ_{ij} 是克罗内克 (Kronecker) 系数。

虚功方程：

守恒方程的弱解形式为

$$\int_v(\rho\ddot{x}_i-\delta_{ij,j}-\rho f_i)\,\delta x_i\mathrm{d}V+\int_{s_1}(\sigma_{ij}n_j-t_i)\sigma x_i\mathrm{d}s$$
$$+\int_{s_3}\left(\sigma_{ij}^+-\delta_{ij}^-\right)n_j\delta x_i\mathrm{d}s=0 \tag{3.1.13}$$

式中，V 为体积，δx_i 在 S_2 上满足位移边界条件。由散度定理

$$\int_v(\sigma_{ij}\delta x_i)\,,_j\mathrm{d}V=\int_{s_1}\sigma_{ij}n_j\delta x_i\mathrm{d}s+\int_{s_3}\left(\sigma_{ij}^+-\sigma_{ij}^-\right)n_j\delta x_i\mathrm{d}s \tag{3.1.14}$$

及

$$(\sigma_{ij}\delta_{xj})\,,_j-\delta_{ij,j}\delta x_i=\delta_{ij}x_{i,j} \tag{3.1.15}$$

得到虚功方程

$$\delta \prod = \int_v \rho \ddot{x}_i \delta x_i \mathrm{d}V + \int_v \sigma_{ij} \delta_{ij} \mathrm{d}V v - \int_v \rho f_i \delta x_i \mathrm{d}V \\ - \int_{si} t_i \delta x_i \mathrm{d}s = 0 \tag{3.1.16}$$

应力应变描述：

在参考坐标系中，通常用格林 (Green) 应变 E_{ij} 度量；在现实坐标系中，则一般用 Signouni 应变 e_{ij} 度量，E_{ij} 和 e_{ij} 可由变形梯度计算得到

$$E_{ij} = \frac{1}{2}\left(\frac{\partial x_k}{\partial X_i}\frac{\partial x_k}{\partial X_j} - \delta_{ij}\right) \tag{3.1.17a}$$

$$e_{ij} = \frac{1}{2}\left(\delta_{ij} - \frac{\partial X_k}{\partial x_j} \cdot \frac{\partial X_k}{\partial x_j}\right) \tag{3.1.17b}$$

考虑到

$$\mathrm{d}x_i = \left(\sigma_{ij} + \frac{\partial u_i}{\partial x_j}\right)\mathrm{d}X_j \tag{3.1.18a}$$

$$\mathrm{d}X_j = \left(\delta_{ij} - \frac{\partial u_i}{\partial x_j}\right)\mathrm{d}x_j \tag{3.1.18b}$$

容易得到

$$E_{ij} = \frac{1}{2}\left(\frac{\partial u_i}{\partial X_j} + \frac{\partial u_j}{\partial X_i} + \frac{\partial u_k}{\partial X_i}\frac{\partial u_k}{\partial X_j}\right) \tag{3.1.19a}$$

$$e_{ij} = \frac{1}{2}\left(\frac{\partial u_i}{\partial X_j} + \frac{\partial u_j}{\partial x_i} + \frac{\partial u_k}{\partial x_i}\frac{\partial u_k}{\partial x_j}\right) \tag{3.1.19b}$$

小变形时，忽略二阶小量，并认为 $x_i = X_i$，则

$$E_{ij} = e_{ij} = \frac{1}{2}\left(\frac{\partial u_i}{\partial X_j} + \frac{\partial u_j}{\partial X_i}\right) \tag{3.1.20}$$

与应变量相对应，应力通常有两种描述形式，在参考系中，采用第三类 Piola-KischoH 应力张量 T_{ij} 来度量，而现实构形中采用柯西应力张量 σ_{ij} 来度量。

这两种应力度量之间的关系为

$$\alpha_{ij} = \frac{\rho}{\rho_0}\frac{\partial x_i}{\partial X_k}\frac{\partial x_j}{\partial X_m}T_{km} \tag{3.1.21a}$$

$$T_{ij} = \frac{\rho_0}{\rho}\frac{\partial X_L}{\partial x_k} \cdot \frac{\partial X_j}{\partial x_m}\sigma_{bm} \tag{3.1.21b}$$

3.2 炸药爆轰反应速率方程

3.2.1 反应速率相关概念

1. 反应速率的定义

各种化学反应的速率极不相同，有些反应进行得很快，如炸药爆轰反应，可在飞秒至微秒内达到平衡。有些反应则进行得很慢，如常温下氢气和氧气混合可以几十年都不会生成一滴水。为了比较反应的快慢，必须明确反应速率的概念。速率这一概念总是与时间相联系，是某物理量的变化率。在一定的条件下，化学反应一旦开始，各反应物的量不断减少，各产物的量不断增加。参与反应的各物质的量随时间不断变化是反应中的共同特征。因此，可以把反应速率表示为单位时间内，反应物或产物物质的量或质量的变化。

对于炸药爆轰反应，通常采用反应产物的质量分数，即反应度随时间的变化率，来表示反应速率。

例如，对于如下反应：

$$A \longrightarrow 2C + 3D \tag{3.2.1}$$

从反应物 A 到转变为产物 C 和 D 的过程中，若经过一段时间 Δt 的反应，反应物 A 减少了 Δm_A，产物 C 和 D 的量分别增加了 Δm_C 和 Δm_D，根据化学反应发生的计量关系，则有

$$-\Delta m_A = \Delta m_C + \Delta m_D$$

反应物 A 发生了反应的质量 Δm_A 与其初始质量 m_0 之比，定义为转变程度或者反应度 λ。即

$$\lambda = (\Delta m_C + \Delta m_D)/m_0 = -\Delta m_A/m_0 \tag{3.2.2}$$

将单位时间内反应度的变化定义为反应速率，即

$$r = \mathrm{d}\lambda/\mathrm{d}t \tag{3.2.3}$$

上式定义给出了反应转化的速率，可用来衡量固相炸药变为气相产物时，反应的快慢程度。

2. 基元反应

对于绝大多数化学反应来说，并非由反应物的原子，直接一步转化为产物，而是经由一系列原子或分子水平上的反应来完成的，每一步在分子水平上的反应称为基元反应。基元反应是组成一切化学反应的基本单元。

气体分子碰撞理论认为，基元反应反应物分子碰撞后，可直接得到产物分子。参与碰撞时的分子数目叫作反应分子数，通常有单分子反应、双分子反应和三分子反应。四个以上分子在同一时间、同一区域发生碰撞的概率非常小。分子相互碰撞是发生化学反应的必要条件，反应速率与分子间的碰撞频率有关；但并不是每次碰撞都能发生反应。分子碰撞能发生反应的充分条件是需要有足够的能量，克服成键原子之间的吸引作用，以及形成新键前，克服原子间价电子的排斥作用。人们把引发反应的有效碰撞分子称为活化分子，活化分子的能量大于一定的临界能量 E_c。在一个反应系统中，大量分子的能量彼此是参差不齐的，分子热运动的速度，服从麦克斯韦 (Maxwell) 分布，气体分子的能量分布如图 3.2.1 所示。图中横坐标代表能量，纵坐标以 $\Delta N/(N\Delta E)$ 表示，是具有能量 $E \sim (E+\Delta E)$ 范围内单位能量区间的分子数 ΔN 与分子总数 N 的比值，称为分子分数。曲线下的总面积表示分子分数的总和为 100%。气体分子的能量分布通常只与温度有关，少数分子的能量偏低或较高，多数分子的能量接近平均值。分子平均动能 E_k 位于曲线极大值右侧附近的位置上。阴影部分的面积表示能量 $E \geqslant E_c$ 的分子分数，称为活化分子分数 f。理论计算表明：

$$f = \exp\left(-\frac{E_c}{RT}\right) \tag{3.2.4}$$

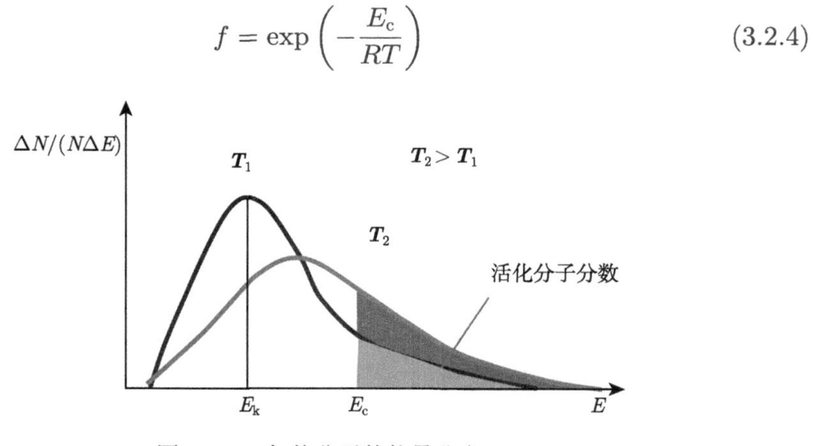

图 3.2.1　气体分子的能量分布

图 3.2.1 中阴影面积越大，f 越大，活化分子分数越大，反应也越快。由于反应物分子是由原子组成的，分子有一定的几何构型，所以分子内原子的排列也有一定的方位。如果分子在碰撞时，几何方位不适宜，尽管碰撞的分子有足够的能量，那么反应也不能发生。因此，在一定条件下，分子碰撞方位等因素，对反应速率的影响有一定的概率，称为概率因子 P。总之，根据碰撞理论，反应物分子必须有足够的最低能量，并以适宜的方位相互碰撞，才能导致发生有效碰撞。碰撞频率 Z 越高，活化分子分数 f 越大，概率因子 P 越大，反应速率越快。如果

总结为一个式子，反应速率可以写成如下形式：

$$r \propto ZP\exp\left(-\frac{E_{\mathrm{c}}}{RT}\right) \tag{3.2.5}$$

活化络合物理论认为，当具有足够动能的分子相互碰撞时，分子能够充分接近，作用增强，将动能转化为势能，同时，分子中的原子价电子发生重排，形成了势能较高，但很不稳定的活化络合物，活化络合物所处的状态为过渡态。活化络合物处于旧键削弱，同时，某些原子间开始形成新键的状态，因此具有较高的势能，很不稳定，可能很快分解为处于较低势能状态的产物分子；也可能滚落到反应物状态，势能又转化为动能。按照活化络合物理论，过渡态和初始态的势能差为正反应的活化能。如一阶反应或单分子反应：

$$(AB)_0 \longrightarrow (AB)^* \longrightarrow A+B \tag{3.2.6}$$

二阶反应或双分子反应：

$$A_0+B_0 \longrightarrow (AB)^* \longrightarrow C \tag{3.2.7}$$

式中，$(AB)^*$ 表示活化络合物。为了形成这些活化络合物，必须使得作用于原始分子 $(AB)_0$ 的能量，或者两个分子 A_0、B_0 相撞的能量超过温度 T 时的平均能量值 E_{k}，且达到能够发生有效碰撞或激发分解断键的能量阈值 E_{c}，才能在相互靠近中形成活化络合物，活化络合物的平均能量为 E^*，活化络合物的平均能量与初始平均动能之差，定义为活化能 E_{a}，E_{a} 与碰撞理论中的临界反应能 E_{c} 之间差 $\frac{1}{2}RT$。

对于基元反应来说，反应速率与反应分子数符合质量作用定量，反应速率与温度关系可用阿伦尼乌斯定律描述，因此，对于形如式 (3.2.5) 和式 (3.2.6) 的基元反应，其反应的动力学方程可以写成如下形式：

$$r=(1-\lambda)^n k_T=(1-\lambda)^n Z_{\mathrm{ch}}\exp\left(-\frac{E_{\mathrm{a}}}{RT}\right) \tag{3.2.8}$$

其中

$$k_T=Z_{\mathrm{ch}}\exp\left(-\frac{E_{\mathrm{a}}}{RT}\right) \tag{3.2.9}$$

式中，n 是反应级数，$n=1$ 和 $n=2$ 分别对应于一级和二级反应。k_T 是反应速率常数，表示单位时间中发生反应的介质分数，Z_{ch} 是指前因子，E_{a} 是活化能，T 是热力学温度。考虑分子几何特性影响的空间排列，反应速率常数还可以通过乘以一个系数加以修正。

对于固体炸药分解反应来说，一级和二级反应比较常见。目前，可以通过分子动力学计算，获得炸药反应初期的基元反应，以及基元反应速率常数。

3.2.2 炸药热分解反应速率方程

人们主要使用具有化学动力学意义的阿伦尼乌斯定律，描述均质炸药的反应速率，可以用它来研究非均质炸药热点的反应行为。

炸药受热时发生爆炸的反应机理，主要有热分解和链式反应两种。基于 3.2.1 节所述的反应物分子间活化碰撞的观念，热分解机理认为反应速率正比于单位时间、单位体积内任意两个分子的有效碰撞次数。只有动能大于活化能 E_a 的分子相互碰撞才能引起反应。若系统处于热平衡状态，根据玻尔兹曼 (Boltzmann) 分布，动能大于 E_a 的分子所占比例为 $\exp(-E_\mathrm{a}/RT)$，其反应速率可以写成如下形式：

$$r=(1-\lambda)^n Z_\mathrm{ch}\exp\left(-\frac{E_\mathrm{a}}{RT}\right) \tag{3.2.10}$$

炸药的反应动力学具有更复杂的规律性和特点。第一个特点是，大多数炸药能够自催化地分解，即恒温下反应速率随反应混合物中反应产物量的增加而增长，与原始物质的消耗无关，最简单的自催化反应的反应速率方程形式为

$$r=(1-\alpha)^n Z_\mathrm{ch}\exp\left(-\frac{E_\mathrm{a}}{RT}\right)+\alpha(1-\alpha)Z'_\mathrm{ch}\exp\left(-\frac{E'_\mathrm{a}}{RT}\right) \tag{3.2.11}$$

式中，Z'_ch 和 E'_a 分别为自催化部分的指前因子和活化能。反应的自催化部分的初始反应度 α_a 可由下式确定：

$$\alpha_\mathrm{a}=\frac{Z_\mathrm{ch}}{Z'_\mathrm{ch}}\exp\left(\frac{E_\mathrm{a}-E'_\mathrm{a}}{RT}\right) \tag{3.2.12}$$

对于大部分炸药，该反应度高于 10%。

炸药分解的第二个特点是会有气相产物生成。对于固体炸药，气相反应产物的出现过程类似于沸腾和气化过程。对于单质炸药的分解，其反应可看作单阶段的一级反应，其反应速率常数可以写为如下形式：

$$k_T=\beta\left(N_\mathrm{c}k_\mathrm{c}\exp\left(\frac{-E_\mathrm{p}}{RT}\right)\right)\left(Z_\mathrm{ch}\exp\left(\frac{-E_\mathrm{a}}{RT}\right)\right) \tag{3.2.13}$$

式中，N_c 是单位体积的分子数；E_p 是炸药中产生新相产物所需的能量；k_c 是反应动力学系数 ($k_\mathrm{c}\approx 10^{10}\sim 10^{11}$)；$\beta$ 是经验系数。上式右部第一个括号里的乘积，决定了从活化的炸药分子中生成具有临界尺寸的新相产物的频率。如

果临界尺度的反应产物呈球形 (这个尺度是保证呈球形产物尺寸急剧增长的起点)，那么

$$A_{\mathrm{p}}=\frac{4}{3}\pi R_{\mathrm{PD}}^{2}\sigma_{\mathrm{s}},\quad R_{\mathrm{PD}}\sim\sigma_{\mathrm{s}}/\Delta G \tag{3.2.14}$$

式中，R_{PD} 为临界大小萌芽表面的曲率半径，σ_{s} 为表面张力的能量，ΔG 为在炸药转变为反应产物中体积吉布斯自由能的变化，正比于炸药与反应产物的密度差，并与炸药初始密度有关。把式 (3.2.11) 改写为适合于单质炸药的一级热分解动力学方程，其形式为

$$\begin{aligned}r&=(1-\alpha)^{n}\beta\left[N_{\mathrm{c}}k_{\mathrm{c}}\exp\left(\frac{-E_{\mathrm{p}}}{RT}\right)\right]\left[Z_{\mathrm{ch}}\exp\left(\frac{-E_{\mathrm{a}}}{RT}\right)\right]\\&=(1-\alpha)^{n}Z\exp\left(\frac{-E}{RT}\right)\end{aligned} \tag{3.2.15}$$

式中，$Z=\beta N_{\mathrm{c}}k_{\mathrm{c}}Z_{\mathrm{ch}}$，$E=E_{\mathrm{p}}+E_{\mathrm{a}}$。事实上，炸药总存在结构性缺陷，如孔洞、位错、晶粒间界面，这些缺陷构成了非均匀成核，使得热分解速度比 (式 (3.2.15)) 增加了 k 倍。

$$k=1+\frac{N_{\mathrm{d}}}{N_{\mathrm{c}}}\exp\left(-\frac{E_{\mathrm{p}}+E_{\mathrm{pd}}}{RT}\right) \tag{3.2.16}$$

式中，N_{d} 为缺陷浓度；E_{pd} 为非均匀核的生成需要的能量，即形成具有临界尺度的反应产物反应核所需的能量。由此可见，固体炸药和气态爆炸物的热分解动力学方程在形式上可以规划为同样的形式。但与气体相比，不同之处在于固体炸药的分解在很大程度上是由其 "物理特性" 的各个因素所决定的。

炸药受到外界作用时的等温分解过程，除了考虑炸药本身的化学反应，其反应速率还需要考虑炸药结构损伤、炸药的变形；炸药多阶段分解过程还需要考虑二级反应组分混合和活性基团输运等因素。当不同外界刺激作用于炸药时，炸药初始分解机理也有很大差异。因此，炸药反应分解反应相当复杂，直接获得炸药分解的每一步基元反应参数非常困难，其分解速率更受多种物理状态和化学反应动力学的影响。但作为工程评估，目前人们通过热分析等实验手段，拟合获得炸药热分解动力学参数。

3.2.3 典型炸药爆轰反应速率方程

在炸药爆轰 ZND 模型中，炸药受到爆轰波前沿阵面冲击压缩后开始反应，此后，在一定的时间和空间上，分阶段转变为爆轰产物，可把炸药反应后的质量 m_g 与其初始质量 m_0 之比，称为炸药反应度 λ。

考虑到炸药爆轰反应区尺寸相对较小，可以认为反应度在炸药爆轰反应区内均匀分布，为此，炸药反应度可定义为

$$\lambda = \frac{m_g}{m_0} \tag{3.2.17}$$

实际上，炸药爆轰反应速率描述了未反应炸药向反应产物变化的速度。以此来描述炸药爆轰反应速度，虽然忽略了炸药爆轰的化学反应，不能够真实描述炸药爆轰化学反应的进程，被称为“唯象”反应模型，但在此基础上建立的炸药爆轰反应速率方程，可以方便地用于基于流体力学的炸药爆轰数值模拟计算，在很大程度上，降低了计算的难度和复杂性，而根据精密的炸药爆轰试验，标定的炸药爆轰反应速率方程参数，能够比较准确地描述炸药爆轰反应的基本规律，已可以解决炸药爆轰计算的大部分工程问题。

一般认为，炸药反应速率与爆轰中间反应产物的热力学状态量有关，可以有多种表达方式，依靠实验数据，可以确定反应速率函数关系。例如，反应冲击波唯一增长迹线方法、拉格朗日分析方法等。人们还提出各种力学模型，来描述热点的结构，描述热点反应及其与炸药基体耦合的动力学特性，希望得到更合理的反应速率函数形式。

Mader 等 [2] 最先提出了描述炸药爆轰反应的“唯象”模型：“森林火 (forest fire)” 反应速率方程：

$$r = -\frac{1}{\lambda}\frac{\mathrm{d}\lambda}{\mathrm{d}t} = \exp\left(C_0 + C_1 p + C_2 p^2 + \cdots + C_n p^n\right) \tag{3.2.18}$$

式中，r 是反应速率，t 是时间，λ 是炸药反应度，p 是压力，C_0、C_1、C_2、$\cdots$、C_n 为常数。该模型认为炸药中冲击波发展为爆轰波的过程，是沿空间中唯一的增长迹线进行的。该模型对炸药爆轰成长距离和时间描述较为准确，但只给出了炸药冲击起爆过程波阵面的变化，未涉及波阵面后流场，只能得到炸药波阵面反应速率，对低压冲击下的炸药起爆过程存在一定的偏差。

森林火反应速率是基于“热点”假设被提出的，它仅仅依赖于波阵面的压力，反应度只出现在燃耗因子中。森林火反应速率只反映了热点成核或反应点火项的贡献。但是在反应流体动力学理论中，反应速率是介质的热力学性质，从波阵面物理量推导得到的森林火模型，或其他形式的反应速率关系，应可以适用于冲击波阵面后的整个反应区。但建立在反应冲击波唯一增长迹线基础上的森林火反应速率，夸大了反应冲击波阵面附近的早期反应的贡献。尽管森林火反应速率不能很好地描述某些炸药的低压冲击起爆过程，但它却可以较好地预估到爆轰距离和爆轰时间，可以获得一些工程应用所关心的参数。

利用反应冲击波阵面参数计算反应速率，没有涉及波阵面后反应流场的变化，不可能揭示反应冲击波转变为爆轰波的过程中反应区和波阵面的相互作用。

为解决森林火反应速率存在的不足，Lee 等 [3] 基于非均质炸药冲击起爆的成核–生长的特征，提出了描述炸药爆轰反应的两项式点火增长反应速率方程：

$$\frac{\mathrm{d}\lambda}{\mathrm{d}t} = I(1-\lambda)^x\left(\frac{v_0}{v_1}-1\right)^\gamma + G(1-\lambda)^x\lambda^y p^z \tag{3.2.19}$$

式中，λ 是炸药反应度，t 是时间，v_0 是炸药的初始比容，v_1 是炸药冲击过后的比容，p 是压力，I、x、γ、G、y 和 z 是常数。Lee 等认为第一项为炸药点火项，控制了受冲击后炸药的热点数量，第二项是燃烧成长项，主要受炸药冲击后的压力控制。

该反应速率方程的基本要点是：

(1) 成核。冲击波与炸药性质不均匀的结构相互作用形成了热点，化学反应首先在热点处发生，它成为瞬发反应的核心。

(2) 如果热点温度足够高，尺寸足够大，损耗比较小，热点处的反应会向周围扩展，波及周围炸药，使之“燃烧”。燃烧速度随压力增高而增大，最终炸药全部燃烧完。

基于这种认识，将反应速率函数的内容分成两项，一项描述热点点火，另一项描述炸药燃烧。

Tarver 等 [4] 在两项式点火增长反应速率方程的基础上，提出了三项式点火增长反应速率方程：

$$\frac{\mathrm{d}\lambda}{\mathrm{d}t} = I(1-\lambda)^b\left(\frac{\rho}{\rho_0}-1-a\right)^x + G_1(1-\lambda)^c F^d p^y + G_2(1-\lambda)^e\lambda^g p^z \tag{3.2.20}$$

式中，λ 是炸药反应度，t 是时间，ρ_0 是炸药初始密度，ρ 是炸药冲击后的密度，p 是压力，I、G_1、G_2、a、b、x、c、d、y、e、g 和 z 是常数。其中，a 是临界压缩度，用来限定点火界限，当压缩度小于 a 时炸药不点火，不发生爆轰。或者说，当冲击波足够强 (具有一定压力)，使炸药达到一定压缩度时才能点火，从而为炸药起爆规定了一个必要条件。大多数情况下，燃烧项压力指数 $y=1$，点火和燃烧项的燃耗阶数 $b=c=2/3$，表示向内的球形颗粒燃烧。参数 I 和 x 控制了点火热点的数量，点火项是冲击波强度和压力持续时间的函数。G_1 和 d 控制了点火后热点早期的反应生长，G_2 和 z 确定了高压下的反应速率。对于 ZND 结构假设的爆轰波，公式的第一项代表部分炸药在冲击压缩下被点火，第二项代表炸药快速反应产生 CO_2、H_2O 和 N_2 等气体产物。第三项代表在主要反应后相对缓慢的扩散控制反应，对于含铝炸药，它代表铝粉与爆轰产物间的氧化反应。此种反应速率方程在计算过程中，须设定反应度 λ 的几个极值 λ_{igmax}、$\lambda_{G_1\mathrm{max}}$、$\lambda_{G_2\mathrm{min}}$，以便使三项中的每一项在合适的 λ 值时开始或截断：

当 $\lambda > \lambda_{\mathrm{igmax}}$ 时，点火项取为零；

当 $\lambda > \lambda_{G_1\max}$ 时，燃烧项取为零；

当 $\lambda < \lambda_{G_2\min}$ 时，快反应项取为零。

与 Lee 等 [3] 提出的两项式点火增长反应速率方程相比，三项式点火增长反应速率方程增加了快速反应项，能够更好地描述爆轰快速反应过程。此后，三项式点火增长反应速率方程被人们大量使用 [5–8]，成为研究各类炸药冲击起爆和爆轰主要的反应速率方程。

三项式点火–增长反应速率方程能够较好地描述冲击起爆和爆轰过程的唯象关系，但其参数还是要依赖于对实验数据的拟合。如果将它应用于另一类的问题，必须经过实验检验。如何进一步调整这些系数，使之符合更广泛的实验结果，是工程应用中非常重要的工作。

Murphy 对 Lee 和 Tarver 点火增长反应速率方程进行了改进 [9]，改进后的方程用一个余弦函数表示点火项，增长项和快速反应项均用正弦函数表示，改进后的点火增长反应速率方程为

$$\frac{\mathrm{d}\lambda}{\mathrm{d}t} = I\cdot 0.5\cdot\left(1+\cos\left(\pi\frac{\lambda}{\lambda_{\mathrm{igmax}}}\right)\right)\left(\frac{\rho}{\rho_0}-1-a\right)^x + G_1\sin(\pi\lambda^c)p^y + G_2\sin(\pi\lambda^e)p^z \tag{3.2.21}$$

式中，λ 是炸药反应度，t 是时间，ρ 是密度，ρ_0 是初始密度，p 是压力，λ_{igmax} 是点火上限，I、G_1、G_2、a、x、c、y、e 和 z 是常数。经过此种改进，点火项的数值变为连续变化的量；波形系数由 $(1-\lambda)^c\lambda^d$ 改成 $\sin(\pi\lambda^c)$ 后，其最大值恒定为 1；并且改进后的方程具有更少的待定系数，降低了参数拟合的难度。

Johnson 等 [10] 提出了 JTF(Johnson-Tang-Forest) 反应速率方程，把炸药冲击起爆过程分为热点形成、热点反应以及炸药基体反应三个阶段，采用热点质量分数、反应度和热点平均温度描述炸药反应：

$$\dot{\lambda} = \mu\dot{f} + [1-\lambda-\mu(1-f)]\,[(f-f_0)/(1-f_0)]\,G(p,p_{\mathrm{s}}) \tag{3.2.22}$$

式中，λ 为炸药的总体反应度，f 为炸药热点的反应度，μ 为炸药热点的质量分数，f_0 为反应增长的阈值，$G(p,p_{\mathrm{s}})$ 是当地压力 p 和冲击波阵面压力 p_{s} 的函数。方程第一项描述热点的形成，第二项表示炸药反应的成长。

Handley[11] 基于炸药冲击起爆反应熵的变化，建立了 CREST 反应速率方程，采用快速反应和慢速反应质量加权的方法，计算炸药总反应速率：

$$\dot{\lambda} = m_1\lambda_1 + m_2\lambda_2 \tag{3.2.23}$$

$$\dot{\lambda}_1 = [-2b_1\ln(1-\lambda_1)]^{1/2}(1-\lambda_1) \tag{3.2.24}$$

$$\dot{\lambda}_2 = \left[2b_2\left(\frac{b_2\lambda_1}{b_1}-\ln(1-\lambda_2)\right)\right]^{1/2}\lambda_1(1-\lambda_2) \tag{3.2.25}$$

式中，λ 为炸药反应度，λ_1 和 λ_2 分别是快速反应度和慢速反应度，m_1 和 m_2 分别是对应的质量分数，b_1、b_2 分别为常数。该反应模型可以描述低冲击下炸药的钝化效应。

3.3 炸药爆轰产物 JWL 状态方程

炸药爆轰数值模拟计算除了流体动力学方程组炸药爆轰反应模型外，还需要描述爆轰产物和未反应炸药的状态方程。在进行爆轰反应的流动计算时，需要把炸药爆轰产物的状态方程整理为适当形式，以便迭代运算。

高能炸药主要由 C、H、O、N 等元素组成，其爆轰反应后，转变为 CO_2、CO、N_2、NO_2、NO、H_2O 等气体产物和少量固体碳。爆轰产物在 CJ 点附近，其仍旧处于高温、高压、高密度的状态，分子之间的相互作用类似于固体或液体的性质，随着产物的膨胀，压力降低，分子之间作用力逐渐减小到可以忽略，又呈现出气体的特征。炸药爆轰产物状态方程是描述热力学平衡条件下，组成产物热力学状态参数之间的关系，能够在一定程度上，表征炸药做功的能力。通常把用于炸药爆轰反应动力计算的状态方程，称为动力学状态方程。

为了精确计算描述炸药爆轰产物膨胀的过程，根据炸药爆轰产物驱动做功试验，来确定炸药爆轰状态方程，是一个很好的方法。可以根据实验结果，拟合出满足等熵线条件的状态方程。

Wilkins 基于半球炸药爆轰驱动铝壳实验，提出了 CJ 等熵线形式状态方程 [12]：

$$p_{\mathrm{s}}=\frac{A}{\overline{v}^{Q}}+B\mathrm{e}^{-R\cdot\overline{v}}+\frac{C}{\overline{v}^{\omega+1}} \tag{3.3.1}$$

式中，$\overline{v}$ 为相对比容，即 $\overline{v}=v/v_0=\rho_0/\rho$；$A$、$B$、$C$、$R$、$Q$、$\omega$ 为常数。

根据格林艾森状态方程 [13]

$$p=-\left(\frac{\partial F}{\partial v}\right)_{\mathrm{T}}=-\frac{\mathrm{d}U_{\mathrm{c}}}{\mathrm{d}v}+\frac{\varGamma}{v}e_v=p_{\mathrm{c}}+\frac{\varGamma}{v}\left(e-U_{\mathrm{c}}\right) \tag{3.3.2}$$

则 CJ 等熵线可以表示成如下形式：

$$p_{\mathrm{s}}=p_{\mathrm{c}}+\frac{\varGamma}{v}\left(e_{\mathrm{s}}-U_{\mathrm{c}}\right) \tag{3.3.3}$$

式中，F 为亥姆霍兹自由能；U_{c} 为原子处于晶格格点时，平衡晶格的能量，该能量也称为冷能，相应的 p_{c} 为冷压，冷能和冷压由原子间相互作用产生，与温度无关；e_v 为平均振动能；$\varGamma$ 为格林艾森系数；e 为内能。将式 (3.3.3) 与式 (3.3.4)

相减，并令 $E=e/v_0$，得到

$$p=p_{\mathrm{s}}+\frac{\Gamma}{v}\left(e-e_{\mathrm{s}}\right)=p_{\mathrm{s}}+\frac{\Gamma}{V}\left(E-E_{\mathrm{s}}\right) \tag{3.3.4}$$

将等熵线方程式 (3.3.2) 和相应的 E_{s}-$\overline{v}$ 关系代入式 (3.3.4)，并取 $\Gamma=\omega+1$，得到炸药爆轰产物 p-$\overline{v}$ 面上的状态方程为如下形式：

$$p\left(\overline{v},E\right)=\frac{\alpha}{\overline{v}^{Q}}+B\left(1-\frac{\omega}{R\cdot\overline{v}}\right)\mathrm{e}^{-R\cdot\overline{v}}+\frac{\omega E}{\overline{v}} \tag{3.3.5}$$

Wilkins 等采用方程 (3.3.5) 可准确预测出，不同几何形状装药爆轰产物膨胀早期阶段的实验结果。但当半球炸药爆轰产物驱动铝壳时，铝壳在膨胀过程中易发生破裂，因此，得不到产物压力下降到 0.1 GPa 后的实验数据。

后来，炸药圆筒试验的出现，为研究炸药爆轰产物状态方程提供了更好的试验方法。在炸药圆筒试验中，圆筒壳体可以膨胀到初始半径的 $2\sim3$ 倍，仍旧不会破裂，从而可得到爆轰产物压力下降到 0.1 GPa 后的实验数据。Lee 等 [12] 利用圆筒实验数据，在 Jones 和 Miller[14] 方程以及 Wilkins[15] 方程的基础上，发展出了 JWL 状态方程。

Jones 提出的状态方程形式如下：

$$p=A\mathrm{e}^{-R\cdot\overline{v}}-B+C\cdot T \tag{3.3.6}$$

Wilkins 提出的状态方程形式如下：

$$p\left(\overline{v},E\right)=\frac{\alpha}{\overline{v}^{Q}}+B\left(1-\frac{\omega}{R\cdot\overline{v}}\right)\mathrm{e}^{-R\cdot\overline{v}}+\frac{\omega E}{\overline{v}} \tag{3.3.7}$$

Lee 等对 Wilkins 状态方程，将等熵线方程做了修改，提出了 JWL 状态方程：

$$p(\overline{v},E)=A\left(1-\frac{\omega}{R_1\cdot\overline{v}}\right)\mathrm{e}^{-R_1\cdot\overline{v}}+B\left(1-\frac{\omega}{R_2\cdot\overline{v}}\right)\mathrm{e}^{-R_2\cdot\overline{v}}+\frac{\omega E}{\overline{v}} \tag{3.3.8}$$

其 CJ 等熵线方程为

$$p_{\mathrm{s}}=A\mathrm{e}^{-R_1\cdot\overline{v}}+B\mathrm{e}^{-R_2\cdot\overline{v}}+\frac{C}{\overline{v}^{\omega+1}} \tag{3.3.9}$$

式中，A、B、C、R_1、R_2 和 ω 为常数；$\overline{v}$ 代表相对比容；E 为炸药单位体积可用能量。若六个系数取合适的值，能很好地重现炸药圆筒实验和半球炸药驱动壳体实验结果。

在 JWL 方程的 CJ 等熵线方程中，包含有 $Ae^{-R_1\overline{v}}$、$Be^{-R_2\overline{v}}$ 和 $Ce^{-(\omega+1)}$ 三项：它们分别在高、中、低的压力范围内起主要作用，这 3 项对总压力的贡献如图 3.3.1 所示。用 JWL 方程计算爆轰驱动时，能够较好地描述爆轰产物从 CJ 态膨胀到 0.1 GPa 压力范围时的 CJ 等熵线，对于偏离 CJ 等熵线的状态，数值计算使用以 JWL 等熵线为参考状态的格林艾森状态方程。

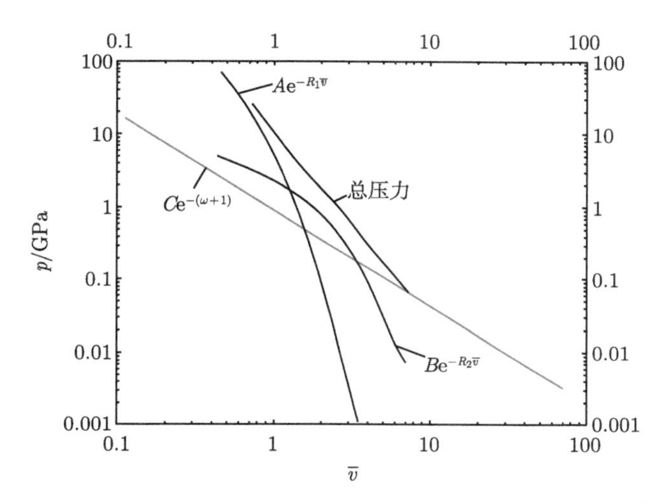

图 3.3.1 Comp.B 炸药爆轰产物 JWL 等熵线中各项的贡献 [12]

选取 JWL 状态方程中的参数，需满足以下条件：① 满足实验测量的 CJ 状态；② 与圆筒试验测量的圆筒壁面膨胀行为一致；③ 当膨胀到大体积时，满足热力学限制条件；④ 符合流体力学连续性假设。

对于条件 ①，可将爆轰试验测量的 CJ 压力、爆速等参数直接代入方程；对于条件 ②，可将圆筒试验数据与流体动力学计算程序输出结果进行比对；对于条件 ③，可以在爆轰气体产物的膨胀极限时，给 JWL 状态方程合理的热力学限制。首先，总可用能量 E_0 为定值，且与爆轰反应可用化学能一致。该能量可通过量热弹测得，或通过爆轰产物状态热力学计算程序获得 (见本书第 2 章)。其次，在 JWL 状态方程中，当体积膨胀到较大 $\overline{v}$ 值时，其压力剖面主要取决于 ω 值。因为在大膨胀时，格林艾森系数 $\varGamma$ 的值应该接近 C_p/C_v，并且当相对比容 $\overline{v}$ 大于 10 时，$\varGamma=\omega+1$。若将 ω 限制在 $0.20<\omega<0.40$ 范围内，可保证与大部分爆炸气态产物的热容一致。如果压力是相对比容的单调递减函数，则可以保证适当的流体动力连续性。这可以满足条件 ④ 的假设。

实际上，已经证明对于目前常用炸药，当 R_1 取值在 4 和 1 附近时，$\varGamma$ 的值始终大于 1。如图 3.3.1 所示，CJ 点附近的高压特性主要由系数 R_1 决定。即使压缩接近 2($\overline{v} \approx 0.5$)，$\varGamma$ 仍大于 2。在压缩度很高的情况下，压力主要由 ω 决定。

3.4　未反应炸药状态方程

炸药爆轰数值模拟计算中，需要描述炸药从冯・诺依曼峰到 CJ 点各阶段的状态。根据炸药爆轰反应模型，可以把各阶段的状态看作未反应炸药与爆轰气体产物的混合体系，其中固体炸药比例不断降低。在相同阶段，混合体系中未反应炸药与爆轰气体产物压力和温度相同，可按比例混合法则，处理混合体系的热力学状态参数，用于迭代运算。因此，需要未反应炸药状态方程与炸药爆轰产物状态方程结合，用于描述不同阶段混合体系的状态。

一般情况下，可以用炸药冲击绝热线 (于戈尼奥线) 获得未反应炸药状态方程。通常是通过对炸药进行较低强度的冲击波加载试验，测量出不同入射冲击波压力下，未反应炸药冲击波速度 $U_{\rm c}$ 和粒子速度 $u_{\rm c}$，拟合成线性关系的炸药冲击绝热线：

$$U_{\rm c} = a + bu_{\rm c} \tag{3.4.1}$$

还可以通过将 $U_{\rm c}$-$u_{\rm c}$ 直线外推到爆速 D，得到炸药爆轰波冯・诺依曼峰值点压力 $p_{\rm N}$。根据波阵面前后质量、动量和能量守恒关系式，将上式代入，得到冲击绝热状态下 p-v 和 e-v 的关系：

$$p_{\rm H} = C_0^2 \left(v_0 - v\right) / \left[v_0 - S\left(v_0 - v\right)\right]^2 + p_0 \tag{3.4.2}$$

$$e_{\rm H} = e_0 + \left(p_0 + p_{\rm H}\right)\left(v_0 - v\right)/2 \tag{3.4.3}$$

一般来说，如果选用某组 C_0 和 S 来换算炸药其他性能的数据，例如，冲击起爆判据和反应速率等，则炸药爆轰数值模拟计算中，也应使用与这组值对应的未反应炸药状态方程。

若以冲击绝热线为参考状态，将式 (3.4.2) 和式 (3.4.3) 代入格林艾森方程，未反应炸药的完全状态方程可以表示为 [16]

$$p\left(v, e\right) = p_{\rm H} + \varGamma\left(e - e_{\rm H}\right)/v \tag{3.4.4}$$

$$T\left(v, e\right) = T_{\rm H} + \left(e - e_{\rm H}\right)/C_{\rm V} \tag{3.4.5}$$

式 (3.4.4) 和式 (3.4.5) 称为未反应炸药的 HOM 方程。

以 JWL 方程形式给出未反应炸药状态方程，其在炸药爆轰数值模拟计算中被大量使用。

JWL 方程等熵线形式

$$p_{\mathrm{H}} = A\mathrm{e}^{-R_1\overline{v}} + B\mathrm{e}^{-R_2\overline{v}} + C\overline{v}^{-(\omega+1)} \tag{3.4.6}$$

根据式 (3.4.1) 表达的冲击绝热线数据进行拟合，可以得到相应的系数 A、B、C、R_1、R_2 和 ω。

根据 CJ 点处冲击绝热线与等熵线相切，可利用格林艾森方程和式 (3.4.6)，沿冲击绝热线对 p_{H} 积分给出 e_{H}，得到未反应炸药的 JWL 状态方程：

$$p\left(E,\overline{v}\right) = A\left(1-\frac{\omega}{R_1\overline{v}}\right)\mathrm{e}^{-R_1\overline{v}} + B\left(1-\frac{\omega}{R_2\overline{v}}\right)\mathrm{e}^{-R_2\overline{v}} + \frac{\omega E}{\overline{v}} \tag{3.4.7}$$

这里相对比容 $\overline{v} = v/v_0$；格林艾森系数 $\varGamma = \omega$。

3.5 炸药爆轰反应速率方程和未反应炸药状态方程参数标定

人们通常根据炸药冲击起爆中爆轰波的成长规律，即在拉格朗日坐标下爆轰波成长的压力、速度等运动状态变量，随时间的变化情况，来标定炸药爆轰反应模型和未反应炸药状态方程参数。主要采用观测冲击加载面前方炸药内部一定距离处，冲击波到达时间、冲击波压力和粒子速度等试验方法，获得炸药爆轰波成长规律。

Campbell 等最早提出了楔形炸药试验法 [17] 观测炸药中爆轰波成长过程。其试验原理为用炸药平面波透镜起爆斜面上贴有金属薄膜的楔形炸药，采用强光源照射薄膜，再用高速扫描相机记录薄膜反射光。当爆轰波到达楔形斜面时，使金属薄膜倾斜，反射光不再被高速扫描相机记录，从而获得爆轰到达楔形斜面不同位置的时间，进而得到爆轰成长距离、爆轰成长时间及爆速等参数。Chuzeville 等 [18] 改进了楔形炸药试验测量方法，他们采用微波干涉测速方法，观测冲击作用下楔形炸药内部的冲击波速度，采用压电探针观测冲击波到达楔形斜面的时间。Elia 等 [19] 在两块楔形炸药中间埋入了布拉格光栅，并且采用锰铜压阻传感器测量入射冲击波压力，更精确地观测了炸药爆轰波速度。

由于楔形炸药试验只能获得冲击起爆过程中冲击波的到达时间信息，不能获得更多的流场信息，难以为数值模拟模型参数的标定提供更精确的数据支撑，为此，人们又发展了通过测量炸药爆轰压力和产物粒子速度，观测爆轰波成长的方法。在炸药内部嵌入锰铜压阻传感器，测量炸药内部不同位置处的压力，是观测爆轰波成长，标定炸药爆轰反应模型参数的常用方法之一 [20,21]。本书在第 4 章对此方法作详细介绍。

炸药爆轰电磁粒子速度测量的原理是把很薄的金属膜体放置在炸药内部，在均匀磁场中冲击起爆炸药，金属膜体会随冲击波或爆轰波运动，切割磁力线，产生感生电动势，可通过测量电动势的大小，获得炸药内部粒子的运动速度 [22]。在两个楔形炸药中间安装组合式电磁粒子速度计，就能够测量炸药内部距离起爆面不同位置处的粒子速度变化，从而获得爆轰波成长规律。如果起爆炸药的冲击波强度较低，则不足以使炸药反应，只是在炸药中形成冲击波，通过测量冲击波后粒子速度变化，来标定出未反应炸药状态方程参数。

该方法已被大量用于研究 HMX[23−26]、TATB[27,28] 和 CL-20[29] 等多种炸药各自的爆轰波成长规律和标定炸药爆轰反应模型参数。以下介绍我们提出的基于永磁体磁场的炸药电磁粒子速度测量法 [30]，以及未反应炸药状态方程和爆轰反应速率参数标定方法。

3.5.1　基于永磁体磁场的炸药爆轰电磁粒子速度测量法

1. 电磁粒子速度测量原理

炸药爆轰电磁粒子速度测量法是基于法拉第电磁感应定律 [31]，即闭合电路的一部分导体在磁场里做切割磁感线的运动时，导体中会产生感应电动势，其测量原理如图 3.5.1 所示。图中匀强磁场磁感应强度为 B，粒子速度计位于匀强磁场中，粒子速度计的敏感段长度为 L，敏感段沿垂直于磁场的方向运动，切割磁感线，其速度为 u，ΔA 是敏感段切割磁感线的面积。

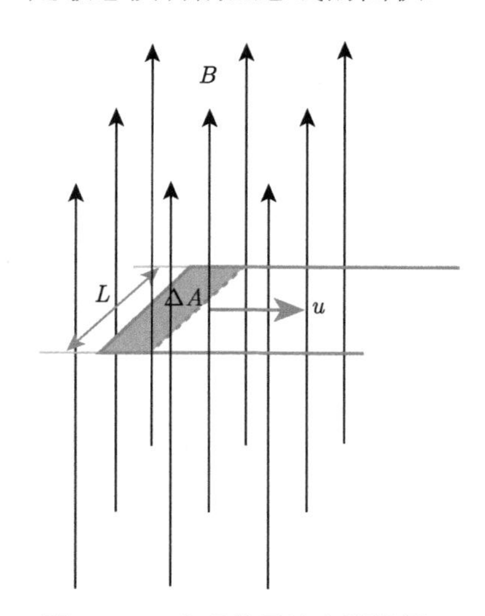

图 3.5.1　电磁粒子速度测量原理

根据图 3.5.1 中所示粒子速度计敏感段切割磁感线运动情况，如果敏感段沿垂直于磁场方向的位移为 S，根据平面一维运动的速度定义，则有

$$u = \frac{\mathrm{d}S}{\mathrm{d}t} \tag{3.5.1}$$

ΔA 是敏感段切割磁感线的面积，从图中可以看出

$$\Delta A = -SL \tag{3.5.2}$$

式中，负号代表面积的减小。

t 时刻金属框包围的面积为

$$A = A_0 + \Delta A \tag{3.5.3}$$

式中，A_0 是金属框包围的初始面积。

根据法拉第电磁感应定律，传感器敏感段切割磁感线产生的感应电动势为

$$\varepsilon = -\frac{\mathrm{d}\Phi}{\mathrm{d}t} = -\frac{\mathrm{d}(BA)}{\mathrm{d}t} \tag{3.5.4}$$

式中，Φ 是磁通量，B 是磁感应强度，A 是金属框包围的面积。将式 (3.5.1) ~ 式 (3.3.3) 代入式 (3.5.4) 中，可得粒子速度计敏感段切割磁感线产生的感应电动势与磁感应强度 B、敏感段长度 L 和切割磁感线速度 u 的关系，即：

$$\varepsilon = BLu \tag{3.5.5}$$

由式 (3.5.5) 可知，在磁感应强度 B 和粒子速度计敏感段长度 L 不变的情况下，通过试验测量出电磁粒子速度计运动产生的感应电动势 ε，即可计算出电磁粒子速度计敏感段的运动速度 u。电磁法粒子速度测量试验中，粒子速度计一般由铜箔或铝箔制成，厚度为微米量级，试验中紧贴被测试验介质安装，粒子速度计敏感段的运动速度就代表了它接触的介质的粒子速度。

2. 炸药电磁粒子速度测量试验装置

在电磁粒子速度测量中，如何获得均匀的强磁场是一个关键问题。过去人们主要采用亥姆霍兹线圈和电磁体两种方法建立磁场。这两种方法的试验装置具有很大的体积和重量，同时还需要大容量电容器及控制系统，试验操作复杂，而永磁体形成的磁场，结构简单、操作简便。为此，我们设计了小体积的闭回路磁场永磁体结构，把组合式电磁粒子速度计安装在炸药内部斜面，测量炸药内部不同位置粒子速度随时间的变化。采用炸药驱动飞片冲击起爆炸药，根据炸药内部不同位置粒子速度随时间的变化特征，获得爆轰波成长规律。图 3.5.2 为炸药爆轰波成长粒子速度测量试验装置。试验装置由雷管、炸药平面波透镜、加载炸药、有机玻璃隔板、钢飞片、铝隔板、待测炸药、粒子速度计和永磁体结构组成。试验时，雷管起爆炸药平面波透镜产生平面爆轰波起爆加载炸药，在有机玻璃隔板中产生平面冲击波，驱动无磁性钢飞片高速撞击铝隔板，在铝隔板产生冲击波起爆被测炸药。通过改变有机玻璃隔板和铝隔板的厚度，调节入射炸药冲击波的压力。通过组合式电磁粒子速度计，测量炸药粒子速度随时间的变化。

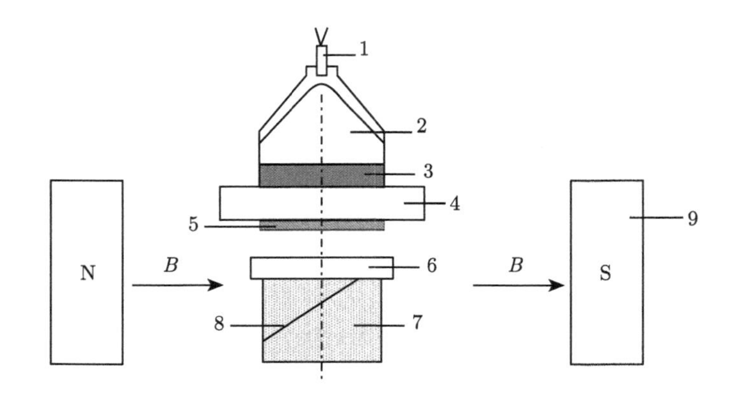

图 3.5.2　炸药爆轰波成长粒子速度测量试验装置

1 - 雷管；2 - 炸药平面波透镜；3 - 加载炸药；4 - 有机玻璃隔板；5 - 钢飞片；6 - 铝隔板；7 - 待测炸药；8 - 粒子速度计；9 - 永磁体结构

被测炸药被压制成两个直径相同的楔形药柱，斜面具有一定倾角，将组合型电磁粒子速度传感器嵌入炸药斜面当中，把炸药试件和传感器黏合成一个整体，形成一个柱形药柱，将一个 U 型粒子速度计贴在药柱的上表面，用来测量冲击波入射面处的粒子速度。图 3.5.3 是组合型电磁粒子速度计结构简图。图中左端多个垂直的部分为粒子速度计的“测量单元”，其运动切割磁力线，产生感生电流；上端水平的阶梯形状的部分是冲击波跟踪器，冲击波每抵达一个台阶，都会产生一个电压变化的信号，利用这一原理可以得到冲击波在炸药内部传播过程中的时程关系，并由此得出冲击波的传播速度随时间和路程的变化关系。U 型电磁粒子速度计结构如图 3.5.4 所示，左端只有 1 个垂直“敏感单元”。

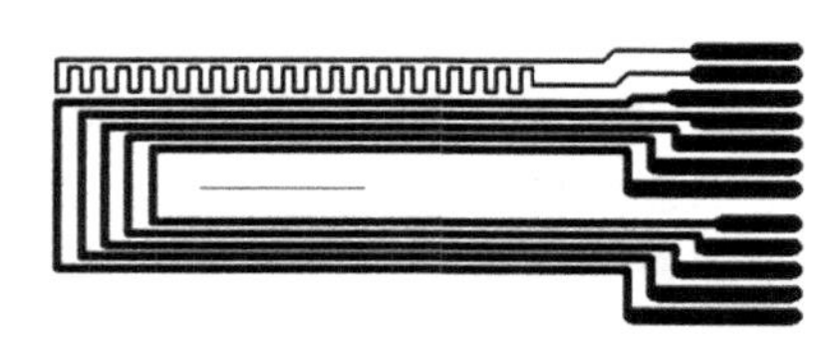

图 3.5.3　组合型电磁粒子速度计结构简图

图 3.5.4　U 型电磁粒子速度计结构

3.5.2　未反应炸药状态方程参数

通过药柱上表面的 U 型电磁粒子速度计测量的入射冲击波粒子速度，冲击波跟踪器测量的入射冲击波速度，根据冲击波基本关系式，计算出入射冲击波压力：

$$p = \rho_0 U_c u_c \tag{3.5.6}$$

其中，ρ_0 为炸药密度，U_c 为冲击波速度，u_c 为入射冲击波粒子速度。

表 3.5.1 是不同强度冲击波作用下，试验测量的 C-1(CL-20/黏合剂/95/5) 炸药入射冲击波速度、波后粒子速度以及计算的入射冲击波压力。

表 3.5.1 C-1 炸药入射冲击波速度、波后粒子速度以及计算的入射冲击波压力

入射冲击波速度/(km/s)	波后粒子速度/(km/s)	入射冲击波压力/GPa
2.91	0.31	1.73
3.09	0.43	2.55
3.31	0.51	3.24

在炸药冲击起爆试验中，如果测量的冲击波粒子速度显示，冲击波没有引发炸药发生反应，或者引发炸药反应产生的能量没有支持冲击波阵面传播，则可以认为这时冲击波仍然满足未反应炸药的冲击于戈尼奥关系。

根据不同冲击波压力起爆试验中，粒子速度计测量的炸药冲击波后粒子速度，以及冲击波跟踪器测量相应位置的冲击波速度，可以计算出炸药冲击波压力、比容和压缩度，能获得未反应炸药的冲击于戈尼奥关系。表 3.5.2 是 C-1 炸药粒子速度 u_c、冲击波速度 U_c、冲击波压力 p、比容 v 和冲击压缩度 v/v_0(v_0 为初始比容)。

表 3.5.2 C-1 炸药粒子速度、冲击波速度、冲击波压力、比容和冲击压缩度

粒子速度 u_c/(km/s)	冲击波速度 U_c/(km/s)	冲击波压力 p/GPa	比容 v/(cm^3/g)	冲击压缩度 v/v_0
2.533	0.217	1.055	0.476	0.914
2.675	0.245	1.258	0.473	0.908
3.172	0.288	1.754	0.474	0.910
2.802	0.289	1.555	0.467	0.897
2.943	0.295	1.667	0.469	0.901
3.013	0.298	1.724	0.469	0.901
3.194	0.304	1.864	0.471	0.904
3.375	0.313	2.028	0.472	0.906
3.368	0.331	2.141	0.470	0.902
3.687	0.450	3.186	0.457	0.877
3.589	0.488	3.362	0.450	0.864
3.817	0.524	3.840	0.449	0.862

图 3.5.5 是不同冲击波速度 D 对应的波后粒子速度 u_p。对图中的试验数据点进行线性拟合 (图中直线所示)，得到 C-1 炸药的冲击于戈尼奥关系：

$$D = 1.9 + 3.8u_p \tag{3.5.7}$$

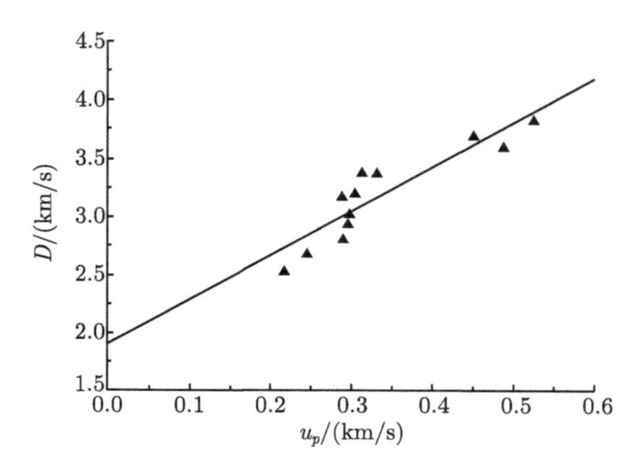

图 3.5.5 不同冲击波速度对应的粒子速度

采用未反应炸药 JWL 状态方程，对表 3.5.2 中的冲击波压力和比容关系进行拟合，如图 3.5.6 所示，可标定出 C-1 未反应炸药 JWL 状态方程参数，如表 3.5.3 所示。

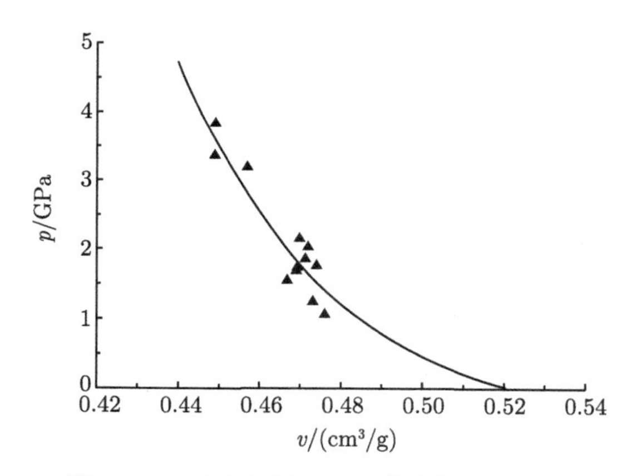

图 3.5.6 冲击作用下 C-1 炸药的 p-v 关系

表 3.5.3 C-1 未反应炸药 JWL 状态方程参数

A / Mbar	B / Mbar	R_1	R_2	ω	C_V /(Mbar/K)	ρ_0	剪切模量 /Mbar	屈服强度 /Mbar
156.825	0.3238006	8.944	2.464	0.8695	2.7814×10^{-5}	1.920	0.0454	0.002

3.5.3 炸药爆轰反应速率方程参数

根据炸药爆轰波成长电磁粒子速度测量试验装置，建立炸药冲击起爆计算模型。采用非线性有限元计算方法，对炸药的起爆过程进行数值模拟计算，把计算炸药内部不同位置粒子速度结果与试验测量结果反复对比，标定出炸药爆轰反应速率模型参数。

可采用高能炸药模型和 JWL 爆轰产物状态方程 [32]，描述炸药透镜和加载炸药。在高能炸药模型 [1] 中，将任意时刻炸药单元的压力表示为

$$p = Fp_{\text{eos}}(\overline{v}, e) \tag{3.5.8}$$

式中，p 是压力，p_{eos} 是状态方程所确定的压力，$\overline{v}$ 是相对比容，e 是内能，F 是相关系数，由以下公式确定

$$F = \max(F_1, F_2) \tag{3.5.9}$$

其中

$$F_1 = \begin{cases} \dfrac{2(t-t_1)u_{\text{s}}}{3(\overline{v}_{\text{e}}/A_{\text{e}_{\max}})} & (t > t_1) \\ 0 & (t \leqslant t_1) \end{cases} \tag{3.5.10}$$

$$F_2 = \frac{1-\overline{v}_{\text{t}}}{1-\overline{v}_{\text{CJ}}} \tag{3.5.11}$$

式中，$\overline{v}_{\text{t}}$ 是相对比容，$\overline{v}_{\text{e}}$ 是单元体积，$\overline{v}_{\text{CJ}}$ 是 CJ 相对体积，t 是计算时间，t_1 是爆轰波由起爆点传至当前计算单元所需的最短时间。

表 3.5.4 是被用于炸药平面波透镜和加载炸药 TNT 和 8701 炸药的参数，表中 ρ_0 为炸药初始密度，D 为爆轰波速度，p_{CJ} 为 CJ 爆轰压力。

表 3.5.4 TNT 和 8701 炸药 JWL 状态方程参数

炸药	ρ_0 /(g/cm^3)	D /(cm/μs)	p_{CJ} /Mbar	A /Mbar	B /Mbar	R_1	R_2	ω	E_0 /Mbar
8701	1.70	0.8315	0.295	8.545	0.2049	4.60	1.35	0.25	0.085
TNT	1.64	0.6930	0.270	3.713	0.0323	4.15	0.95	0.30	0.070

对于有机玻璃隔板、铝隔板和钢飞片等惰性材料，在计算中采用弹塑性流体力学材料模型和格林艾森状态方程进行描述。

在弹塑性流体力学材料中，压力 p、偏应变率 $\ddot{\varepsilon}_{ij}$、应力偏量 S_{ij}、体应变率 $\dot{\varepsilon}_v$ 分别用以下公式 (3.5.12) ~ (3.5.15) 表示

$$p = -\frac{1}{3}\sigma_{ij}\delta_{ij} \tag{3.5.12}$$

$$\ddot{\varepsilon}_{ij} = \dot{\varepsilon}_{ij} - \frac{1}{3}\dot{\varepsilon}_v \tag{3.5.13}$$

$$S_{ij} = \sigma_{ij} + p\delta_{ij} \tag{3.5.14}$$

$$\dot{\varepsilon}_v = \dot{\varepsilon}_{ij}\delta_{ij} \tag{3.5.15}$$

von Mises 屈服条件为

$$\phi = \frac{1}{2}s_{ij}s_{ij} - \frac{\sigma_y^2}{3} \leqslant 0 \tag{3.5.16}$$

式中

$$\sigma_y = \sigma_0 + E_{\mathrm{h}}\varepsilon_{\mathrm{eff}}^p + (a_1 + pa_2)\max(p, 0) \tag{3.5.17}$$

式中，E_{h} 是硬化模量，可用杨氏模量 E_{Y} 和剪切模量 E_{t} 来表示

$$E_{\mathrm{h}} = \frac{E_{\mathrm{t}}E_{\mathrm{Y}}}{E_{\mathrm{Y}} - E_{\mathrm{t}}} \tag{3.5.18}$$

式中，$\varepsilon_{\mathrm{eff}}^p$ 是有效塑性应变

$$\varepsilon_{\mathrm{eff}}^p = \int \left(\frac{2}{3}\dot{\varepsilon}_{ij}^p\dot{\varepsilon}_{ij}^p\right)^{\frac{1}{2}} \mathrm{d}t \tag{3.5.19}$$

格林艾森状态方程定义压缩材料压力为 [33]

$$p = \frac{\rho_0 C^2 \mu \left[1 + \left(1 - \frac{\gamma_0}{2}\right)\mu - \frac{a}{2}\mu^2\right]}{1 - (S_1 - 1)\mu - S_2\frac{\mu^2}{\mu + 1} - S_3\frac{\mu^3}{(\mu + 1)^2}} + (\gamma_0 + a\mu)E \tag{3.5.20}$$

定义膨胀材料压力为

$$p = \rho_0 C^2 \mu + (\gamma_0 + a\mu)E \tag{3.5.21}$$

其中，$\mu = \rho/\rho_0 - 1$，ρ 是密度，ρ_0 是材料初始密度，C 是 u_{s}-u_{p} 曲线截距。S_1、S_2、S_3 是 u_{s}-u_{p} 曲线斜率的系数，γ_0 是格林艾森系数，a 是对 γ_0 的一阶体积修正。表 3.5.5 是几种惰性材料格林艾森状态方程参数。

表 3.5.5　惰性材料格林艾森状态方程参数

材料	$\rho_0/(\mathrm{g/cm^3})$	$C/(\mathrm{km/s})$	S_1	S_2	S_3	γ_0	a
有机玻璃	1.851	2.24	2.09	−1.12	0.0	0.85	0.0
钢	7.83	4.57	1.49	0.0	0.0	1.93	0.5
铝	2.7	5.355	1.345	0.0	0.0	2.13	0.48

采用三项式点火增长反应速率模型描述炸药。计算炸药冲击起爆中不同位置的反应产物的粒子速度，与实验测量值进行反复对比，标定出炸药点火增长反应模型参数。表 3.5.6 是标定的 C-1 炸药点火增长反应模型参数。

表 3.5.6 C-1 炸药点火增长反应模型参数

I	a	b	x	G_1	c	d	y
7.43×10^{11}	0.0	0.667	20	210	0.667	0.333	2.0
G_2	e	g	z	F_{igmax}	$F_{G_1\text{max}}$	$F_{G_2\text{min}}$	
400	0.333	1.0	2.0	0.3	0.5	0.5	

图 3.5.7 和图 3.5.8 分别是 1.83 GPa 和 2.55 GPa 入射压力下，C-1 炸药粒子速度计算值与试验值的比较。在不同位置上，计算和试验的冲击波阵面压力都能够相吻合。从图 3.5.7 中可以看出，当飞片撞击到炸药表面时，炸药表面粒子速度迅速上升到 340 m/s，然后继续相对缓慢上升，达到 430 m/s 后开始缓慢下降。随着冲击波在炸药中传播，波后粒子速度呈现降低趋势。从炸药内部粒子变化趋势可以看到，冲击波过后粒子速度逐渐降低。这表明炸药没有发生爆轰反应，冲击波呈衰减趋势。从图 3.5.8 中可以看出，当入射压力为 2.55 GPa 时，C-1 炸药内部不同位置的粒子速度变化。在小于 9.5 mm 深度时，冲击波后的最大粒子速度仍然逐渐降低。而在 12 mm 深度时，冲击波后粒子速度达到峰值后，略微降低后又增加，显示该位置炸药已经发生了反应，但反应释放的能量滞后，没有支持冲击波传播。

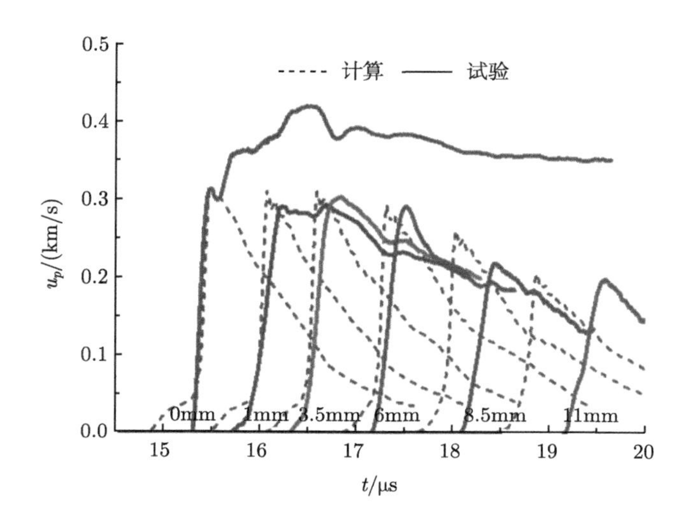

图 3.5.7 1.83 GPa 入射压力下 C-1 炸药粒子速度计算值与试验值的比较

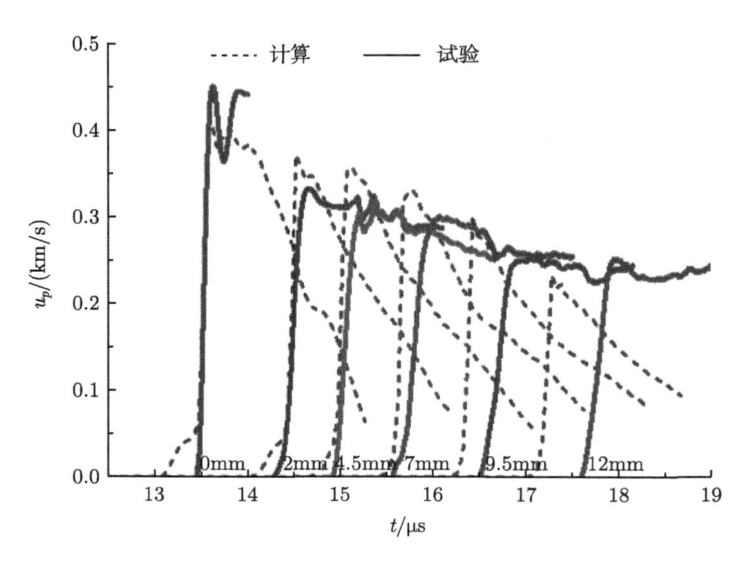

图 3.5.8　2.55 GPa 入射压力下 C-1 炸药粒子速度计算值与试验值的比较

图 3.5.9 是 3.24 GPa 入射压力下，C-1 炸药内部不同位置处，炸药粒子速度计算值与试验值的比较。在冲击波达到炸药表面后粒子速度很快达到 500 m/s，并在短时间下降后又相对缓慢升高，然后呈下降趋势，1 mm 处的粒子速度也呈相似的变化。但 3 mm 处，冲击波后粒子速度已显示快速上升的趋势，表明炸药已发生反应。而在 6 mm 处，冲击波后粒子速度先很快达到 600 m/s，然后迅速升高到 1200 m/s，表明炸药已发生了爆轰，冲击波已转变为爆轰波，炸药反应释放能

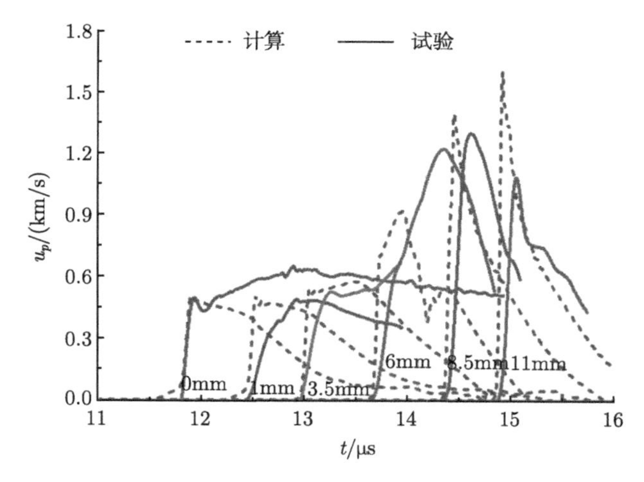

图 3.5.9　3.24 GPa 入射压力下 C-1 炸药粒子速度计算值与试验值的比较

量已支持爆轰波传播。8 mm 处，爆轰波后粒子速度为 1300 m/s，随后快速下降。从炸药不同深度粒子速度变化，可以看到冲击波峰值压力逐渐升高，最终成长为爆轰波的过程。

计算获得的 C-1 炸药冲击起爆中的粒度速度，基本上能够符合试验中的粒子速度变化趋势，反映出爆轰波成长规律。表明标定出的未反应炸药 JWL 状态方程和点火增长模型参数，能够有效地描述 C-1 炸药冲击加载和爆轰反应。

3.6 炸药爆轰产物状态方程参数标定

3.6.1 炸药圆筒试验

炸药圆筒试验主要用来评估炸药做功能力和标定炸药爆轰产物 JWL 状态方程 [34]，其原理是采用高速扫描照相或激光干涉测法 [35]，观测炸药爆炸后圆筒壁膨胀过程，从而分析炸药驱动金属能力和标定炸药爆轰产物状态方程参数。

图 3.6.1 是 25 mm 炸药圆筒试验装置简图。试验装置由起爆雷管、传爆药柱、试验炸药、金属圆筒、电离探针和底座等部分组成。试验是雷管起爆传爆柱，进而起爆试验炸药，爆轰波沿试验炸药轴向传播，波后爆轰产物驱动金属圆筒壁径向膨胀。

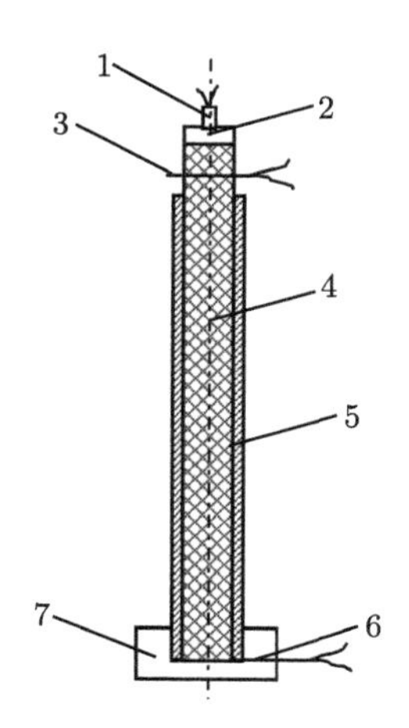

图 3.6.1 25 mm 炸药圆筒试验装置

1. 起爆雷管；2. 传爆药柱；3. 电离探针；4. 试验炸药；5. 金属圆筒；6. 电离探针；7. 底座

采用安装在试验炸药装药两端的电离探针，测量爆轰波到达时间，根据两个电离探针之间的距离，获得炸药爆轰波速度。可采用高速扫描相机或激光速度干涉仪，记录圆筒膨胀过程。试验测量原理如图 3.6.2 所示，以炸药平面波透镜作为圆筒背景光，采用高速扫描相机，测量狭缝处圆筒壁径向膨胀距离。以激光速度干涉仪直接测量圆筒膨胀时的壁面径向速度。

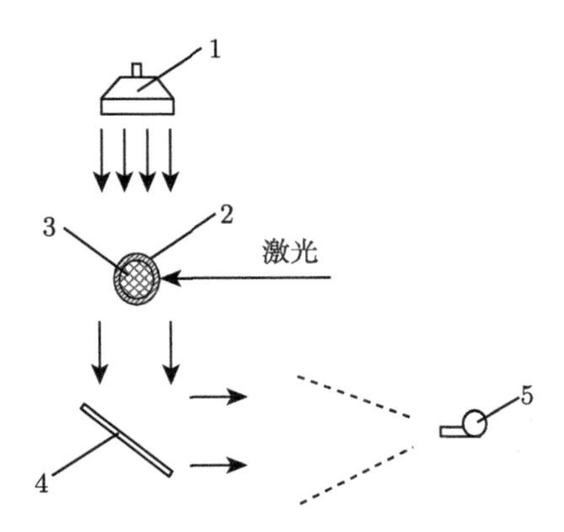

图 3.6.2 圆筒试验测量原理图

1. 炸药平面波透镜；2. 铜管；3. 试验炸药；4. 反射镜；5. 高速扫描相机

炸药在圆筒中爆炸所产生的能量释放效应用格尼 (Gurney) 能的概念能够获得较好的描述。格尼能由炸药爆轰产物膨胀的动能和被驱动圆筒的动能两部分组成。

假定爆轰产物的密度为常数，则格尼能可用下述方程表述 [36]：

$$E_{\mathrm{G}} = 2\mu u_{\mathrm{m}}^2 + \int u_{\mathrm{g}} \mathrm{d}V \tag{3.6.1}$$

式中，u_{m} 是圆筒壁的速度，u_{g} 是爆轰产物的速度，μ 是圆筒和炸药的质量比。

假定爆轰产物的速度沿膨胀方向线性增长，对金属外壳的圆筒形结构取 $u_{\mathrm{g}} = u_{\mathrm{m}}r/r_{\mathrm{m}}$(这里 r_{m} 是圆筒半径)，上述方程积分后得

$$2E_{\mathrm{G}} = \left(\mu + \frac{1}{2}\right) u_{\mathrm{m}} \tag{3.6.2}$$

由此方程，圆筒壁的速度为

$$u_{\mathrm{m}} = \sqrt{\frac{2E_{\mathrm{G}}}{\mu + 1/2}} \tag{3.6.3}$$

由此方程可以看出，膨胀期内管壁的速度依赖于圆筒和炸药的质量比，$\sqrt{2E_{\mathrm{G}}}$ 叫作格尼系数。

如果知道炸药的爆速，假定炸药的总能量 $M_{\mathrm{E}}Q$ 全部用来使壁材料增速 (即忽略其他的能量损耗)，则可从理论上算出最大的壁速度：

$$M_{\mathrm{E}}Q=\frac{M_{\mathrm{m}}u_{\mathrm{m}}^{2}}{2} \tag{3.6.4}$$

式中，M_{E} 是炸药质量，Q 是爆热，M_{m} 是金属筒的质量。

如果把爆速用爆热来表示

$$D=\sqrt{2(\gamma^{2}-1)Q} \tag{3.6.5}$$

并取多方指数 $\gamma=3$(对高密度炸药适用此近似)，则得到

$$D=4\sqrt{Q}$$

即

$$Q=\frac{D^{2}}{16} \tag{3.6.6}$$

若把上述方程代入方程 (3.6.4)，则可算出最大的壁速度

$$u_{\mathrm{m(max)}}=\frac{D}{2}\sqrt{\frac{1}{2\mu}} \tag{3.6.7}$$

考虑到爆轰产物的动能损耗及热损耗，通过模拟，可以计算出圆筒壁的速度

$$u_{\mathrm{m}}=\frac{D}{2}\sqrt{\frac{1}{2\mu+1}} \tag{3.6.8}$$

格尼能是圆筒试验最常得到的参数。此外，基于对爆轰产物和筒壁材料膨胀过程的更详细的理论考虑，已可通过圆筒试验，计算爆压和爆热。此外，基于圆筒试验数据，若把已知的 CJ 点的爆轰参数作为产物膨胀的起点，则能够推算出爆轰产物等熵膨胀的 JWL 状态方程中的参数。

等熵条件下 JWL 状态方程的形式为

$$p_{\mathrm{s}}=A\mathrm{e}^{-R_{1}\overline{v}}+B\mathrm{e}^{-R_{2}\overline{v}}+\frac{C}{\overline{v}^{\omega+1}} \tag{3.6.9}$$

式中，p_{s} 为爆轰产物的压力，$\overline{v}$ 为爆轰产物的相对比容。A、B、C、R_1、R_2 和 ω 为六个参数。

爆轰产物的等熵内能：

$$E_{\mathrm{s}}=-\int p_{\mathrm{s}}\mathrm{d}\overline{v} \tag{3.6.10}$$

炸药爆轰产物的总能量 E，即炸药的爆热 Q，包括爆轰产物的等熵内能和格尼能两部分：

$$E=Q=E_{\mathrm{s}}+E_{\mathrm{G}} \tag{3.6.11}$$

$$Q = \frac{p_{\mathrm{CJ}}}{2(\gamma-1)} = \frac{\rho_0 D^2}{2(\gamma+1)(\gamma-1)} \tag{3.6.12}$$

把式 (3.6.9) 代入式 (3.6.10)

$$E_{\mathrm{s}} = \frac{A}{R_1}\mathrm{e}^{-R_1} + \frac{B}{R_2}\mathrm{e}^{-R_2\overline{v}} + \frac{C}{\omega\overline{v}^{\omega}} \tag{3.6.13}$$

通过式 (3.6.2)，式 (3.6.11) 和式 (3.6.13) 可以得到圆筒壁速度 u 和爆轰产物相对比容 $\overline{v}$ 的函数关系式：

$$u = f(\overline{v}, A, B, R_1, R_2, C, \omega) \tag{3.6.14}$$

Wilkins 等通过对圆筒试验的二维数值模拟计算, 认为爆轰产物基本上沿 CJ 点的等线膨胀，并给出了计算的爆轰产物相对体积 $\overline{v}$ 与圆筒膨胀半径 r 的关系曲线 [36]。对于不同炸药，此关系曲线基本不变。美国的 Miller 等对 Wilkins 给出的曲线进行了二阶多项式拟合 [37]：

$$\overline{v} = 1.0146 + 0.19174(r-r_0) + 0.006178(r-r_0)^2 \tag{3.6.15}$$

由式 (3.6.14) 和式 (3.6.15) 可得圆筒壁速度 u 和圆筒膨胀距离 $(r-r_0)$ 的函数关系式：

$$u = f((r-r_0), A, B, R_1, R_2, C, \omega) \tag{3.6.16}$$

因此，可根据圆筒试验中，记录的圆筒壁速度 u 和圆筒膨胀距离 $(r-r_0)$ 的关系曲线，求解方程组，确定 A、B、C、R_1、R_2 和 ω 六个参数。

Miller 等给出了更为简便的计算 JWL 状态方程参数的方法。

当 $\overline{v} > 6$ 时，式 (3.6.13) 可近似为

$$E_{\mathrm{s}} = \frac{C}{\omega\overline{v}^{\omega}} \tag{3.6.17}$$

利用试验数据可先求得 C 和 ω。

当 $2 < \overline{v} < 5$ 时，式 (3.6.13) 可近似为

$$p_{\mathrm{s}} = B\mathrm{e}^{-R_2\overline{v}} + \frac{C}{\overline{v}^{\omega+1}} \tag{3.6.18}$$

取在 $2 < \overline{v} < 5$ 范围内，根据圆筒壁速度 u_m 和圆筒膨胀距离 $(r-r_0)$ 的关系曲线中任意两点的试验数据，和已求得的 C 和 ω，可以计算出 B 和 R_2。

A 和 R_1 可通过 CJ 点的参数确定，在 CJ 点，有

$$p_{\mathrm{CJ}} = A\mathrm{e}^{-R_1\overline{v}} + B\mathrm{e}^{-R_2\overline{v}} + \frac{C}{\overline{v}_{\mathrm{CJ}}^{\omega+1}} \tag{3.6.19}$$

$$\rho_0 D^2 = AR_1\mathrm{e}^{-\overline{v}_{\mathrm{CJ}}R_1} + BR_2\mathrm{e}^{-\overline{v}_{\mathrm{CJ}}R_2} + \frac{C(\omega+1)}{\overline{v}_{\mathrm{CJ}}^{\omega+2}} \tag{3.6.20}$$

$$\overline{v}_{\mathrm{CJ}} = \frac{r}{r+1} \tag{3.6.21}$$

如果知道炸药的爆速 D，爆压 p_{CJ}，多方指数 γ 和已计算出的 B、R_2、C 和 ω，就可求得 A 和 R_1。在圆筒试验中，一般情况下，要实测炸药爆速 D，大多数高能炸药的 γ 值在 $2.7 \sim 2.9$。炸药爆压 p_{CJ} 可由下式计算：

$$p_{\mathrm{CJ}} = \frac{\rho_0 D^2}{r+1} \tag{3.6.22}$$

图 3.6.3 是 C-1 炸药两发 25 mm 标准圆筒试验中，高速扫描相机测量的筒壁膨胀距离随时间的变化曲线。两发被测炸药的密度均为 1.950 g/cm^3。

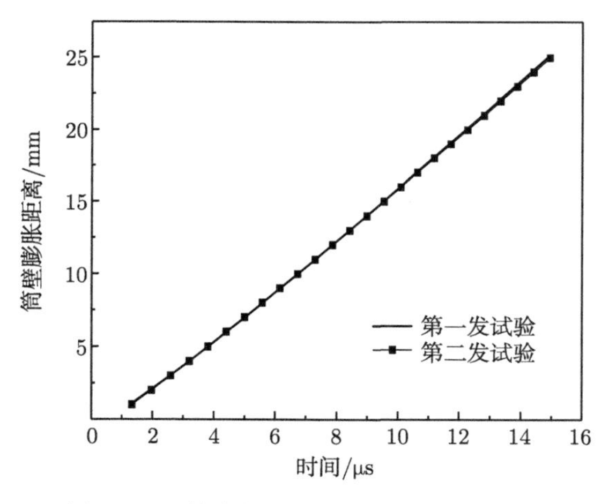

图 3.6.3　筒壁膨胀距离随时间的变化曲线

从图 3.6.3 中可以看出，随着时间增加，筒壁的膨胀距离逐渐增加，以筒壁膨胀距离等于 4 mm 的位置为起点，筒壁膨胀距离和时间的曲线可拟合为

$$t = a + b(R - R_0) + c\mathrm{e}^{d(R-R_0)} \tag{3.6.23}$$

式中，a、b、c、d 为拟合系数。

对式 (3.6.23) 取时间导数，即可得到筒壁速度随时间变化的曲线。以筒壁膨胀距离到 19 mm 时 ($V/V_0 = 6.5$) 的速度为基准，计算炸药的格尼速度 (系数) 与比动能。其中，圆筒试验适用的格尼公式为

$$\frac{u}{\sqrt{2E_0}} = \left(\frac{m_\mathrm{k}}{m} + \frac{1}{2}\right)^{-\frac{1}{2}} \tag{3.6.24}$$

式中，u 为筒壁速度，m_k 为筒壁质量，m 为炸药质量，$\sqrt{2E_0}$ 具有速度量纲，称为格尼速度，是炸药的特性值，格尼速度越大，炸药驱动能力越强。

比动能 E 的计算公式为

$$E = \frac{1}{2}u^2 \tag{3.6.25}$$

试验测得的炸药爆速及由式 (3.6.23) ~ 式 (3.6.25) 得到的 C-1 炸药相关数据如表 3.6.1 所示。

表 3.6.1 C-1 炸药圆筒试验数据

试验	密度 /(g/cm^3)	爆轰速度 /(m/s)	曲线参数				格尼系数 /(m/s)	比动能 /(J/g)
			a	b	c	d		
第一发试验	1.950	9107	1.9242	0.5189	−1.3221	−0.1253	2964	1752
第二发试验	1.950	9097	2.3234	0.5188	−1.4324	−8.9848	2922	1702

3.6.2 炸药爆轰产物 JWL 状态方程参数

通过非线性有限元计算方法，根据标准圆筒试验的材料与尺寸，建立计算模型，对圆筒试验进行数值模拟计算，通过计算结果与试验结果的反复对比，可确定炸药爆轰产物 JWL 状态方程参数。同样，在计算中可用高能炸药模型和 JWL 状态方程描述试验炸药，用弹塑性流体力学模型和格林艾森状态方程描述金属圆筒。

在标定被测炸药 JWL 状态方程参数的过程中，通过 CJ 条件和于戈尼奥关系可知 JWL 状态方程系数之间还应满足一定的约束关系。

JWL 状态方程的等熵形式如式 (3.6.26) 所示，因为等熵状态方程过 CJ 点，因此有

$$A\mathrm{e}^{-R_1\overline{v}_\mathrm{CJ}} + B\mathrm{e}^{-R_2\overline{v}_\mathrm{CJ}} + C\overline{v}_\mathrm{CJ}^{-(1+\omega)} = p_\mathrm{CJ} \tag{3.6.26}$$

由于戈尼奥关系可得

$$E_\mathrm{CJ} - E_0 = \frac{1}{2}p_\mathrm{CJ}(1 - \overline{v}_\mathrm{CJ}) \tag{3.6.27}$$

已知热力学第一定律：

$$\mathrm{d}q = \mathrm{d}e + p\mathrm{d}\overline{v} \tag{3.6.28}$$

在等熵线上 $\mathrm{d}q=0$，因此

$$\mathrm{d}e+p\mathrm{d}\overline{v}=0 \tag{3.6.29}$$

那么沿等熵线有

$$\left(\frac{\mathrm{d}e}{\mathrm{d}\overline{v}}\right)_{\mathrm{s}}=-p \tag{3.6.30}$$

对公式 (3.6.30) 进行积分：

$$E_{\mathrm{s}}=\frac{A}{R_1}\mathrm{e}^{-R_1\overline{v}}+\frac{B}{R_2}\mathrm{e}^{-R_2\overline{v}}+\frac{C}{\omega}\overline{v}^{-\omega} \tag{3.6.31}$$

结合公式 (3.6.27) 和公式 (3.6.31) 可以得出

$$\frac{A}{R_1}\mathrm{e}^{-R_1\overline{v}_{\mathrm{CJ}}}+\frac{B}{R_2}\mathrm{e}^{-R_2\overline{v}_{\mathrm{CJ}}}+\frac{C}{\omega}\overline{v}_{\mathrm{CJ}}^{-\omega}=E_0+\frac{1}{2}p_{\mathrm{CJ}}(1-\overline{v}_{\mathrm{CJ}}) \tag{3.6.32}$$

根据 CJ 条件，CJ 等熵线与波速线相切于 CJ 点：

$$-\left(\frac{\partial p_{\mathrm{s}}}{\partial\overline{v}}\right)_{\overline{v}_{\mathrm{CJ}}}=\rho_0 D_{\mathrm{CJ}}^2 \tag{3.6.33}$$

因此对公式 (3.6.32) 进行微分则有

$$AR_1\mathrm{e}^{-R_1\overline{v}_{\mathrm{CJ}}}+BR_2\mathrm{e}^{-R_2\overline{v}_{\mathrm{CJ}}}+C(1+\omega)\overline{v}_{\mathrm{CJ}}^{-(2+\omega)}=\rho_0 D_{\mathrm{CJ}}^2 \tag{3.6.34}$$

公式 (3.6.27)、公式 (3.6.32) 及公式 (3.6.34) 即为 JWL 状态方程参数标定过程中的约束方程，式中 p_{CJ} 为爆压，D_{CJ} 为爆速，$\overline{v}_{\mathrm{CJ}}$ 为 CJ 时刻炸药的相对比容，E_0 为单位体积能量。

标定炸药的 JWL 状态方程参数的具体计算方法是，先给定一组相似炸药的 R_1、R_2 和 ω 值，由三个约束方程求得剩余参数 A、B 和 C，然后将参数代入，对炸药圆筒试验进行计算，观测速度的计算值与试验值的差异。然后，对 R_1、R_2 和 ω 值进行调整，计算获得相应的 A、B 和 C，再进行计算结果和试验结果的比较，反复调整参数，直到圆筒壁速度的计算值与试验值相差不超过 1%，定常段飞行时间相差不超过 0.5%为止。

在具体拟合计算中，将系数 R_1、R_2 和 ω 在一定范围内合理调整。对于大多数炸药，R_1 取值范围为 $4\sim5$；R_2 取值范围为 $1\sim2$；ω 取值范围为 $0.2\sim0.4$。低压下 CJ 等熵线的第三项起主要作用，产物膨胀接近于理想气体时，ω 接近 0.3。为减少确定系数的调试次数，通常基于能量修正方法编制程序，用优化计算确定最佳系数值。例如，将一组 A、B 和 C 代入计算模型，获得圆筒试验中给定膨胀体积下，爆轰产物传递给金属外壳的动能 E_{k}。在一级近似下，E_{k} 与此刻爆轰产物能量 E 以及初始能量 E_0 的差值 $(E-E_0)$ 成正比。

$$E - E_0 = \frac{A}{R_1}\mathrm{e}^{-R_1\overline{v}_{\mathrm{CJ}}} + \frac{B}{R_2}\mathrm{e}^{-R_2\overline{v}_{\mathrm{CJ}}} + \frac{C}{\omega\overline{v}^{\omega}} - E_0 \tag{3.6.35}$$

如果用一组 R_1、R_2 和 ω 代入后，计算的金属动能高过试验值 10%，那么用一组新的系数进行计算之前，先代入式 (3.6.35)，编制程序计算一组 R_1、R_2 和 ω 下的 $(E' - E_0)$，然后将这些值与使用初始猜测计算的 $(E - E_0)$ 值进行比较。当 $(E' - E_0)$ 值与初始 $(E - E_0)$ 值相比减少 10%时，则获得的计算结果将与试验结果非常接近，该组 R_1、R_2 和 ω 就可用于下一次流体动力学计算。计算结果与试验结果吻合度一般在 1%以内。如果没有，则重复此过程。

确定 JWL 方程系数时，需要给定炸药爆轰性能参数，如爆速 D、爆压 p_{CJ} 和化学能 E_0 等参数。爆速 D 可通过试验测量，爆压 p_{CJ} 可以通过试验测量，也可以通过爆速和等熵指数进行估算；E_0 可以采用量热弹测量数据，也可以通过热化学计算 (见本书第 2 章) 得到。在取 E_0 值时，可按现有数据作相应修正。如果仅关心炸药爆轰后释放的能量中做有用功的部分，那么选取的 E_0 值是否精确地等于炸药反应释放的真实能量并不重要；数值计算中的比内能，只是能量计算的一种基准，往往需要调整，使得其余爆轰参数符合要求。

对于同一种炸药来说，当处于一种密度下时，通过圆筒试验数据，标定得到 JWL 状态方程系数。那对于该种炸药密度稍微改变时，该组 JWL 方程系数是否同样能较好地描述爆轰产物等熵膨胀行为呢？目前，可以通过如下简化方法实现变密度下 JWL 状态方程的系数。

JWL 状态方程有一个内在的假设，认为格林艾森系数 $\varGamma$ 为常数，但实际上 $\varGamma$ 是 E 和 V 的函数。当同一种炸药，其密度变化在 ±10% 范围时，假设其密度为 ρ_0'，可用总内能 E_0' 与 ρ_0 下的可用总内能 E_0 的关系写成如下形式：

$$E_0' = E_0\frac{\rho_0'}{\rho_0}$$

此时，唯一变化的系数是与 E_0 相关的系数 C。然而，在实际拟合中，通常的做法是测量密度改变后的炸药爆轰速度 D' 和原始密度 ρ_0 下的 γ 值来指定 CJ 状态，并确定 A、B、C 的新值 A'、B'、C'，而 R_1、R_2 和 ω 的值保持不变。密度为 ρ_0' 下的 CJ 爆轰压力通过下式计算：

$$p_{\mathrm{CJ}}' = \frac{\rho_0' D'^2}{\gamma + 1} \tag{3.6.36}$$

密度为 ρ_0' 下的 CJ 相对比容 $\overline{v}_{\mathrm{CJ}}$ 为

$$\overline{v}_{\mathrm{CJ}} = \overline{v}_{\mathrm{CJ}}' = \frac{\gamma}{\gamma + 1} \tag{3.6.37}$$

密度为 ρ_0' 下的 JWL 方程的线性系数 A'、B'、C' 可以通过以下式 (3.6.38)、式 (3.6.39)、式 (3.6.40) 三个方程求解获得。

$$p_{\mathrm{CJ}}' = A'\mathrm{e}^{-R_1\cdot\overline{v}_{\mathrm{CJ}}} + B'\mathrm{e}^{-R_2\cdot\overline{v}_{\mathrm{CJ}}} + \frac{C'}{\overline{v}_{\mathrm{CJ}}^{\omega+1}} \tag{3.6.38}$$

$$E_{\mathrm{CJ}}' - E_0 = \frac{1}{2}p_{\mathrm{CJ}}'(1-\overline{v}_{\mathrm{CJ}}) \tag{3.6.39}$$

$$E_{\mathrm{CJ}}' = \frac{A'}{R_1}\mathrm{e}^{-R_1\overline{v}_{\mathrm{CJ}}} + \frac{B'}{R_2}\mathrm{e}^{-R_2\overline{v}_{\mathrm{CJ}}} + \frac{C'}{\omega V^{\omega}} \tag{3.6.40}$$

$$\left[\left(\frac{\partial p}{\partial V}\right)_{\mathrm{s}}\right]_{\mathrm{CJ}} = -A'R_1\mathrm{e}^{-R_1\overline{v}_{\mathrm{CJ}}} - B'R_2\mathrm{e}^{-R_2\overline{v}_{\mathrm{CJ}}} - (\omega+1)\frac{C'}{V_{\mathrm{CJ}}^{\omega+2}} = -\rho_0'D'^2 \tag{3.6.41}$$

表 3.6.2 是标定出的不同密度 C-1 炸药爆轰产物 JWL 状态方程参数。

表 3.6.2　不同密度 C-1 炸药爆轰产物 JWL 状态方程参数

ρ /(g/cm^3)	p_{CJ} /(GPa)	D /(m/s)	E_0 /(kJ/cm^3)	A /(100 GPa)	B /(100 GPa)	C /(100 GPa)	R_1	R_2	ω
1.945	40.0	9100	0.115	18.8764	1.6239	0.0316	6.5	2.75	0.547
1.924	37.2	9005	0.114	23.5968	0.9706	0.0320	6.5	2.40	0.55
1.916	36.8	8967	0.113	17.9184	1.3285	0.0368	6.2	2.85	0.55

图 3.6.4 为根据标定的 C-1 炸药爆轰产物 JWL 状态方程参数，计算圆筒壁膨胀速度与试验值的对比。从图中可以看出，在 2 μs 后二条曲线基本吻合，但在 2 μs 前二者有一定的差异，这主要是因为圆筒试验测量的参数为筒壁膨胀距离，并且数据为人为读取，很难准确得到变化较大的起始段速度，这也是圆筒试验的缺陷

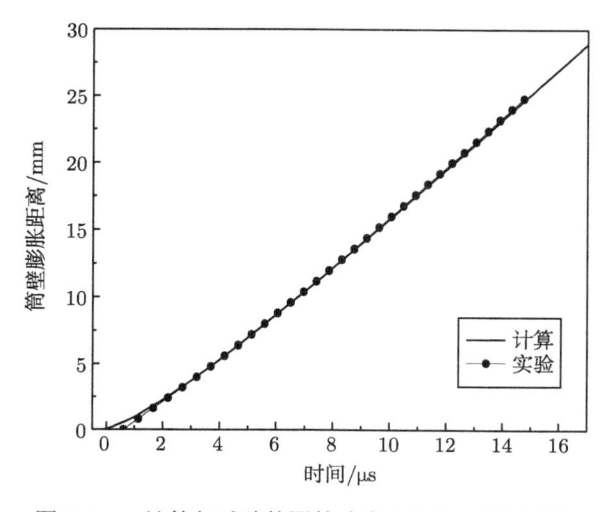

图 3.6.4　计算与试验的圆筒壁膨胀距离与时间曲线

之一。而在筒壁膨胀一段时间后，速度变化逐渐趋于稳定，炸药能量大部分已经转化为筒壁动能，此阶段计算结果与试验结果一致，表明标定的参数可以很好地描述炸药对金属的驱动能力。

参考文献

[1] Hallquist J O. LS-DYNA User's Manual: Nonlinear Dynamic Analysis of Structures in Three Dimensions. California: University of California, 2001.

[2] Mader C L, Forest C A. Two-dimensional Homogeneous and Heterogeneous Detonation Wave Propagation: LA-6259. Los Alamos: Los Alamos Scientific Laboratory, 1976.

[3] Lee E L, Tarver C M. Phenomenological model of shock initiation in heterogeneous explosives. Physics of Fluids,1980, 23(12): 2362-2372.

[4] Tarver C M, Hallquist J O, Erickson L M. Modeling short pulse duration shock initiation of solid explosives. Proceedings of the 8th International Symposium on Detonation, 1985: 951-961.

[5] Chidester S K, Thompson D G, Vandersall K S, et al. Shock initiation experiments on PBX-9501 explosive at pressures below 3 GPa with associated ignition and growth modeling // Proceedings of the 14th American Physical Society Topical Conference on Shock Compression of Condensed Matter. Kohala Coast: American Institute of Physics, 2007: 903-906.

[6] Tarver C M, Chidester S K, Elert M, et al. Ignition and growth modeling of detonating TATB cones and arcs // Proceedings of the 15th American Physical Society Topical Conference on Shock Compression of Condensed Matter. Kohala Coast: American Institute of Physics, 2007: 429-432.

[7] Vandersall K S, Tarver C M, Garcia F, et al. Shock initiation experiments on the HMX based explosive LX-10 with associated ignition and growth modeling // Proceedings of the 14th American Physical Society Topical Conference on Shock Compression of Condensed Matter. Kohala Coast: American Institute of Physics, 2007: 1010-1013.

[8] Vandersall K S, Garcia F, Tarver C M, et al. Shock initiation experiments on the TATB based explosive Rx-03-Go with ignition and growth modeling // Proceedings of the 16th American Physical Society Meeting of the Topical Groupon Shock Compression of Condensed Matter. Nashville: Ameican Institute of Physics, 2009: 412-415.

[9] Murphy M J. An improved reaction rate equation for simulating the ignition and growth of reaction in high explosives // Proceedings of the 14th Symposium (International) on Detonation. San Francisco: Lawrence Livermore National Laboratory, 2010: 1072-1078

[10] Johnson J N, Tang P K, Forest C A. Shock wave initiation of heterogeneous reactive solids. Jounal of Applied Physics, 1985, 57(9): 4323-4334.

[11] Handley C A. The crest reactive burn model // Proceedings of the 13th International Symposium on Detonation. Norfolk: Office of Naval Research, 2006.

[12] Lee E L, Horning H C, Kury J W. Adiabatic expansion of high explosive detonation products, Technical Report UCRL-50422. San Francisco: University of California, 1968.

[13] 黄昆. 固体物理学. 北京: 北京大学出版社, 2009.

[14] Jones H, Miller A R. The detonation of solid explosives. Proc. Roy. Soc. London, 1948, A-194(1039): 480-507.

[15] Wilkins M L. The equation of state of PBX 9404 and LX04-01. Livermore report UCRL-7797. San Francisco: Lawrence Radiation Laboratory, 1964.

[16] 孙承纬, 卫玉章, 周之奎. 应用爆轰物理. 北京: 国防工业出版社, 2000.

[17] Campbell A W, Davis W C, Ramsay J B, et al. Shock initiation of solid explosives. Physics of Fluids, 1961, 4(4): 511-521.

[18] Chuzeville V, Baudin G, Lefrançois A, et al. Detonation initiation of heterogeneous melt-cast high explosives. AIP Conference Proceedings, 2017, 1793(1): 030009.

[19] Elia T, Chuzeville V, Baudin G, et al. Review of the wedge test and single curve initiation principle applied to aluminized high explosives. Propellants, Explosives, Pyrotechnics, 2020, 45(10): 1541-1553.

[20] Vorthman J E. Facilities for the study of shock induced decomposition of high explosives. AIP Conference Proceedings, 1982, 78(1): 680-684.

[21] Vandersall K S, Garcia F, Ferranti L, et al. Shock initiation experiments and modeling on the tatb-based explosive RX-03-GO // Proceedings of the 14th International Detonation Symposium. Idaho, 2010.

[22] Zaitzev V M, Pokhil P F, Shvedov K K. The electromagnetic method for the measurement of velocities of detonation products. DAN SSSR, 1960, 132:1339.

[23] Sheffield S A, Gustavsen R L, Hill L G, et al. Electromagnetic gauge measurements of shock initiating PBX9501 and PBX9502 explosives // Detonation Symposium. Los Alamos: Los Alamos National Lab, 1998.

[24] Gustavsen R L, Sheffield S A, Alcon R R, et al. Shock initiation of new and aged PBX 9501 measured with embedded electromagnetic particle velocity gauges // Office of Scientific & Technical Information Technical Reports. Los Alamos: Los Alamos National Lab, 2000.

[25] Burns M J, Gustavsen R L, Bartram B D. One-dimensional plate impact experiments on the cyclotetramethylene tetranitramine (HMX) based explosive EDC32. Journal of Applied Physics, 2012,112(6): 64910.

[26] Sanchez N J, Gustavsen R L, Hooks D E. Shock initiation behavior of PBXN-9 determined by gas gun experiments. AIP Conference Proceedings, 2009, 1195(1): 490-493.

[27] Gustavsen R L, Sheffield S A, Alcon R R. Measurements of shock initiation in the tri-amino-tri-nitro-benzene based explosive PBX 9502: Wave forms from embedded gauges and comparison of four different material lots. Journal of Applied Physics, 2006, 99(11): 114907.

[28] Sollier A, Manczur P, Crouzet B, et al. Experimental characterization of the shock to detonation transition and the sustained detonation in a TATB-based explosive using the embedded multiple electromagnetic particle velocity gauge method // 37th International

Pyrotechnics Seminar. Reims, 2011.

[29] Chen L, Pi Z, Liu D, et al. Shock initiation of the CL-20-based explosive C-1 measured with embedded electromagnetic particle velocity gauges. Propellants, Explosives, Pyrotechnics, 2016, 41(6): 1060-1069.

[30] Chen L, Pi Z D, Liu D Y, et al. Shock Initiation of the CL-20-based explosive C-1 measured with embedded electromagnetic particle velocity gauges. Propellants, Explosives, Pyrotechnics, 2016, 41(6):1060-1069.

[31] 黄正平. 爆炸与冲击电测技术. 北京: 国防工业出版社, 2006.

[32] Lee E, Finger M, Collins W. JWL equation of state coefficients for high explosive. UCLD-16189. San Francisco: Lawrence Livermore National Laboratory, 1973.

[33] Daniel J S. An Equation of State for Ploymethylmethacrylate. UCID-16982, 1975.

[34] Kury J W, Honig H C, Lee E L, et al. Metal Acceleration by Chemical Explosive // Proceedings of 4th Symposium on Detonation. Maryland, 1965: 3-26.

[35] Lee E, Breithaupt R D, Mcmillan C, et al. Motion of thin metal walls and the equation of state of detonation products, UCRL-91490 // 8th Symposium (International) on Detonation. Albuquerque, 1985.

[36] Wilkins M L. Calculation of Elastic-Plastic Flow, UCRL-7322. Livermore: Lawrence Radiation Laboratory, 1963.

[37] Miller P J, Alexander K E. Determining JWL Equation of state Parameter Using the Gurney Equation Approximation // 9th Int. Symp. Detonation, 1989.

第 4 章　炸药冲击起爆研究

高能炸药具有很高的爆轰能量，但是其感度也相对较高，深入认识其冲击起爆特征，对于炸药设计和安全性研究具有重要意义。实际应用的高能炸药大多数为非均质固体炸药，由于其物理、力学性质的不一致性，在冲击波加载过程中，通过多种机制会形成许多局部高温区，称作“热点”，热点周围的炸药在高温下发生快速化学反应，释放能量进一步支持热点的增长，冲击波在炸药内部传播的过程中逐渐成长并转变为爆轰。采用炸药冲击起爆试验，获得不同强度冲击加载过程中，炸药内部流场力学量的变化情况，确定出炸药反应速率，计算分析不同冲击强度下炸药起爆规律，是研究炸药冲击起爆的主要方法。

在炸药配方研究中，通常将高能敏感和低能低感的两种单质炸药组成多元混合炸药，既可以使炸药保持较高的能量，又能够降低感度。研究多元混合炸药反应速率和两种组分炸药各自反应速率间的关系，深入认识多元混合炸药的冲击起爆规律，对炸药配方设计十分重要。

炸药在温度升高后，其冲击波感度会发生变化。一般炸药在温度升高后会发生膨胀，密度降低，产生大量的孔隙，在冲击波的作用下会形成更多的“热点”，且随着炸药温度的升高，炸药的化学反应会更加剧烈，导致爆轰波成长加速；另外，温度升高会使炸药发生晶型转变，该转变可能导致炸药的密度发生变化，而不同晶型炸药的冲击波感度也会存在差别；而混合炸药中黏合剂在温度升高后，其力学性能会发生变化，这都会对炸药冲击起爆特征产生影响。因此，研究温度变化对炸药冲击波感度的影响规律，可为更安全地使用炸药提供技术依据。

本章主要介绍炸药冲击起爆机制，炸药冲击起爆临界条件理论分析，炸药冲击起爆研究方法，不同组分混合炸药冲击起爆研究，炸药温度对冲击起爆的影响等内容。

4.1　炸药冲击起爆机制

Campbell 等 [1] 基于液态硝基甲烷冲击起爆试验，提出了均质炸药的起爆机制，即冲击波进入此类炸药后，在波阵面后，炸药受到冲击被整体加热，在最先受冲击的一层炸药处激发化学反应，形成超速爆轰波，该超速爆轰波赶上初始入射冲击波后，在未受冲击的炸药内发展成稳定的爆轰波。爆轰波成长的时间-距离关系如图 4.1.1 所示。受到冲击波压缩的均质炸药，经历一定的感应期 τ (取决于初始冲击压力) 后，受冲击的炸药界面会发生热爆炸，导致在压缩后的炸药中产生超速爆轰波，并在超过初始冲击波后，衰减成稳态爆轰波。

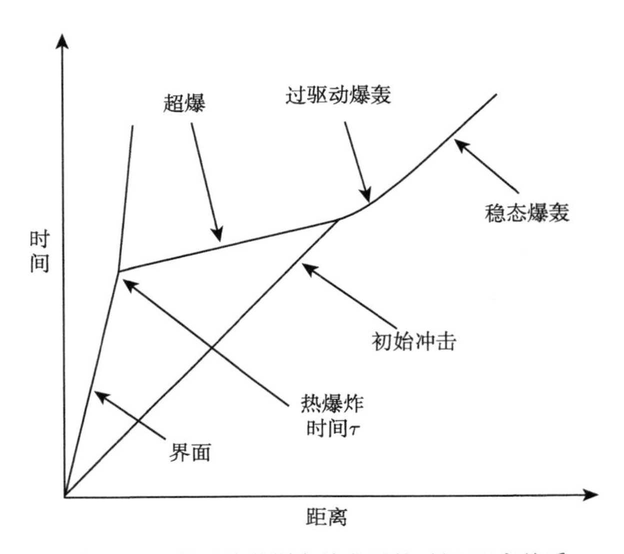

图 4.1.1　均质炸药爆轰波发展的时间-距离关系

可用阿伦尼乌斯反应动力学方程，计算诱导时间 (热爆炸时间)：

$$\tau = \frac{C_v RT^2}{AQE}\mathrm{e}^{\frac{E}{RT}} \tag{4.1.1}$$

其中，C_v 是等容比热容，R 是气体常数，A 是碰撞因子，Q 是释放热，T 是冲击温度，E 是阿伦尼乌斯活化能。

从式 (4.1.1) 可以看到诱导时间是温度的一个非常敏感的函数 (假设 $E \gg RT$)；温度的小幅升高会导致反应性的大幅增加，从而导致 τ 的大幅下降。

也有人认为超速爆轰波不是在热爆炸后立即形成的，而是由某种类型的扩展反应波积聚而形成的。对硝基甲烷爆轰过程的原位粒子速度测量表明，反应波会在相对较长的时间和距离尺度上发展，其爆轰波成长时间-距离关系如图 4.1.2 所示 [2]。

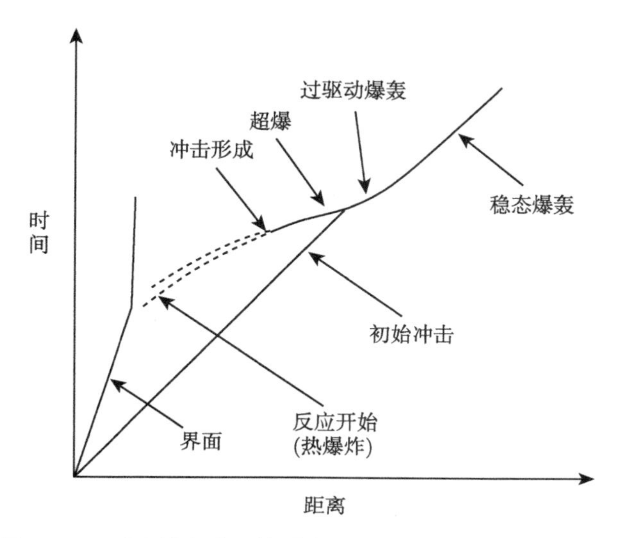

图 4.1.2　反应波积聚下均质炸药爆轰波成长时间-距离关系

炸药冲击起爆包括以下过程：①炸药最初受到冲击，压力和温度升高到一定程度，经过诱导时间后，化学反应开始；②反应产生的波聚合并增强；③反应性压缩或激波在材料内部形成；④反应冲击的强度可能达到稳定的超爆轰条件 (预压缩材料中的爆轰)；⑤反应性冲击波超过原始冲击波，产生超驱动状态，最终稳定下来，形成稳定的爆轰。

实际应用的固体炸药在浇铸、结晶或是压装的过程中，由于气泡、缩孔、裂纹、粗结晶、密度不均匀以及混入杂质等，经常会使炸药的物理结构不均匀。而人们通过试验研究发现，非均质炸药的冲击起爆阈值明显低于均质炸药，普遍认为导致这一现象的原因是 [3] 非均相炸药内部物理、力学性质的不一致性，在冲击波压缩过程中，通过多种机制形成许多局部高温区，称作“热点”，成为炸药反应的起源。

Bowden 和 Yoffe[4] 提出热点的尺寸一般在 0.1~10 μm，持续时间为 10^{-5} ~ 10^{-3} s，并且温度高于 700 K，可作为热点形成的临界条件，这为后续的热点形成机理研究提供了重要的判据。对于炸药在冲击作用下形成热点的机理，人们提出了多种假设，主要有 [3,5]：①气泡绝热压缩形成热点 [4,5-9]；②孔穴弹塑性塌陷对周围炸药介质加热，形成热点 [10]；③炸药颗粒间的快速碰撞挤压引起黏性加热，形成热点 [11-14]；④炸药晶体之间、炸药颗粒与杂质之间的摩擦，形成热点 [15-17]；⑤炸药在机械损伤时出现局部绝热剪切，形成热点 [18-22]；⑥炸药在受冲击时在裂纹处形成热点 [23]；⑦炸药晶体位错堆积，形成热点 [24-26]；等等。综上，在冲击作用下炸药内部可能形成热点的区域集中在孔洞、孔隙、晶粒边界、晶体的位错和缺陷以及较硬的杂质颗粒等处。

为了验证非均质炸药在冲击作用下形成“热点”的理论，Campbell 等 [1] 利用平面冲击波起爆充有不同尺寸氩气泡的硝基甲烷液体，发现首先在气泡处激起的爆轰反应，并随着时间逐渐增长。表明在冲击波压缩气泡的过程中，形成了局部的热点，并且热点周围炸药的反应明显加快。Campbell 等 [27] 还对固体炸药进行了冲击起爆楔形试验，利用高速相机，通过观测固体炸药楔形表面波阵面的传播，分析冲击波成长为爆轰波的过程。他们发现在冲击波压缩下，由于固体炸药内部的非均质性，所以会形成许多局部高温区，也可称为“热点”，成为固体炸药冲击起爆的起源。他们认为在非均质炸药起爆中，冲击波到爆轰波的成长更平稳，大部分的增长是在前面或靠近前面的地方，导致波的速度增加，直到发展成稳态爆轰波。其爆轰波发展的时间-距离关系如图 4.1.3 非均质炸药爆轰波发展的时间-距离关系所示。

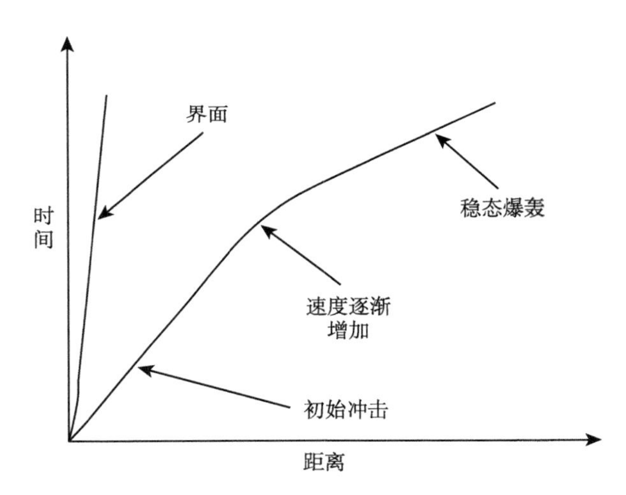

图 4.1.3 非均质炸药爆轰波发展的时间-距离关系

4.2 炸药冲击起爆临界条件理论分析

炸药在冲击波压缩过程中，通过多种机制形成“热点”，成为炸药反应的起源。因此，热点的形成和增长是炸药冲击起爆的关键因素。而炸药在受到冲击波作用后，其内部是否会形成热点，热点形成后是否会成长为爆轰，与两方面因素有关：一是炸药自身性质对炸药临界起爆条件的影响称作“内因”，炸药在浇铸、结晶或压装的过程中，会出现气泡、缩孔、裂纹等结构，以及炸药初始温度的变化，这些因素对受到冲击后炸药内部“热点”的形成都会产生影响；二是冲击加载状态对炸药临界起爆条件的影响称作“外因”，即炸药冲击起爆特征，既与入射冲击波压力有关，又与入射冲击波的作用时间有关，因此，需要从内、外因两方面，研究其非均质炸药临界起爆条件的影响。

4.2.1 非均质炸药冲击起爆“热点”理论

在冲击波进入炸药形成热点时，热点的温度变化会受到多种因素的影响，热点的温度快速升高可能会引起爆轰。因此，需要研究热点起爆的临界状态[28]。

根据热爆炸理论[29]，单位体积的炸药在有限的时间范围内，发生化学反应会释放出一定的热量，其中，一部分热量使自身的温度上升，而另一部分化学反应所生成的热量则散失于周围的炸药之中。用如下的热平衡方程式表示这一过程：

$$\rho \times c_{\mathrm{p}} \frac{\partial T}{\partial t} = \lambda \nabla^2 T + Qk_0 \mathrm{e}^{-E/RT} \tag{4.2.1}$$

式中，Q 为单位体积炸药的反应热，k_0 为反应速率常数，T 为温度，λ、ρ 和 c_{p} 分别为炸药的热传导系数、密度和定压比热，R 和 E 分别为气体常数和活化能。

炸药反应的初始条件 $(t=0)$ 可设为

$$\left.\begin{aligned} T &= T_0, \quad x < r_0 \\ T &= T_1, \quad x > r_0 \end{aligned}\right\} \tag{4.2.2}$$

这里 r_0 是热点的半径，x 是空间某点与热点中心的距离，显然 $T_0 > T_1$，采用以下无量纲变量：

$$\theta = \frac{E}{RT_0^2}(T - T_0) \tag{4.2.3}$$

$$\eta = \frac{\lambda t}{\rho c_{\mathrm{p}} r_0^2} = \frac{a^2 t}{r_0^2} \tag{4.2.4}$$

$$a^2 = \frac{\lambda}{\rho c_{\mathrm{p}}} \tag{4.2.5}$$

$$\delta = \frac{Qk_0 E r_0^2 \exp(-E/RT_0)}{\lambda R T_0^2} \tag{4.2.6}$$

$$\xi = \frac{x}{r_0} \tag{4.2.7}$$

利用弗兰克-卡门涅兹基近似，将阿伦尼乌斯 (Arrhenius) 项写为

$$\exp\left(-\frac{E}{RT}\right) \approx \exp\left(-\frac{E}{RT_0}\right)\exp(\theta) \tag{4.2.8}$$

这样，可将式 (4.2.1) 改写为

$$\frac{\partial\theta}{\partial\eta}=\delta\exp(\theta)+\nabla_{\xi}^{2}\theta \tag{4.2.9}$$

将炸药起爆的临界参数定义为 δ_c，当 $\delta<\delta_c$ 时，炸药的温度会下降；当 $\delta>\delta_c$ 时，炸药的温度会迅速上升；当 $\delta=\delta_c$ 时，炸药反应所放出的热量与向周围散失的热量相等，温度保持不变，因此，δ_c 是炸药温度增长速率为零时的值。

由于温度是位置和时间的函数，需要确定一对 ξ 和 η。将 ξ 作为炸药表面处的 ξ_c，时间由 $\eta=\eta_c$ 确定，即

$$\xi=\xi_c=1,\quad \eta=\eta_c=\frac{a^2t_c}{r_0^2} \tag{4.2.10}$$

$$\left.\frac{\partial\theta}{\partial\eta}\right|_{\substack{\eta=\eta_c\\ \xi=\xi_c}}=0 \tag{4.2.11}$$

可以确定出时间 t_c。

在开始阶段，整个炸药内部温差较小，因此，由热点向周围散失的热量可以忽略，然而，当时间达到临界值 η_c 时，由热传导引起的热量散失就不可忽略。那么，当 $\eta<\eta_c$ 时，可忽略式 (4.2.9) 中的第二项，即

$$\frac{\partial\theta}{\partial\eta}=\delta\exp(\theta) \tag{4.2.12}$$

将其对无量纲时间积分

$$\int_0^{\theta_c}\exp(-\theta)\mathrm{d}\theta=\delta_c\int_0^{\eta_c}\mathrm{d}\eta \tag{4.2.13}$$

将式 (4.2.13) 中的左项近似为

$$\int_0^{\theta_c}\exp(-\theta)\mathrm{d}\theta\approx\int_0^{\infty}\exp(-\theta)\mathrm{d}\theta=1 \tag{4.2.14}$$

当温度达到临界温度时，在极短的时间内，温度会突跃至无穷大，将上式代入式 (4.2.13) 中，有

$$\eta_c\approx\frac{1}{\delta_c} \tag{4.2.15}$$

根据此式，可以求出临界时间，然后利用临界坐标 ξ_c 和临界时间 η_c，求出炸药起爆的临界条件。

为了深入探究临界点处温升曲线的特点，将式 (4.2.9) 对 η 再次求导，则

$$\frac{\partial^2\theta}{\partial\eta^2}=\delta_\text{c}\exp(\theta)\frac{\partial\theta}{\partial\eta}+\frac{\partial}{\partial\eta}(\nabla^2\theta) \tag{4.2.16}$$

由式 (4.2.11) 可知，在临界点之前，热点的温升很小，因此，取 $\theta\approx0$，将式 (4.2.11) 代入式 (4.2.10)，并使 $\theta\approx0$，得到

$$\nabla^2\theta=-\delta_\text{c} \tag{4.2.17}$$

将式 (4.2.17) 与式 (4.2.11) 代入式 (4.2.16)，得到

$$\left.\frac{\partial^2\theta}{\partial\eta^2}\right|_{\substack{\eta=\eta_\text{c}\\ \xi=1}}=0 \tag{4.2.18}$$

式 (4.2.18) 证明了临界点为温升曲线的一个拐点。因此，只有在温升曲线的拐点处方满足热起爆的两个临界条件式 (4.2.11) 和式 (4.2.18)。

忽略式 (4.2.9) 的温度增加项，对体积积分，得到

$$\int_V\delta_\text{c}\exp(\theta)\mathrm{d}V=-\int_V\nabla^2\theta\mathrm{d}V=\int_S\nabla\theta\cdot\mathrm{d}S \tag{4.2.19}$$

式中，S 为炸药的面积。上式中左项可以近似地用炸药的初始温度表示，令 $\theta=0$，然后，对体积和面积进行积分，得到

$$\delta_\text{c}=\left.\frac{2^\alpha}{\alpha+1}\pi\xi^{\alpha+1}\right|_{\xi=1}=\left.-2^\alpha\pi\xi^\alpha\frac{\partial\theta}{\partial\xi}\right|_{\substack{\xi=1\\ \eta=\eta_\text{c}}} \tag{4.2.20}$$

其中，$\alpha=0$，1，2 分别对应于热点形状为平面、圆柱体和球体。简化得到

$$\delta_\text{c}=\left.-(\alpha+1)\frac{\partial\theta}{\partial\xi}\right|_{\substack{\xi=1\\ \eta=\eta_\text{c}}} \tag{4.2.21}$$

该式中的温度可以用不同设定的表达式。

对于瞬时冲击加热形成热点的情况，假设时间 t 从 0 到 t_0 的很短暂的时间内，向炸药内输入一定的热量 ε，若 $q=\varepsilon/\rho c$，忽略在此时间内炸药反应放出的热量，则在该空间内各点的温度可表示为

$$T=\frac{q}{2^{\alpha+1}a^{\alpha+1}(\pi t)^{\frac{\alpha+1}{2}}}\exp\left(-\frac{x^2}{4a^2t}\right)+T_1 \tag{4.2.22}$$

其中，$a^2=\lambda/\rho c_{\mathrm{p}}$。假设在 $t=t_0$ 时刻，$x=0$ 处的温度为 T_0，根据式 (4.2.22) 得到

$$T_0=\frac{q}{2^{\alpha+1}a^{\alpha+1}(\pi t_0)^{\frac{\alpha+1}{2}}}+T_1 \tag{4.2.23}$$

将式 (4.2.23) 代入式 (4.2.22)，得到

$$T=(T_0-T)\left(\frac{t_0}{t}\right)^{\frac{\alpha+1}{2}}\exp\left(-\frac{x^2}{4a^2t}\right)+T_1 \tag{4.2.24}$$

用无量纲变量表示为

$$\theta=\theta_0\left(\frac{1}{4\eta}\right)^{\frac{\alpha+1}{2}}\exp\left(-\frac{\xi^2}{4\eta}\right) \tag{4.2.25}$$

将该式对 ξ 求导并代入式 (4.2.21)，有

$$1=\frac{\alpha+1}{2}\left(\frac{1}{2}\right)^{\alpha+1}\theta_0\delta_{\mathrm{c}}^{\frac{\alpha+1}{2}}\exp\left(-\frac{\delta_{\mathrm{c}}}{4}\right) \tag{4.2.26}$$

简化整理，有

$$\ln\theta_0=\frac{\delta_{\mathrm{c}}}{4}-\ln\left[\frac{\alpha+1}{2}\left(\frac{1}{2}\right)^{\alpha+1}\delta_{\mathrm{c}}^{\frac{\alpha+1}{2}}\right] \tag{4.2.27}$$

显然，对于平面形热点，当 $\alpha=0$ 时

$$\ln\theta_0=\frac{\delta_{\mathrm{c}}}{4}-\frac{1}{2}\ln\delta_{\mathrm{c}}+\ln 4 \tag{4.2.28}$$

对于圆柱体热点，当 $\alpha=1$ 时

$$\ln\theta_0=\frac{\delta_{\mathrm{c}}}{4}-\ln\delta_{\mathrm{c}}+2\ln 2 \tag{4.2.29}$$

对于球体热点，当 $\alpha=2$ 时，有

$$\ln\theta_0=\frac{\delta_{\mathrm{c}}}{4}-\frac{3}{2}\ln\delta_{\mathrm{c}}-\ln\frac{3}{16} \tag{4.2.30}$$

利用以上三式可以求 δ_c 和 θ_0 之间的关系。

若定义 $r_0^2/(4a^2t_0)=1$ 作为热点半径，在 $x=r_0$，$t=t_0$ 处得出热平衡方程式 (4.2.20)，就可推导出另一种 δ_c 的近似公式。因此，将式 (4.2.25) 代入式 (4.2.20)，在 $\xi^2/4\eta=1$ 及 $\eta=\eta_0$ 处，得到

$$\delta_c=2(\alpha+1)e^{-1}\theta_0 \tag{4.2.31}$$

这里 $\eta_0=\lambda t_0/(\rho c_p r_0^2)=\dfrac{1}{4}$。根据 θ 的定义式 (4.2.3)，将上式改写为

$$\delta_c=2(\alpha+1)\frac{E(T_0-T_1)}{eRT_0^2} \tag{4.2.32}$$

对于平面情况，忽略初始温度，有

$$\delta_c=\frac{2E}{eRT_0} \tag{4.2.33}$$

将式 (4.2.23) 代入上式，得到

$$\delta_c=\frac{4Ea\rho c_p(\pi t_0)^{\frac{1}{2}}}{eR\varepsilon} \tag{4.2.34}$$

式中，ε 为 t_0 时间内向热点输入的热量。此式描述了对热点的能量输入，时间与导热系数间的一个约束关系。如若大于 δ_c 值则炸药就可发生起爆，否则，即使形成了热点也不能起爆。

4.2.2 孔隙度和温度对炸药临界起爆条件的影响

炸药在压制或浇铸过程中存在孔隙、微裂纹等缺陷，可认为是一种孔隙材料，而孔隙等缺陷会对其冲击起爆临界条件产生影响。Batsanov[30] 提出了计算孔穴材料冲击于戈尼奥关系的方法。

假设材料中的孔穴为空气，那么，在单位质量的材料中，密实材料占有的体积为 v_c，孔穴的体积为 v_n，则单位质量孔穴材料的总体积 v_a 表示为

$$v_a=v_c+v_n \tag{4.2.35}$$

其次，假定冲击压缩孔穴材料的内能总和，等于密实材料的冲击压缩能与孔穴塌缩能之和。当冲击压缩时，孔穴中的空气被绝热压缩，并达到极限压缩度 h (终态体积为 v_n/h)，利用多方体积的压缩特性有

$$h=\frac{k+1}{k-1} \tag{4.2.36}$$

式中，k 为空气的多方指数，对于空气，$k=1.4$，因此，可以获得孔穴塌缩需要做的功

$$p\left(v_{\rm n}-\frac{v_{\rm n}}{h}\right)=\frac{2pv_{\rm n}}{k+1} \tag{4.2.37}$$

式中，p 为冲击波压力。把孔穴材料看作密实材料与空气的混合物，孔穴材料的总动能应等于以上两种材料中的动能之和。根据冲击波压缩总功被均匀地平分到内能和动能的特点，单位质量孔穴材料的总能量等于

$$u^2=u_{\rm c}^2+\frac{2pv_{\rm n}}{k+1} \tag{4.2.38}$$

式中，u 和 $u_{\rm c}$ 分别为孔穴材料和密实材料的粒子速度。等号左方表示冲击波压缩疏松材料时所做的总功，包括内能和动能两部分，等于动能的两倍。右方第一项表示密实材料被压缩时冲击波做的总功，等于密实材料动能的两倍，第二项为孔穴被压缩时冲击波做的功。由孔穴度的定义

$$\phi=\frac{v_{\rm a}}{v_{\rm c}} \tag{4.2.39}$$

于是式 (4.2.38) 简化为

$$u^2=u_{\rm c}^2+\frac{2pv_{\rm c}(\phi-1)}{k+1} \tag{4.2.40}$$

上式给出了孔穴材料的粒子速度 u 随着孔穴度 ϕ 的变化关系。

如果是飞片冲击加载炸药，在飞片与炸药交界面处会产生压力为 p、作用时间为 τ 的冲击波，该冲击波传入炸药后使其内能提高，增加的内能由冷能和热能两部分组成，假设只有热能对炸药的起爆有贡献，并且这部分热能可看成是瞬时输入的能量，以 ε 表示。

依据前面冲击波温升的计算得到，波阵面上温升 $(T-T_1)$ 与冲击波阵面压力间存在着近似线性关系。在初始温度 T_1 时设压力为零，则

$$T-T_1=\beta\cdot p \tag{4.2.41}$$

其中，β 为与炸药性质有关的常数。因此，冲击波瞬时输入炸药的热能为

$$\delta_{\rm c}=c_{\rm p}(T-T_1)\tau D=\beta c_{\rm p}p\tau D \tag{4.2.42}$$

其中，τ 为飞片中冲击波来回传播的时间，即冲击波的作用时间；D 为炸药中冲击波传播的速度。若将 ε 作为瞬时输入炸药中的热能代入式 (4.2.34) 中，则可立即得到

$$\delta_{\rm c}=\frac{4Ea\rho}{eR\beta p\tau^{\frac{1}{2}}D} \tag{4.2.43}$$

根据冲击波的动量守恒定律，有

$$p=\rho Du \tag{4.2.44}$$

式中，p 为冲击波阵面压力，ρ 为炸药初始密度，D 为冲击波速度，u 为波后粒子速度。将式 (4.2.44) 代入式 (4.2.43) 中，有

$$\delta_{\mathrm{c}}=\frac{4Ea\rho^2 u}{eR\beta\tau^{\frac{1}{2}}p^2} \tag{4.2.45}$$

单位质量炸药的密度可表示为

$$\rho=\frac{1}{v_{\mathrm{a}}}=\frac{1}{\phi v_{\mathrm{c}}} \tag{4.2.46}$$

将式 (4.2.40) 和式 (4.2.46) 代入式 (4.2.45) 中，有

$$\delta_{\mathrm{c}}=\frac{4Ea\dfrac{1}{\phi^2 v_{\mathrm{c}}^2}\left[u_{\mathrm{c}}^2+\dfrac{2pv_{\mathrm{c}}(\phi-1)}{k+1}\right]^{\frac{1}{2}}}{eR\beta\tau^{\frac{1}{2}}p^2} \tag{4.2.47}$$

两边平方，得

$$\delta_{\mathrm{c}}^2=\frac{16E^2a^2}{e^2R^2\beta^2\tau p^4}\cdot\frac{u_{\mathrm{c}}^2(k+1)+2pv_{\mathrm{c}}(\phi-1)}{\phi^4 v_{\mathrm{c}}^4(k+1)} \tag{4.2.48}$$

进一步调整方程的格式，得到

$$\delta_{\mathrm{c}}^2=\frac{16E^2a^2}{e^2R^2\beta^2\tau p^4}\cdot\left[\frac{u_{\mathrm{c}}^2(k+1)-2pv_{\mathrm{c}}}{v_{\mathrm{c}}^4(k+1)}\cdot\frac{1}{\phi^4}+\frac{2p}{v_{\mathrm{c}}^3(k+1)}\cdot\frac{1}{\phi^3}\right] \tag{4.2.49}$$

根据冲击波的动量和能量守恒方程

$$p_1-p_0=\rho_0(D-u_0)(u_1-u_0) \tag{4.2.50}$$

$$(e_1-e_0)+\frac{1}{2}(u_1^2-u_0^2)=\frac{p_1u_1-p_0u_0}{\rho_0(D-u_0)} \tag{4.2.51}$$

式中，p_0 为炸药的初始压力，u_0 为初始粒子速度，ρ_0 为初始密度，e_0 为炸药的初始内能，p_1、u_1、e_1 分别为冲击波后的压力、粒子速度和内能，D 为冲击波速度。炸药的初始粒子速度 $u_0=0$，与波后压力相比，炸药的初始压力可以忽略不计，取 p_0 为 0。则由以上两式可推出

$$e_1-e_0=\frac{u_1}{2\rho_0 D}\cdot p_1 \tag{4.2.52}$$

用温度表示内能，有

$$T_1 - T_0 = \frac{u_1}{2\rho_0 D c_v} \cdot p_1 \tag{4.2.53}$$

由式 (4.2.41) 和式 (4.2.53) 可知

$$\beta = \frac{u_1}{2\rho_0 D c_v} \tag{4.2.54}$$

根据上式可以计算出温度变化与冲击波压力的线性系数 β。

表 4.2.1 中为 C-1 炸药 (CL-20/黏合剂/95/5) 的相关参数，其中，压力 p_1、粒子速度 u_1、冲击波速度 D 为 C-1 炸药粒子速度测量的试验结果 (见第 3 章 3.5 节)。在该入射压力下，C-1 炸药恰好被起爆，将此入射压力作为压制密度为 1.92 $\mathrm{g/cm^3}$ 的 C-1 炸药的临界起爆压力。代入式 (4.2.49) 和式 (4.2.54) 中，可以推出此炸药的临界起爆参数 δ_c 与炸药孔穴度 ϕ 的函数关系

$$\delta_\mathrm{c} = \left(4.80 \times 10^9 \times \frac{1}{\phi^4} + 2.72 \times 10^4 \times \frac{1}{\phi^3}\right)^{\frac{1}{2}} \tag{4.2.55}$$

临界起爆参数 δ_c 与炸药孔穴度 ϕ 的变化关系如图 4.2.1 所示，可以看出，随着 C-1 炸药孔穴度的提高，临界起爆参数 δ_c 的值在逐渐减小，冲击波感度升高。

表 4.2.1　C-1 炸药参数

E/(J/mol)	ρ/(kg/m^3)	C_p/(J/(kg·K))	λ/(W/(cm·K))	τ/μs	p_1/GPa
190000	1920	1372	0.3	1.53	2.55
u_1/(m/s)	D/(m/s)	β	u_c/(m·s)	v_c/(m^3/kg)	
430	3090	36.4	429.26	0.49	

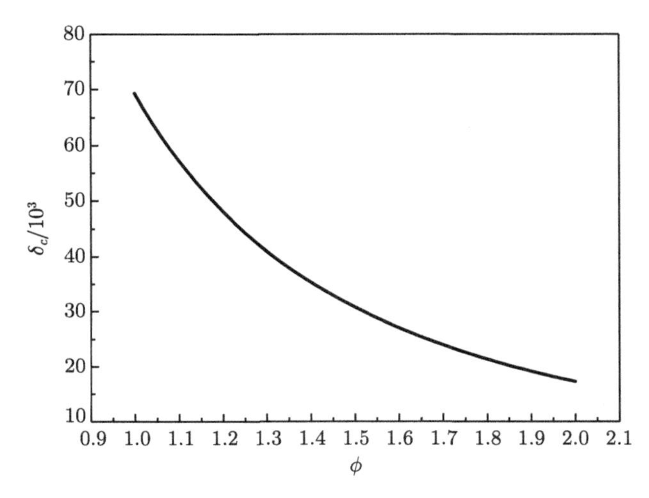

图 4.2.1　临界起爆参数 δ_c 随 C-1 炸药孔穴度 ϕ 的变化关系

炸药的冲击波感度会受到其初始温度的影响。根据公式 (4.2.32) 可知，热点的临界起爆参数 δ_c 由热点的形状、炸药的活化能 E、炸药的初始温度 T_1 和热点中心温度 T_0 共同决定。Bowden 和 Yoffe[31] 提供了可信的证据，证明了热点的温度高于 700 K，因此，在计算过程中取 C-1 炸药的热点温度为 700 K。C-1 炸药的活化能如表 4.2.1 所示。由于 CL-20 在 125℃ 左右会发生晶型转变，因此仅研究 C-1 炸药从 20 ~ 120℃ 范围内临界起爆条件随初始温度的变化。将 C-1 炸药的相关参数代入公式 (4.2.32) 中，可以得到以下临界起爆参数 δ_c 和初始温度 T_1 的关系式，热点为平板时

$$\delta_c = 24.03 - 0.034 \times T_1 \tag{4.2.56}$$

热点为圆柱时

$$\delta_c = 48.06 - 0.069 \times T_1 \tag{4.2.57}$$

热点为球体时

$$\delta_c = 72.09 - 0.103 \times T_1 \tag{4.2.58}$$

图 4.2.2 为 C-1 炸药的临界起爆参数 δ_c 随初始温度 T_1 的变化关系，可以看出，随着 C-1 炸药初始温度的提高，临界起爆参数 δ_c 线性降低，炸药的冲击波感度近似线性增加。从图中还可以看出 C-1 炸药的冲击波感度与热点的形状有关，当热点的形状为球体时，其冲击波感度最低，当热点为平板时，其冲击波感度最高。

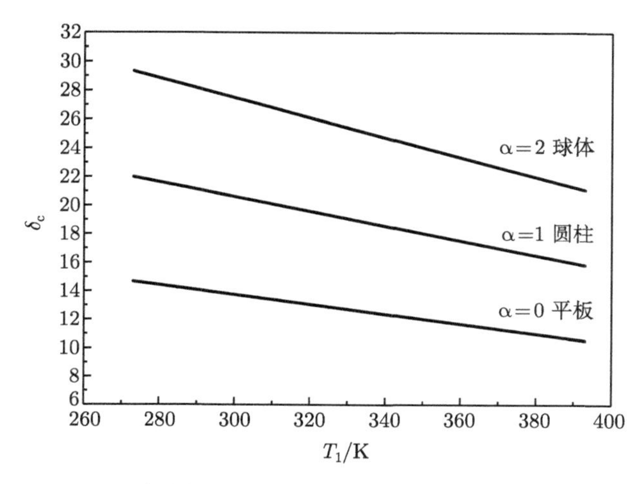

图 4.2.2 C-1 炸药的临界起爆参数 δ_c 随初始温度 T_1 的变化关系

4.3 炸药冲击起爆研究方法

早期测量炸药冲击起爆性能的方法是隔板试验法[32]，其原理是，由主发药柱产生的爆轰波，经隔板衰减后传入待测炸药，通过观察验证板的凹坑或冲孔来判断待测炸药是否被起爆。用升降法调整隔板厚度，使待测炸药发生爆轰或不爆轰，其中，待测炸药发生爆轰概率为 50%时的隔板厚度称作临界或阈值隔板厚度。随着测量技术的进步，利用隔板试验可以获得更多的试验数据，例如，在隔板与待测炸药之间嵌入锰铜压力传感器，用来测量传入待测炸药中的冲击波压力；利用高速摄影技术，测量待测药柱的自由表面速度。多年来，人们利用隔板试验进行了大量的炸药冲击起爆试验研究[32-39]，通过临界隔板厚度、入射冲击波峰压、反应阈值压力和爆轰阈值压力等参数来描述炸药的冲击波感度。

在隔板试验中，入射冲击波是发散的凸面波。而用飞片撞击炸药样品形成的是矩形剖面的平面冲击波，更适用于冲击起爆的定量规律研究。Gittings[26] 采用铝飞片对 PBX9404 炸药进行了冲击起爆试验，结果表明炸药的冲击起爆阈值，既与入射冲击波压力 p 有关，又与入射冲击波的脉宽 τ 有关。Walker 和 Wasley[40] 利用飞片冲击起爆方法，对 LX-04(85wt%HMX，15wt% Viton) 和 TNT 炸药的起爆行为进行了试验研究，结合 Gittings[26] 得出的结论，发现炸药是否被引爆与炸药单位面积上的入射能量有关，从而提出了重要的非均质炸药冲击起爆判据，即

$$p^2\tau = \text{const} \tag{4.3.1}$$

式中，p 为入射冲击波压力，τ 为入射冲击波脉宽。对于 $p^2\tau$ 的物理意义，用如下公式解释，即

$$E_c = \frac{p^2\tau}{\rho_0 D} = \frac{\rho_0 Du \cdot p\tau}{\rho_0 D} = pu\tau \tag{4.3.2}$$

式中，D 为冲击波波速，u 为波阵面后粒子速度，ρ_0 为炸药的密度。则 pu 实际为冲击波传入炸药的功率，因此 $pu\tau$ 代表冲击波传输的功。利用飞片冲击起爆的试验方法，人们对多种炸药进行了大量的试验研究[41-46] 并提出了一系列描述不同非均质炸药的冲击起爆判据。

炸药在冲击波作用下的起爆性能不仅体现在临界隔板厚度和冲击起爆判据上，也反映在稳定爆轰波的建立过程之中。Ramsay 和 Popolato[47] 发现，对于多数高能炸药，爆轰成长距离和入射冲击波压力在对数坐标系上存在近似线性的关系，称作 POP 关系，或称为 POP 图，可以用来对比不同炸药的冲击波感度，也可比较同种炸药在不同密度、颗粒尺寸、温度等情况下的冲击波感度。

楔形炸药试验是观察非均质固体炸药爆轰波成长的重要试验方法之一。其原理是利用炸药平面波透镜产生的冲击波对楔形炸药进行平面起爆，通过高速相机记录平面冲击波与楔形炸药斜面交点移动的轨迹，可以得到爆轰成长距离、爆轰成长时间及爆速等重要参数。Lindstrom 等 [48] 采用炸药驱动惰性材料飞片，撞击起爆楔形特屈儿炸药，通过改变飞片厚度，控制入射冲击波强度，获得了不同密度的特屈儿炸药入射冲击波压力与爆轰波成长距离的关系 (POP 关系)。他们发现低密度炸药内部孔隙率更高，需要较高的能量积累，才能支持炸药爆轰。Stirpe 等 [49] 在 Lindstrom 等 [48] 的试验基础上，观测了不同密度 PETN 炸药的冲击起爆过程，发现在低强度冲击下，高密度 PETN 炸药存在延迟起爆现象 [50]。

拉格朗日计量技术，包括压力计和电磁粒子速度计，是研究爆轰波流场的有力工具，可使人们更深入地了解炸药爆轰波成长规律，以及密度、颗粒尺寸、组分和温度等因素对炸药冲击起爆的影响。

用锰铜材料制造的压力传感器，性能稳定，温度系数小，下限量程约为 1 MPa，上限量程不小于 50 GPa，很适用于炸药的爆轰波成长的测量试验 [51]。Urtiew 等 [52] 设计了锰铜压力传感器，将其嵌入到待测炸药内部，测量出了冲击起爆下炸药压力变化，为定量观测炸药冲击起爆过程，提供了有效试验手段。

Fickett[53] 采用气炮发射飞片撞击炸药，保证入射冲击波的平面性，为研究炸药的一维起爆提供了更好的试验方法。Tarver，Urtiew 和 Chidester 等 [54] 采用两种方法将锰铜压力传感器嵌入待测炸药中，一是把待测炸药压制成多个不同厚度的片状样品，将单片锰铜压力传感器嵌入各个样品之间；另一个是将待测炸药压制或切割成楔形药柱，再把一个组合型锰铜压力传感器嵌入在斜面之中，两种安装压力传感器的方法均可得到炸药内部不同位置处的压力变化历程。Chidester，Vandersall 和 Tarver 等 [55] 利用嵌入在炸药内部的锰铜压力传感器，获得了受到机械损伤炸药在不同入射压力下的爆轰成长距离，发现炸药内部裂纹会使炸药冲击波感度大幅提升。Vandersall 等针对不同密度炸药 [56,57]，测量了冲击起爆中的压力变化，发现随着密度增加，炸药冲击波感度降低。

电磁粒子速度计测量法是研究炸药冲击起爆的另一个有力工具。其测量原理已在本书第 3 章中介绍。Sheffield 等 [58] 利用嵌入在炸药内部的组合型电磁粒子速度计，在一次试验中同时得到 12 个位置处的波后粒子速度变化曲线，另外，通过 “冲击波跟踪器” 还得到了波阵面在炸药内部传播过程中的时程关系。Gustavsen 等 [59] 将炸药表面制成斜面状，将电磁粒子速度计嵌入两个药柱斜面间，既获得了炸药的爆轰波成长过程，又得到了未反应炸药的于戈尼奥关系。

Hollowell 等 [60] 应用电磁粒子速度计，对冷却至 77 K 的 PBX9502 炸药 (95 wt%TATB，5% Kel-F) 进行了冲击起爆试验研究，发现低温度下 PBX9502 炸药仍然展现出非均质炸药的起爆特点。Green 等 [61] 在气炮发射飞片撞击炸药试验中，采用任意反射表面速度干涉仪 (velocity interferometer system for any reflector，VISAR)[62-65]，测量了炸药与窗口界面间的粒子速度变化，通过改变飞片的速度，获得了不同入射压力下粒子速度的变化特征，来研究炸药爆轰波成长特征。王桂吉等 [66] 用金属桥箔爆炸驱动飞片起爆楔形炸药，采用光纤探头测量了不同压力和脉冲时间下，炸药内部冲击波达到时间，获得了炸药临界起爆条件。Svingala 等 [67] 采用炸药平面波透镜冲击起爆炸药，用激光干涉测速仪测量炸药与窗口界面间的粒子速度，给出了炸药 POP 关系。Bassett 等 [68-70] 用激光驱动飞片冲击起爆炸药，采用激光干涉测速仪测量飞片的速度，以及炸药与窗口界面的粒子速度，同时，通过光学高温计测量了炸药与窗口之间的温度，结合高倍显微镜观测的炸药内部结构。发现在炸药冲击起爆时，微米孔隙中温度可达 6000 K 左右，纳米孔隙的温度为 4000 K 左右，认为这是由于孔隙中的气体受到绝热压缩，温度急剧升高所致，孔隙越大，温度越高。

以上研究情况表明，简单隔板起爆和飞片撞击起爆炸药试验，只能得到临界隔板厚度、冲击起爆判据等炸药冲击波感度的基本特征。而锰铜压力传感器和电磁粒子速度计被用于测量爆轰波流场变化，可以得到炸药从点火到成长为爆轰的动态特征和规律。特别是电磁粒子速度计，可以从试验中得到更多数据，例如，未反应炸药冲击于戈尼奥关系，冲击波传播的时程关系等，从而得到更精确的爆轰波成长距离与时间。而激光干涉测速法能够对波阵面粒子速度进行精密观测，也可被用于炸药冲击起爆研究。

人们虽然在炸药冲击起爆试验方面进行了大量的研究，但是由于炸药起爆反应速度很快，又处于高温高压状态，测量的试验参数很有限，如果仅依靠试验研究，很难对炸药冲击起爆过程进行深入的研究。因此，人们也大量采用数值模拟计算，研究炸药冲击起爆，而其中如何描述炸药在受到冲击加载后的反应速率 (化学能的释放率) 是核心问题。通常依靠试验数据，建立宏观唯象反应速率模型进行计算 (见本书第 3 章)。

宏观唯象的反应速率模型，虽然具有很高的实用价值，但是它们不能细致地描述冲击波作用下非均质炸药的冲击起爆机理，很难考虑炸药的颗粒尺寸、初始密度、初始温度等因素对冲击起爆过程的影响，因此，人们寻求构建考虑炸药细观结构的反应速率模型，希望其不仅能够描述热点的点火和成长，还能够预测炸药细观结构对起爆过程的影响。为此，Cochran[71] 提出了一种热点统计模型，来考虑热点源的产生速率、热扩散率、反应核生长速率、热点个数、热点平均半径等因素对反应速率的影响。Kim 和 Sohn[72,73] 将 PBX 炸药简化成一个炸药球壳元胞，建立炸药球壳元胞点火-燃烧的细观反应模型，以球壳代表炸药，空心部分包含黏结剂和气孔，利用三种成分体积描述炸药、黏结剂的百分比和炸药的孔隙度。当炸药球壳元胞受到冲击波压缩后，整个结构发生弹塑性孔隙塌陷形成热点，可用阿伦尼乌斯定律描述热点的反应。希望以此反映炸药的材料性质、颗粒尺寸、孔隙度、黏结剂比例、初始温度等因素对冲击起爆过程的影响。Cook 等 [74] 建立了分析均质和非均质炸药冲击起爆过程的 Charm 模型，该模型基于阿伦尼乌斯定律，可以描述热点形成后炸药的化学反应释能过程。后来，Cook 等 [75] 对 Charm 模型的准确性进行了试验检验，发现此模型可以较好地预测冲击起爆试验中的临界起爆直径和临界起爆压力。Massoni 和 Saurel 等 [76,77] 建立了细观与宏观耦合的炸药冲击起爆模型，模型分为点火和增长两个部分，点火部分考虑了孔隙黏塑性塌陷形成的热点，炸药温度迅速上升后，其反应速率遵循阿伦尼乌斯定律，增长阶段描述颗粒由向外燃烧转化为向内燃烧的过程，用颗粒的表面燃烧模型来表征。Nichols 和 Tarver[78] 提出了一种热点统计反应速率模型，该模型尝试描述热点的产生、增长或失效，以及爆轰的转化过程。通过孔隙尺寸、炸药颗粒尺寸、孔隙度等参数计算冲击作用下的热点尺寸以及热点分布，然后用燃烧模型描述热点的增长。

现有炸药细观反应模型，大都希望能够更真地反映热点的点火和成长过程，虽然取得了一定的进展，但是这些细观模型，所需参数较多，还不能够准确描述试验结果，其应用范围还很有限。目前人们主要通过炸药冲击起爆试验和宏观计算结合，来解决炸药冲击起爆的工程问题。

4.4　不同组分混合炸药冲击起爆研究

本节以三种不同 CL-20 基混合炸药为例，介绍我们 [79] 采用炸药驱动飞片冲击起爆炸药，用锰铜压力计测量炸药爆轰波成长的试验，以及根据试验结果，拟合炸药的点火增长反应速率方程参数，分析不同组分混合炸药冲击波感度的方法。

我们设计的炸药驱动飞片撞击起爆炸药，锰铜压力传感器测量炸药爆轰波成长试验装置如图 4.4.1 所示，装置由雷管、炸药平面波透镜、加载炸药、有机玻璃隔板、钢飞片、铝隔板、锰铜压力传感器、待测炸药等部分组成。试验时，通过雷管起爆炸药平面波透镜和加载炸药，产生一束平面波，经有机玻璃隔板衰减后，作用于钢飞片并驱动其向下运动，飞片撞击铝隔板，产生的平面冲击波经铝隔板衰减后，最终起爆待测炸药。通过改变有机玻璃隔板和铝隔板的厚度，来调节起爆待测炸药的冲击波强度。被测炸药由炸药薄片叠加组成，在炸药薄片之间中心位置，安装锰铜压力传感器，用于测量炸药内部压力。

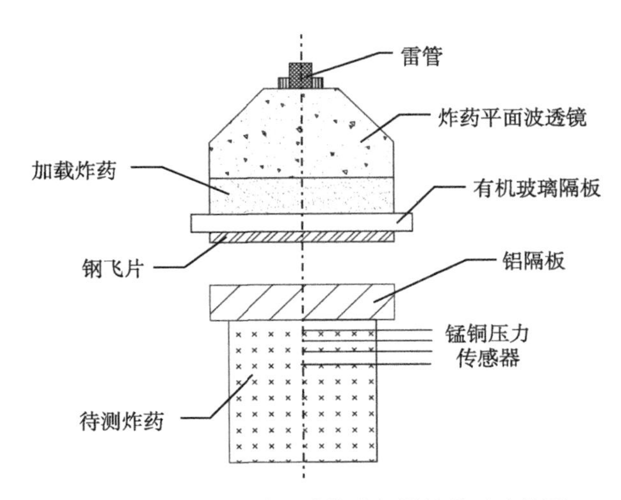

图 4.4.1　炸药驱动飞片撞击起爆炸药试验装置

锰铜压力传感器采用锰铜合金制成，当锰铜合金受到高压作用时，合金电阻随压力升高而近似呈线性增加，而它的材料尺寸和温度变化系数很小，可以忽略 [51]。因此，锰铜合金的电阻只受压力影响，可以用于强动态冲击下的高压测量。试验中只需测量锰铜压力传感器的电阻增量与初始电阻值的比值，就可以计算出爆轰波压力值。由于试验中直接测量电阻值很困难，所以采用脉冲恒流源为锰铜压力传感器提供脉冲恒定电流，通过测量锰铜压力传感器在高压下的电压变化计算出爆轰波压力。电阻变化采用下式进行计算：

$$K_{\mathrm{p}}P=\frac{\Delta R}{R_0}=\frac{\Delta U}{U_0} \tag{4.4.1}$$

式中，U_0 是锰铜压力传感器电阻为 R_0 时的电压值，ΔU 是锰铜压力传感器受到高压作用时电阻变化引起的电压增量。

利用炸药驱动飞片起爆炸药试验装置，对 3 种组分 CL-20 基压装混合炸药进行冲击起爆，表 4.4.1 是 3 种炸药配方及平均密度。NTO 和 FOX-7 是低感度炸药，与 CL-20 混合能够降低炸药感度。

表 4.4.1　炸药配方及平均密度

编号	炸药配方	密度/(g/cm^3)
1	C-1 (95wt% CL-20，5wt%Binder)	1.94
2	CL-20/NTO (47wt% CL-20，47wt%NTO，6%FPM)	1.89
3	CL-20/FOX-7 (47wt% CL-20，47wt%FOX-7，6%FPM)	1.88

根据炸药驱动飞片起爆炸药试验装置，建立数值计算模型，对炸药起爆进行数值模拟，标定被测炸药爆轰反应模型参数。考虑试验装置具有对称性，通常采

用二维轴对称模型，模型中各组件的尺寸与试验装置一致。可采用高能炸药材料模型和 JWL 状态方程描述炸药平面波透镜和加载炸药。采用弹塑性流体力学材料模型和格林艾森状态方程描述有机玻璃隔板、支架、铝隔板、钢飞片等惰性材料。采用三项点火增长模型、未反应炸药和爆轰产物 JWL 状态方程，描述被测炸药。其中，C-1 炸药参数见本书第 3 章 3.5 节。

图 4.4.2 是 4.18 GPa 入射压力下，C-1 炸药不同位置压力的试验与计算对比。从图中可以看出，当冲击波传至 2 mm 位置时，炸药反应释放的能量已能够支持到爆轰波阵面，但支持度很小，只是使波阵面压力有小幅度的提高，达到 4.29 GPa，随着时间的推移，波后炸药反应释能的压力峰逐渐追赶前导冲击波，在 4 mm 处爆轰波阵面压力已达到 25 GPa 左右。计算压力变化与试验值基本一致。

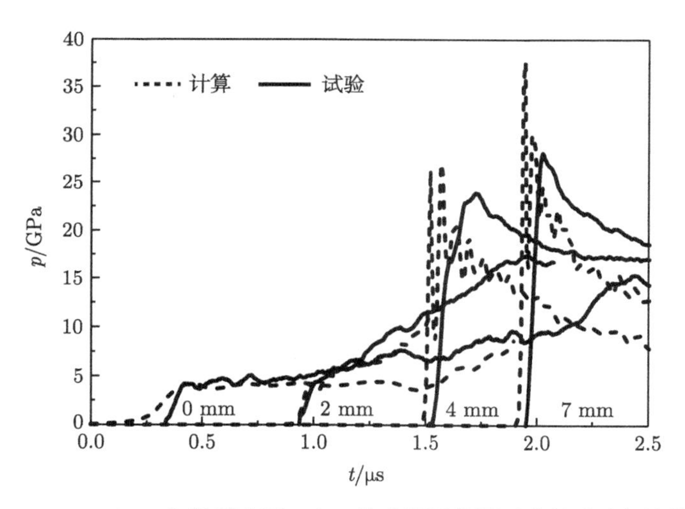

图 4.4.2　4.18 GPa 入射压力下，C-1 炸药不同位置压力的试验与计算对比

使用三项式点火增长反应速率方程，计算 CL-20/NTO 和 CL-20/FOX-7 两种混合炸药的冲击起爆过程，利用方程中第二项来描述 CL-20 的反应增长过程，而利用第三项来模拟两种混合炸药中反应相对较慢的 NTO 和 FOX-7 的反应释能过程。由于 CL-20 的反应较快，且两种混合炸药中 CL-20 的质量分数均为 47%，因此，假设在反应度达到 0.5 时，混合炸药中的 CL-20 就已经完成了全部反应，而 NTO 和 FOX-7 的反应速率相对较慢，它们的反应进程应贯穿始终。采用试验已得到 CL-20 单组分炸药的反应速率方程参数，而 NTO 和 FOX-7 则参考与其冲击波感度相近的 RDX 和 TATB 炸药的模型参数 [80]，在得到每种组分炸药的两项式点火增长反应速率方程参数后，即可“拼”出双组分混合炸药的反应速率方程。加入低感炸药后，热点的数量会相应减少，同时，将敏感和不敏感两种组分的

增长项分别作为反应速率方程的第二、第三项，利用此方法，得到了 CL-20/NTO 和 CL-20/FOX-7 混合炸药的参数，如表 4.4.2 所示。

表 4.4.2　CL-20/NTO、CL-20/FOX-7 混合炸药的点火增长模型和 JWL 状态方程参数

	炸药	CL-20/NTO	CL-20/FOX-7
未反应炸药 JWL 状态方程参数	$\rho_0/(\mathrm{g/cm^3})$	1.89	1.88
	A/Mbar	249.01984	1222
	B/Mbar	−0.0318481	−0.0691156
	R_1	11.3	11.3
	R_2	1.13	1.13
	ω	0.8695	0.8695
	C_v/(Mbar/K)	2.7814×10^{-5}	2.7814×10^{-5}
	T_0/K	298	298
	剪切模量/Mbar	0.04	0.04
	屈服强度/Mbar	0.002	0.002
爆轰产物 JWL 状态方程参数	A/Mbar	16.4027	15.8947
	B/Mbar	0.22256	0.1834
	R_1	5.9264	5.776
	R_2	1.762069	1.5426
	ω	0.6998	0.7
	C_v/(Mbar/K)	1.0×10^{-5}	1.0×10^{-5}
	E_0/Mbar	0.0846	0.09074
反应速率方程参数	I	4.0×10^{6}	4.0×10^{6}
	a	0.22	0.0367
	b	0.667	0.667
	x	7.0	7.0
	G_1	402	402
	c	0.667	0.667
	d	0.333	0.333
	y	2.0	2.0
	G_2	0.6	140
	e	0.667	0.667
	g	0.111	0.333
	z	1.0	2.0
	F_{igmax}	0.3	0.3
	$F_{G_1\mathrm{max}}$	0.5	0.5
	$F_{G_2\mathrm{min}}$	0.0	0.0

图 4.4.3 和图 4.4.4 分别是 CL-20/NTO 和 CL-20/FOX-7 混合炸药的计算压力与试验对比，可以看出，计算结果较好地描述出了两种混合炸药中不同位置处压力的成长趋势，表明利用上述方法得到的反应速率方程参数，可以较好地描述双组分混合炸药 CL-20/NTO 和 CL-20/FOX-7 的冲击起爆过程。因此，利用上述拟合双组分混合炸药点火增长反应速率方程的方法，可以对不同配比混合炸药的冲击起爆过程进行预测性计算，从而降低试验量及成本。

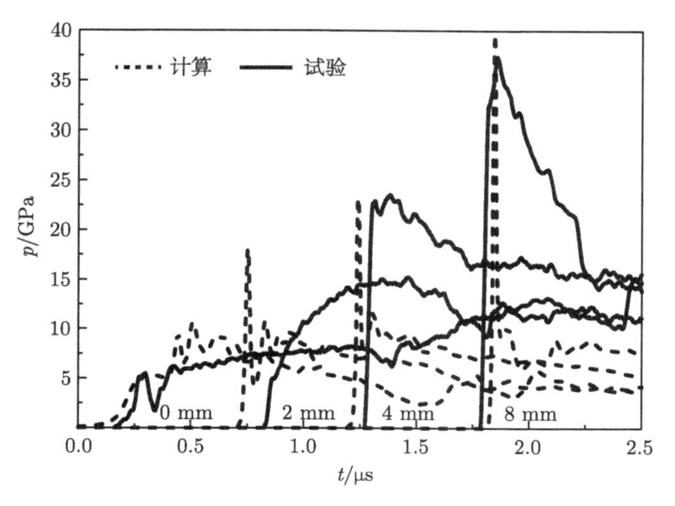

图 4.4.3 5.24 GPa 入射压力下，CL-20/NTO 混合炸药计算压力与试验对比

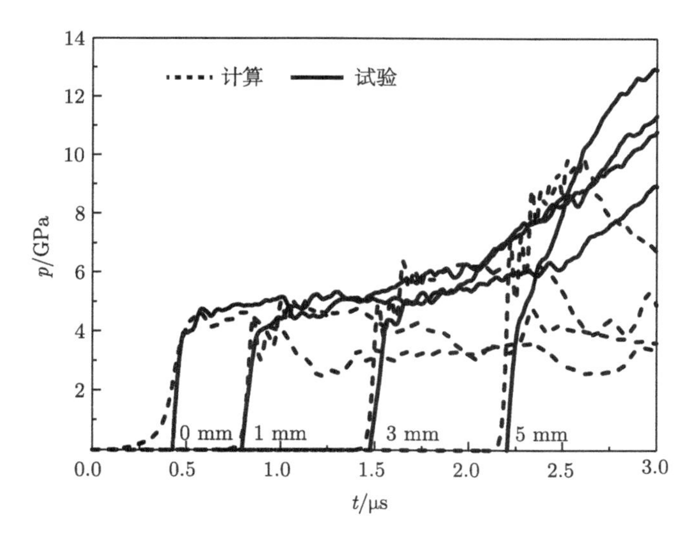

图 4.4.4 3.95 GPa 入射压力下，CL-20/FOX-7 混合炸药计算压力与试验对比

炸药冲击起爆的 $p^2\tau$ 判据和临界能量流判据 [81]，是研究炸药冲击波感度的重要参数，两种判据的具体形式为

$$p^2\tau = \text{const} \tag{4.4.2}$$

$$E_{\text{c}} = pu\tau = \text{const} \tag{4.4.3}$$

式中，p 为入射冲击波压力，u 为冲击波后粒子速度，τ 为入射冲击波作用时间，E_{c} 为临界起爆能量。

此外，入射冲击波压力与炸药爆轰波成长距离存在对应关系，即 POP 关系，也是反映炸药冲击波感度的重要参数。

设计飞片撞击起爆有隔板炸药计算模型，采用数值模拟的方法，计算 C-1、CL-20/NTO 和 CL-20/FOX-7 混合炸药的冲击波感度相关参数。钢飞片的厚度为 3 mm，铝隔板厚 6 mm，待测炸药高 40 mm，三者直径均为 50 mm。利用此计算模型，对 C-1、CL-20/NTO 和 CL-20/FOX-7 混合炸药进行了飞片冲击起爆数值模拟，计算得到了使炸药起爆的最低入射压力 (临界压力) p，入射冲击波后粒子速度 u 以及飞片撞击隔板产生冲击波的作用时间 τ，得到了三种混合炸药冲击起爆的临界阈值，如表 4.4.3 所示。通过改变飞片撞击隔板的速度，得到待测炸药在不同入射冲击波压力下的爆轰成长距离，并在对数坐标下对样本点进行线性拟合，得到炸药的冲击起爆 POP 关系，如图 4.4.5 所示。由以上结果可以看出，与 C-1 炸药相比，CL-20/FOX-7 混合炸药冲击起爆的 $p^2\tau$ 判据和临界能量流判据只有少许提高，而添加了 NTO 的 CL-20/NTO 混合炸药的临界起爆阈值却

表 4.4.3　3 种混合炸药冲击起爆的临界阈值

炸药	密度 /(g/cm^3)	临界压力 /GPa	$p^2\tau$ /(Pa^2·s)	$pu\tau$ /(J/m^2)
C-1(CL-20/Binder95/5)	1.94	1.39	253.67×10^{10}	41.97×10^4
CL-20/NTO/FPM(47/47/6)	1.89	1.46	279.86×10^{10}	66.71×10^4
CL-20/FOX-7/FPM(47/47/6)	1.88	1.40	257.33×10^{10}	43.19×10^4

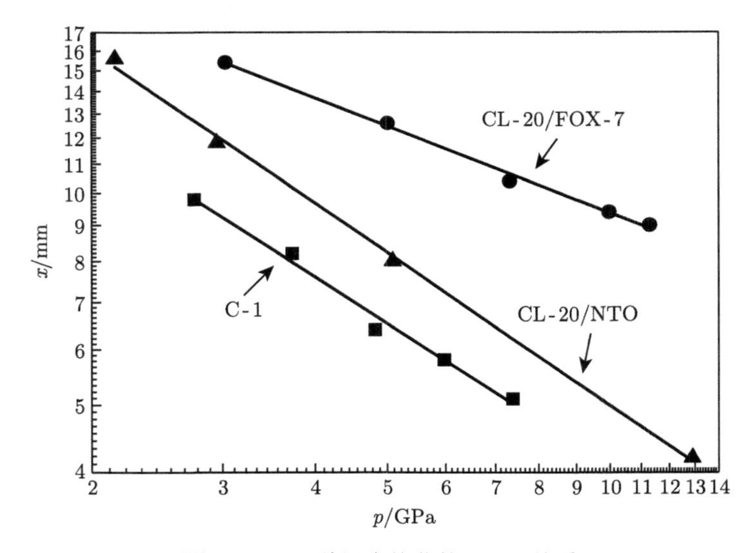

图 4.4.5　3 种混合炸药的 POP 关系

有较大提升；从 POP 关系可以看出，向 CL-20 中分别添加 FOX-7 和 NTO 均可增加其爆轰成长距离，其中，在相同入射压力下，CL-20/FOX-7 混合炸药的爆轰成长距离要大于 CL-20/NTO 混合炸药。综合这两种结果，认为在相同加载条件下，CL-20/NTO 混合炸药内部形成的“热点”数量要少于 C-1、CL-20/FOX-7 两种混合炸药，因此，其临界起爆阈值较高。然而，在“热点”的增长阶段，FOX-7 炸药的反应速率要低于 NTO 炸药，从而导致 CL-20/FOX-7 混合炸药比 CL-20/NTO 混合炸药的爆轰成长距离更大。

4.5 炸药温度对冲击起爆的影响

Schwartz[82] 进行了气炮发射飞片撞击加热 TATB 基混合炸药的试验，首次发现炸药的温度升高，会使炸药冲击波感度增加。Campbell[83] 在 −55℃、24℃ 和 75℃ 下，对不敏感的炸药 PBX-9502 (TATB/Kel F-800/95/5) 进行了冲击起爆试验，发现炸药临界直径随温度升高而减小。Urtiew 等 [84] 对 −54°C、25°C 和 88℃ 下的 LX-17 (TATB/Kel F-800/92.5/7.5) 炸药进行了冲击起爆试验，通过内嵌压力传感器和粒子速度计，测量了炸药内部不同位置处的压力和粒子速度的变化，发现随着炸药温度升高，其爆轰波成长距离缩短。Urtiew 等 [85] 用气炮发射飞片，对 250℃ 的 LX-17 炸药进行了冲击起爆试验，认为炸药热膨胀后内部孔隙数量增加，造成了 LX-17 炸药冲击波感度增加。Dallman 等 [86] 在 $-55 \sim 252$℃ 范围内，对 TATB 楔形炸药进行了冲击起爆试验，认为 TATB 炸药温度升高后，内部孔隙数增多，导致反应速率提高，是其冲击波感度提高的主要因素，而炸药的热分解对冲击波感度的影响不大。Renlund[87] 在不同装药约束条件下，对加热的 PBX-9502 和 LX-17 炸药进行了冲击起爆试验，发现在 200℃，炸药无约束条件下，炸药爆轰波成长速度比有约束下快，炸药受热体积膨胀是高温下 TATB 冲击波感度提高的主要原因。

除了炸药温度升高后发生体积膨胀，造成内部孔隙增加，导致炸药的冲击波感度发生改变外，温度升高还会使炸药晶型发生改变，导致冲击波感度发生变化。Urtiew 等 [88] 采用气炮发射飞片，对加热到 190℃ 的 LX-04 (HMX/Viton/85/15) 炸药进行冲击起爆试验。发现温度升高，使炸药中 HMX 发生了 β 晶型向 δ 晶型的转变，导致炸药冲击波感度显著提高。

Gustavsen 等 [89] 采用气炮发射无磁性钢飞片，冲击起爆 −55℃ 下的 PBX-9502 炸药。通过液氮降温炸药方法，采用电磁粒子速度计，获得了 −55℃下 PBX-9502 炸药的爆轰波成长距离。Tarver 等 [90] 进行了气炮发射飞片冲击起爆低温炸药试验，通过采用激光干涉测速法测量炸药与窗口间界面粒子速度，给出了 −196℃ 时 PBX-9502 炸药的冲击波感度。赵聘和陈朗等 [91] 采用锰铜压力传感器测压法，研究了温度对 RDX/Al/Wax 炸药爆轰波成长的影响，发现随着温度升高，含铝炸药中黏结剂 Wax 首先软化，使炸药的冲击波感度降低，但随着温度的继续升高，炸药密度减小，又使炸药冲击波感度增加。

现有研究发现，温度主要从三个方面影响炸药冲击波感度：一是温度升高后炸药体积膨胀，孔隙增加造成冲击波感度升高；二是温度升高后炸药晶型发生变化，造成冲击波感度改变；三是温度升高后炸药黏合剂状态变化，也会影响炸药冲击波感度。以下介绍受热炸药冲击起爆的研究方法，以及以上三方面对炸药冲击起爆感度的影响规律。

4.5.1 受热炸药的冲击起爆试验和数值模拟

目前，人们主要采用炸药冲击起爆试验和数值模拟计算相结合的方法，研究受热的冲击起爆特征。

常温下的冲击起爆试验方法有隔板试验、楔形试验、气炮或炸药驱动飞片撞击起爆试验等 [92]。考虑到炸药驱动飞片撞击起爆炸药试验成本低，使用方便，比较适合用于受热冲击起爆研究。为此，我们设计炸药驱动飞片撞击起爆受热炸药试验装置 [93]，如图 4.5.1 所示。试验装置由雷管、炸药平面波透镜、加载炸药、聚四氟乙烯隔板、钢飞片、聚四氟乙烯支架、铝隔板、加热板、被测炸药等部分组成。被测炸药上面的铝隔板能够有效地对被测炸药进行加热，同时起到衰减冲击波作用，聚

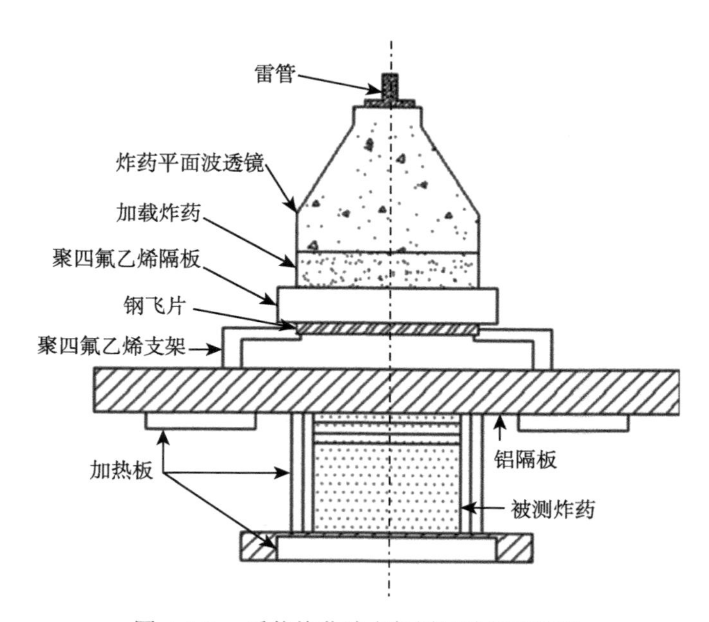

图 4.5.1 受热炸药冲击起爆试验装置简图

四氟乙烯隔板一方面能够阻挡加载炸药爆轰产物和对冲击波进行衰减，另一方面能够和聚四氟乙烯支架一起阻止对加载炸药的加热作用。被测炸药由不同厚度炸药薄片叠加而成。在铝隔板与炸药，以及炸药薄片之间中心位置，安装锰铜压力传感器，用于测量炸药内部压力。在下层炸药薄片与厚炸药柱之间中心位置安装热电偶，用于测量炸药内部温度。在试验时，采用加热器，通过铝隔板和铝垫板，对被测炸药进行控温加热。当炸药中热电偶记录的温度也达到预设的加热温度时，认为试验炸药已被加热均匀。此时，激发雷管起爆炸药透镜，炸药透镜爆炸产生平面冲击波，经聚四氟乙烯隔板衰减后驱动飞片运动。通过飞片撞击铝隔板产生冲击波，起爆加热后的被测炸药。通过炸药中距离起爆面不同位置的锰铜压力传感器，测量冲击起爆中不同温度下被测炸药压力的变化历程。

要更深入地研究受热炸药冲击起爆规律，需要依据试验结果，标定出炸药爆轰反应模型参数，然后通过数值模拟计算分析加热温度对炸药冲击起爆特征的影响规律。在炸药冲击起爆数值模拟计算中，仍然可采用三项式点火增长反应速率方程和 JWL 状态方程描述受热。但需要不同方程参数，描述不同温度炸药的反应特征。一般情况下，可以先根据常温下炸药冲击起爆试验，标定出常温下的炸药模型参数，以此为基础，根据不同加热温度试验结果，确定特定模型参数，来描述温度对冲击起爆的影响规律。主要通过调节未反应炸药 JWL 状态方程的参数 B，来反映温度对炸药未反应状态的影响。通过调节点火增长模型中 G_1 的值，描述温度对炸药反应速率的影响 [84,94]。

4.5.2 受热炸药密度和晶型变化对冲击起爆的影响

以高含量 ε-CL-20 混合炸药 C-1(CL-20/黏合剂/95/5) 为例，介绍受热炸药密度和晶型变化对冲击波感度的影响。

我们采用受热炸药冲击起爆试验方法，分别在 20℃、48℃、75℃、95℃、125℃、142℃ 和 175℃ 下，进行 C-1 炸药的冲击起爆试验。通过放置在炸药内部的锰铜压力传感器，测量不同位置处的压力变化历程。已有研究表明 [95]，ε-CL-20 在 125~130℃，会发生 ε 向 γ 的晶型转变。因此，可以认为 C-1 炸药在加热到 142℃ 后，CL-20 已从 ε 晶型转变为 γ 晶型。

根据本书第 3 章中表 3.5.3 的 C-1 炸药未反应 JWL 状态方程和爆轰产物 JWL 状态方程参数和表 3.5.6 的 C-1 炸药点火增长反应模型参数，对 20℃ 下 C-1 炸药的冲击起爆试验进行爆轰数值模拟计算。图 4.5.2 是入射压力为 3.57 GPa、温度为 20℃ 时，C-1 炸药内部压力的计算与试验的比较。可以看到，计算压力变化能够比较好地与试验结果相符合。可以以此组参数为基础，再确定其他温度下的参数。

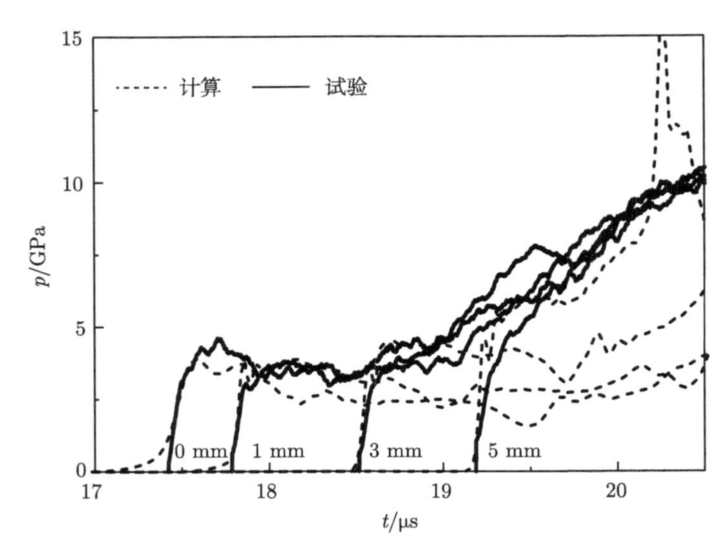

图 4.5.2　入射压力为 3.57 GPa、温度为 20℃ 时，C-1 炸药内部压力的计算与试验比较

已有研究表明，随着温度的上升，炸药密度降低，孔隙的数量增加，点火增长模型是基于热点理论以及爆轰的 ZND 模型假设建立的，因此，孔隙度增加就会使点火项的数量相应上升，同时，随着炸药颗粒温度的提高，热点的增长速度也会相应增加。由于 CL-20 的体积膨胀系数较小，因此，可以忽略热膨胀对点火项的影响，主要考虑温升对增长项系数 G_1 的影响。因此，在 C-1 炸药中的 ε-CL-20 发生晶型转变前，炸药的反应速率是逐渐增加的，因此，通过增大反应速率方程中的系数 G_1 来逐个拟合试验结果，获得 48℃、75℃ 和 95℃ 等几个温度下的反应模型参数，如表 4.5.1 所示。计算与试验的对比如图 4.5.3 ~ 图 4.5.6 所示。

表 4.5.1　不同温度下 C-1 炸药爆轰反应速率方程参数 G_1

温度 /℃	反应速率方程参数 G_1
48	410
75	460
95	500
125	450
142	430
175	580

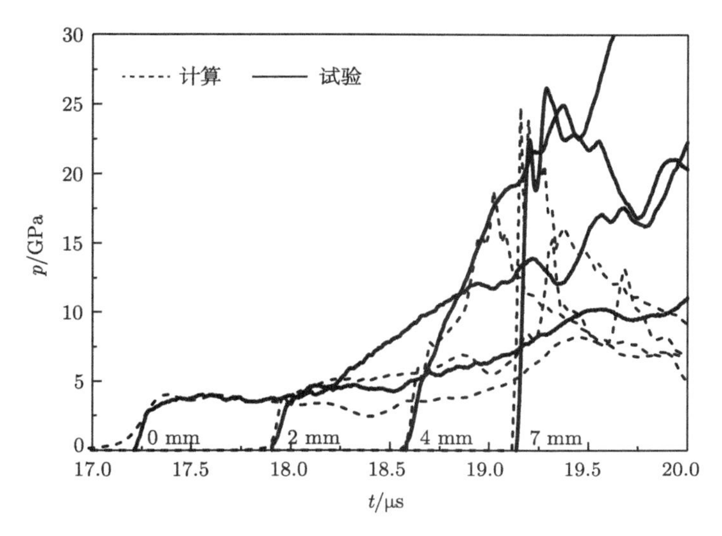

图 4.5.3 入射压力为 3.63 GPa、温度为 48°C 时，C-1 炸药内部压力的计算与试验比较

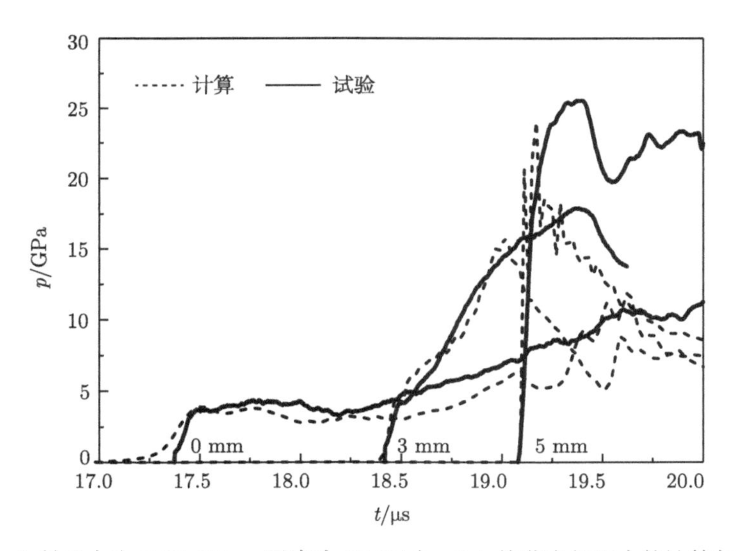

图 4.5.4 入射压力为 3.67 GPa、温度为 75°C 时，C-1 炸药内部压力的计算与试验比较

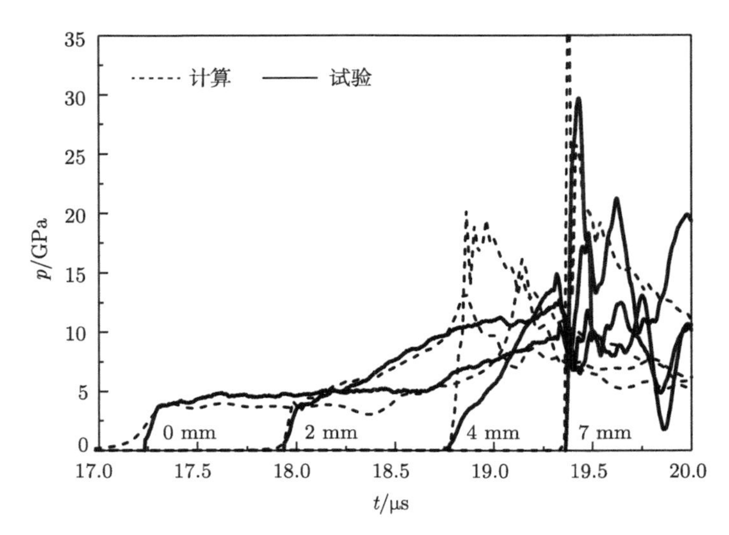

图 4.5.5 入射压力为 3.78 GPa、温度为 75℃ 时，C-1 炸药内部压力的计算与试验比较

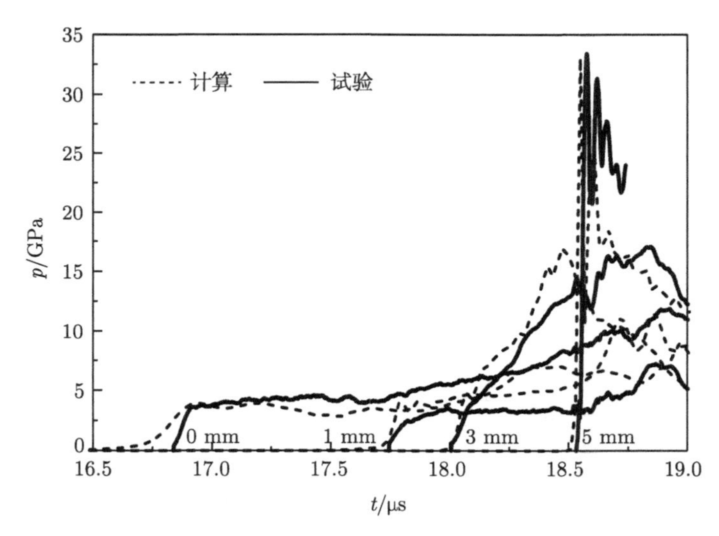

图 4.5.6 入射压力为 3.61 GPa、温度为 95℃ 时，C-1 炸药内部压力的计算与试验比较

图 4.5.7 是 125℃ 时部分发生晶型转变的 C-1 炸药内部压力的计算与试验比较，图 4.5.8 是 142℃ 时完全发生晶型转变的 C-1 炸药内部压力的计算与试验比较。试验结果显示，发生相变后 C-1 炸药的冲击波感度突然降低，因此，需要减小增长项系数 G_1 的值来适应此变化。

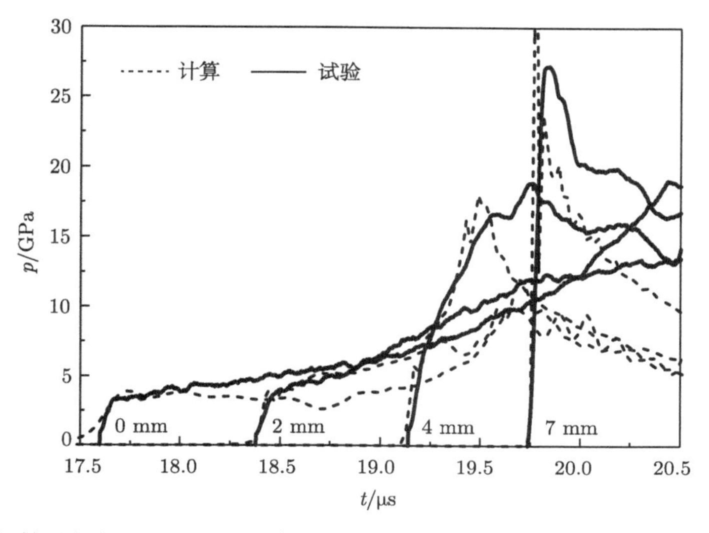

图 4.5.7 入射压力为 3.33 GPa、温度为 125℃ 时，C-1 炸药内部压力的计算与试验比较

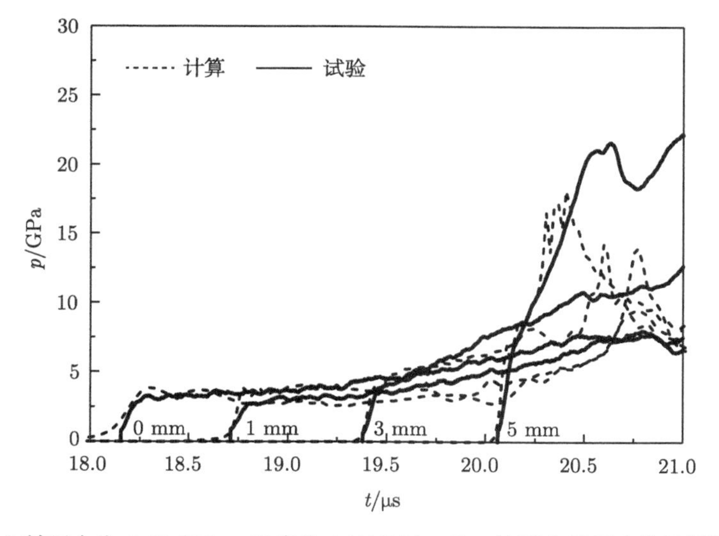

图 4.5.8 入射压力为 2.91 GPa、温度为 142℃ 时，C-1 炸药内部压力的计算与试验比较

175℃ 时 C-1 炸药的冲击波感度又开始迅速上升，因此，G_1 的值也要相应增大，图 4.5.9 是此温度下 C-1 炸药压力曲线的计算与试验的结果对比。

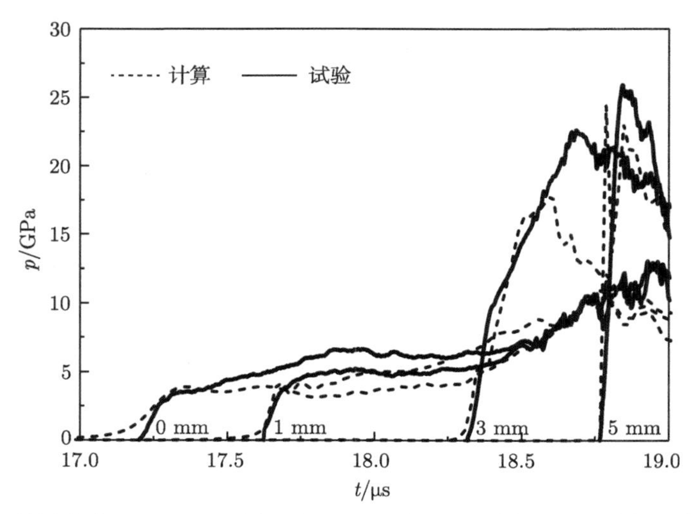

图 4.5.9 入射压力为 2.91 GPa、温度为 175℃ 时，C-1 炸药内部压力的计算与试验比较

从以上不同温度下 C-1 炸药内部压力的计算与试验结果对比可以看出，计算结果不但较好地计算出了前导冲击波的起跳压力，而且也很好地匹配了波后的压力增长趋势，说明此套点火增长模型参数，可以再现不同温度 C-1 炸药的冲击起爆过程。

图 4.5.10 是增长项系数 G_1 随温度 T 的变化关系，从图中可以看出，在 $20\sim95$℃，G_1 与温度 T 之间呈现出近似线性增长的关系，因此，可以用以下公式对这两个变量的关系进行表述。

$$G_1 = a + bT \tag{4.5.1}$$

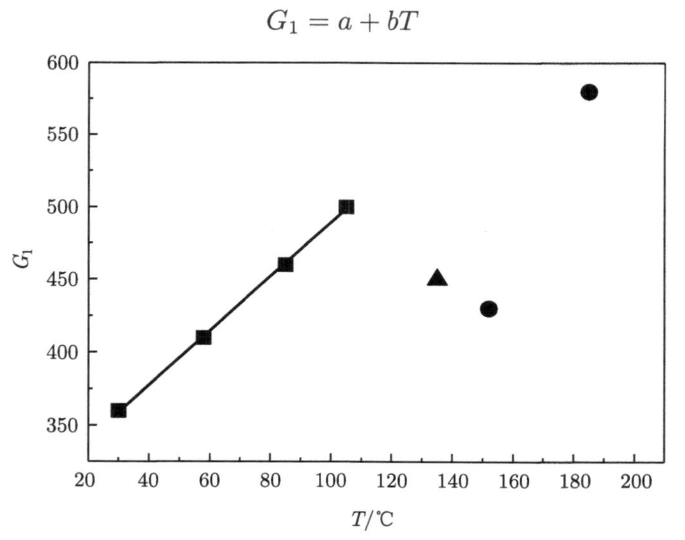

图 4.5.10 增长项系数 G_1 随温度 T 的变化关系

不同图形表示不同温度范围的数据点

对此区间内的 4 个样本点进行线性拟合，公式 (4.5.1) 中的 $a = 321.71$，$b = 1.86$。利用此公式，就可以计算出温度在 20 ~ 95℃ 任意温度下的增长项系数 G_1，并预测出该温度下 C-1 炸药的冲击波感度。当 C-1 炸药中的部分 ε-CL-20 发生 ε 至 γ 的晶型转变后，炸药的反应速率降低，G_1 降至 450，当全部的 ε-CL-20 发生相变后，G_1 进一步减小到 430，随着温度继续升高，达到 175℃ 时 G_1 又增大至 580，在 142 ~ 175℃ 随着温度的上升，G_1 会迅速增长，说明在晶型转变后，温升对 CL-20 炸药的冲击波感度影响更大。

利用飞片撞击起爆炸药的计算模型对不同温度的 C-1 炸药进行了冲击起爆数值模拟计算，计算模型如 4.2.3 节所述。每个温度计算出五个不同入射压力下的爆轰成长距离，并在对数坐标下对其进行线性拟合，结果如图 4.5.11 所示，可以看出，C-1 炸药的冲击波感度从高到低按温度的排序是 175℃ 时最高，然后是 95℃、75℃、142℃、48℃，在 20℃ 时的冲击波感度最低。

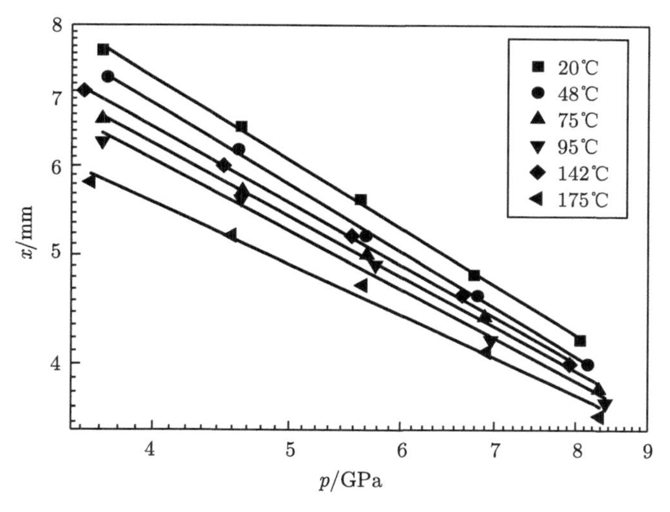

图 4.5.11 不同温度 C-1 炸药的 POP 关系图

4.5.3 高温下黏结剂状态变化对炸药冲击起爆的影响

我们以一种 RDX 含铝炸药 (RDX/Al/Wax/61/30/9) 为对象，研究了受热炸药黏结剂的状态变化对冲击波起爆感度的影响 [91]。在 25℃、42℃、75℃、100℃、120℃、150℃ 和 170℃ 温度下，RDX 含铝炸药冲击起爆试验中，我们发现黏结剂受热软化会对 RDX 含铝炸药冲击波感度产生影响。在 25 ~ 111℃ 范围，主要由于黏结剂受热软化，所以冲击波感度随温度增加而减小，而在 111~170℃ 范围，主要是由于受热本身反应速度增加，所以冲击波感度随温度增加而增加。

RDX 含铝炸药由 RDX、Al 和 Wax 组成，通过各组分体积膨胀系数的体积加权平均，可计算得到 25℃ 时 RDX 含铝炸药整体的体积膨胀系数，再根据 25℃ 时炸药的密度和体积膨胀系数，计算出不同温度下炸药的密度。

炸药的体积膨胀系数计算：

$$\beta_v = \sum_{i=1}^{n} \alpha_i \beta_i \tag{4.5.2}$$

式中，α_i 为各组分体积分数，β_i 为各组分体积膨胀系数，β_v 为该混合炸药的体积膨胀系数，单位 ℃$^{-1}$。

不同温度下 RDX 含铝炸药的密度按下式计算 [96]：

$$\rho(T) = \frac{\rho(25℃)}{(1 + (T - 25℃)\beta_v)} \tag{4.5.3}$$

RDX 在温度 $0 \sim 170$℃ 的体积膨胀系数为 18.33×10^{-5}℃$^{-1}$ [97]，Al 的体积膨胀系数为 68.1×10^{-6}℃$^{-1}$ [98]。石蜡在温度为 $53.3 \sim 67.8$℃ 发生融化，由固相变为液相，体积急剧增加 11%～15%，固相时体积膨胀系数约为 10.1×10^{-4}℃$^{-1}$，液相时体积膨胀系数为 7.12×10^{-4}℃$^{-1}$ [99]。

由于炸药温度升高，会影响未反应炸药 JWL 状态方程中的 B 值，以及反应速率方程中的增长项系数 G_1。通过 25℃ 时未反应炸药 JWL 状态方程，可以计算出在一个标准大气压下，不同温度对应的 B 值。其中，参数 B 关于温度 T 的变化关系如式：

$$B = -\frac{5.00615 \times 10^{-3} + 3.4338 \times 10^{-5} \times T_0}{0.4508} \tag{4.5.4}$$

采用获得的不同温度下的密度和 B 值，以及部分 25℃ 炸药点火增长反应速率方程、未反应炸药和爆轰产物 JWL 状态方程参数，进行数值模拟计算，将计算获得的不同温度下的炸药冲击起爆压力随时间变化曲线，与其试验测得的压力随时间变化曲线反复对比，最终得到不同温度下增长项系数 G_1 的值。表 4.5.2 是 25℃ 下 RDX 含铝炸药点火增长模型参数。表 4.5.3 是不同温度下 RDX 含铝炸药的密度 ρ、参数 B 和增长项系数 G_1。

表 4.5.2 RDX 含铝炸药点火增长模型参数

$I/\mu s^{-1}$	a	b	c	d	e	g	x
4.55×10^4	0.02	0.667	0.667	0.667	0.333	1.0	8
y	z	F_{igmax}	$F_{G_1\max}$	$F_{G_2\min}$	$G_1/(\mathrm{Mbar}^{-y}/\mu s)$	$G_2/(\mathrm{Mbar}^{-y}/\mu s)$	
2.0	3.0	0.22	0.5	0.3	450	550	

表 4.5.3 不同温度下 RDX 含铝炸药密度、B 和 G_1

参数	T_0/℃					
	25	42	100	120	150	170
ρ/(g/cm^3)	1.770	1.763	1.730	1.723	1.713	1.706
B/Mbar	−0.0327	−0.0351	−0.0395	−0.0410	−0.0433	−0.0448
G_1/(M/(bar^2 · μs))	450	430	310	300	340	380

不同温度范围内，炸药冲击波感度随温度变化存在差异。如果要实现对试验温度之外其他温度下炸药冲击起爆的数值模拟，需要分不同温度区间建立 G_1 与温度 T 的函数关系。

以表 4.5.3 中的数据为基础，在 100℃ 以下和 120℃ 以上，分段对 G_1 和对应温度 T 进行拟合，以及对未反应炸药状态方程中参数 B 随温度的变化进行拟合。获得了 G_1 随温度 T 变化的直线，和参数 B 随温度变化的直线，如图 4.5.12 所示。两条直线分别是 100℃ 以下 G_1 随温度 T 线性减少的直线，以及 120℃ 以上 G_1 随温度 T 线性增加的直线。在 100 ~ 120℃ 温度范围内，延长两条直线，直至相交，获得交点处温度为 111℃，可以认为是 G_1 随温度变化的拐点，其对应的 G_1 值为 284。当炸药温度在 25 ~ 111℃ 时，RDX 含铝炸药冲击波感度随温度增加而减小，而在 111 ~ 170℃ 时，炸药冲击波感度随温度增加而增加。炸药温度为 111℃ 时，RDX 含铝炸药冲击波感度达到最低。

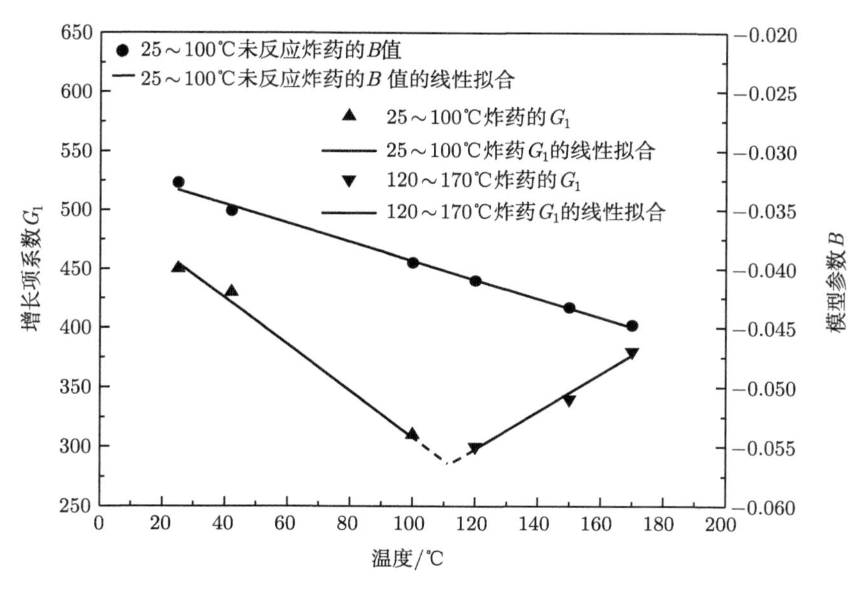

图 4.5.12 G_1 和 B 随温度 T 的变化关系

在 25 ~ 170℃ 温度范围内，拟合的 G_1 与温度 T 的函数关系式：

$$G_1(T) = \begin{cases} 453 - 1.96\,(T - 25) & 25\ ^\circ\mathrm{C} \leqslant T \leqslant 111\ ^\circ\mathrm{C} \\ 284 + 1.58\,(T - 111) & 111\ ^\circ\mathrm{C} < T \leqslant 170\ ^\circ\mathrm{C} \end{cases} \tag{4.5.5}$$

图 4.5.13 是计算获得的不同温度下，RDX 含铝炸药的 POP 图。可以看出，当炸药的入射冲击波强度相同时，25℃ 时，炸药的冲击波感度最高，111℃ 时，炸药的冲击波感度最低，而 160℃ 下炸药的冲击波感度比 60℃ 下高。

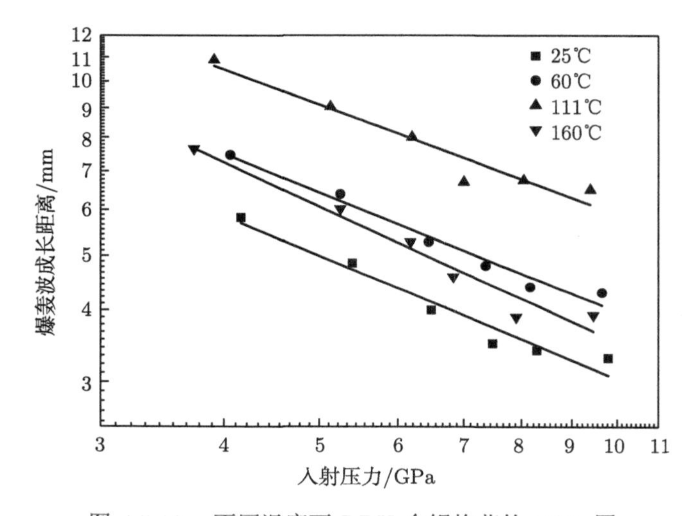

图 4.5.13 不同温度下 RDX 含铝炸药的 POP 图

参考文献

[1] Campbell A W, Davis W C, Travis J R. Shock initiation of detonation in liquid explosives. Physics of Fluids (1958-1988), 1961, 4(4): 498-510.

[2] Shffield S A, Engelke R R. Proceedings of the Ninth Symposium (International) on Detonation, OCNR 113291-7. Arlington: Office of Naval Research, 1989: 39.

[3] Field J E. Hot spot ignition mechanisms for explosives. Accounts of Chemical Research, 1992, 25(11): 489-496.

[4] Bowden F P, Yoffe A D. Initiation and growth of explosion in liquids and solids. Cambridge: CUP Archive, 1952.

[5] Field J E, Bourne N K, Palmer S J P, et al. Hot-spot ignition mechanisms for explosives and propellants. Philosophical Transactions of the Royal Society of London A: Mathematical, Physical and Engineering Sciences, 1992, 339(1654): 269-283.

[6] Bowden F P, Mulcahy M F R, Vines R G, et al. The detonation of liquid explosives by gentle impact. The effect of minute gas spaces // Proceedings of the Royal Society

of London A: Mathematical, Physical and Engineering Sciences. The Royal Society, 1947, 188(1014): 291-311.

[7] Coley G D, Field J E. The role of cavities in the initiation and growth of explosion in liquids // Proceedings of the Royal Society of London A: Mathematical, Physical and Engineering Sciences, 1973, 335(1600): 67-86.

[8] Chaudhri M M, Field J E. The role of rapidly compressed gas pockets in the initiation of condensed explosives // Proceedings of the Royal Society of London A: Mathematical, Physical and Engineering Sciences, 1974, 340(1620): 113-128.

[9] Starkenberg J. Ignition of solid high explosive by the rapid compression of an adjacent gas layer // 7th Symposium (International). Detonation, 1981: 3-16.

[10] Frey R B. Cavity Collapse in Energetic Materials, BRL-TR-2748. Aberdeen: Army Ballistic Research Lab, 1986.

[11] Eirich F R, Tabor D. Collisions through liquid films // Mathematical Proceedings of the Cambridge Philosophical Society. Cambridge: Cambridge University Press, 1948, 44(4): 566-580.

[12] Rideal E K, Robertson A J B. The sensitiveness of solid high explosives to impact // Proceedings of the Royal Society of London A: Mathematical, Physical and Engineering Sciences, 1948, 195(1041): 135-150.

[13] Bolkhovitinov L G, Pokhil P F. Calculation of the lower limit of the explosion frequency curve. Doklady Akademii Nauk Sssr, 1958, 123(4): 637-638.

[14] Heavens S N. The initiation of explosion by impact // Proceedings of Meetings on Acoustics Acoustical Society of America. Cambridge: University of Cambridge, 1973, 11(3): 179-185.

[15] Bowden F P, Stone M A, Tudor G K. Hot spots on rubbing surfaces and the detonation of explosives by friction. Proceedings of the Royal Society of London A: Mathematical, Physical and Engineering Sciences, 1947, 188(1014): 329-349.

[16] Bowden F P, Gurton O A. Initiation of solid explosives by impact and friction: The influence of grit // Proceedings of the Royal Society of London A: Mathematical, Physical and Engineering Sciences, 1949, 198(1054): 337-349.

[17] Chaudhri M M. Stab initiation of explosions. Nature, 1976, 236(5573): 121-122.

[18] Afanas′ev G T, Bobolev V K, Dubovik A V. Deformation and fracture of a thin disc under compression. Journal of Applied Mechanics and Technical Physics, 1971, 12(3): 438-441.

[19] Heavens S N, Field J E. The ignition of a thin layer of explosive by impact // Proceedings of the Royal Society of London A: Mathematical, Physical and Engineering Sciences, 1974, 338(1612): 77-93.

[20] Winter R E, Field J E. The role of localized plastic flow in the impact initiation of explosives // Proceedings of the Royal Society of London A: Mathematical, Physical and Engineering Sciences. The Royal Society, 1975, 343(1634): 399-413.

[21] Swallowe G M, Field J E. The ignition of a thin layer of explosive by impact; the effect

of polymer particles // Proceedings of the Royal Society of London A: Mathematical, Physical and Engineering Sciences. The Royal Society, 1982, 379(1777): 389-408.

[22] Howe P M, Watson J L, Frey R B. The response of confined explosive charges to fragment attack // Proceedings of the 7th Symposium (International) on Detonation. MD, 1981: 82-334.

[23] Field J E, Swallowe G M, Heavens S N. Ignition mechanisms of explosives during mechanical deformation // Proceedings of the Royal Society of London A: Mathematical, Physical and Engineering Sciences. The Royal Society, 1982, 382(1782): 231-244.

[24] Coffey C S. Phonon generation and energy localization by moving edge dislocations. Physical Review B, 1981, 24(12): 6984-6990.

[25] Coffey C S, Armstrong R W, Meyers M A, et al. Shock Waves and High Strain-Rate Phenomena in Metals. New York: Plenum Press, 1981: 313.

[26] Gittings E F. 1965. Initiation of a solid high explosive by a short-duration shock // Proceedings of the 4th Symposium (International) on Detonation. Maryland, 1965: 373-380.

[27] Campbell A W, Davis W C, Ramsay J B, et al. 1961. Shock initiation of solid explosives. Physics of Fluids (1958-1988), 1961, 4(4): 511-521.

[28] 章冠人, 陈大年. 凝聚炸药起爆动力学. 北京: 国防工业出版社, 1991.

[29] 冯长根. 热爆炸理论. 北京: 科学出版社, 1988.

[30] Batsanov S S. Effects of Explosions on Materials. New York: Springer –Verlag, 1994.

[31] Bowden F P, Yoffe A D. Fast Reactions in Solids. New York: Academic Press, 1958.

[32] Urizar M J, Peterson S W, Smith L C. Detonation sensitivity tests, los alamos scientific laboratory informal report, LA-7-93-MS. NM: Los Alamos Scientific Laboratory, 1978.

[33] Liddiard T P. The initiation of burning in high explosives by shock waves // Proceedings of the 4th Symposium (International) on Detonation. Maryland, 1965: 487-495.

[34] Tasker D G. Shock initiation and subsequent growth of reaction in explosives and propellants: The low-amplitude shock initiation test, LASI // Proceedings of the 7th Symposium (International) on Detonation. MD, 1981: 285-298.

[35] Liddiard T P, Forbes J W, Price D. Physical evidence of different chemical reactions in explosives as a function of stress // Proceedings of the 9th Symposium (International) on Detonation. Portland, 1989: 1235-1242.

[36] Sanchidrian J A. Analytical and numerical study of the shock pressures in the gap test. Propellants, Explosives, Pyrotechnics, 1993, (18): 325-331.

[37] Wilson W H, Forbes J W, Liddiard T P, et al. Sensitivity studies of a new energetic formulation. American Institute of Physics, 1994, 309(1): 1401-1404.

[38] 胡湘渝. 凝聚炸药二维冲击波起爆研究. 北京: 北京理工大学, 1999.

[39] Kubota S, Ogata Y, Wada Y, et al. Observation of shock initiation of process in gap test // Furnish M D, Elert M, Russell T P, et al. Shock Compression of Condensed Matter-2005. Maryland: American Institute of Physics Conference Proceedings, 2006: 1085-1088.

[40] Walker F E, Wasley R J. Critical energy for shock initiation of heterogeneous explosives. Explosives Stoffe, 1969, 17(1): 9-13.

[41] Longueville D Y, Fauquignon C, Moulard H. Initiation of several condensed explosives by a given duration shock wave // Proceedings of the 6th Symposium (International) on Detonation, 1976: 105-114.

[42] Honodel C A, Humphrey J R, Weingart R C, et al. Shock initiation of TATB formulations // Proceedings of the 7th Symposium (International) on Detonation. MD, 1981: 425-434.

[43] Kornhauser M. Correlation of explosive sensitivity to compressional inputs // Proceedings of the 9th Symposium (International) on Detonation. Portland, 1989: 1451-1459.

[44] Zhou Z, Wei Y. Short duration shock initiation of two condensed explosives. Combustion and detonation phenomena, 1988: 89.

[45] 周之奎, 卫玉章. 凝聚炸药的短脉冲冲击起爆. 爆炸与冲击, 1992, 12(1): 77-82.

[46] 赵锋, 孙承纬, 卫玉章. 非均质固体炸药的冲击引爆临界能量判据研究. 爆炸与冲击, 1993, 13(1): 41-45.

[47] Ramsay J B, Popolato A. Analysis of shock wave and initiation data for solid explosives, No. LA-DC-6992. California: Los Alamos Scientific Lab., Univ. of California, N. Mex, 1965.

[48] Lindstrom I E. Planar shock initiation of porous tetryl. Journal of Applied Physics, 1970, 41(10): 337-350.

[49] Stirpe D, Johnson J O, Wackerle J. Shock initiation of XTX-8003 and pressed PETN. Journal of Applied Physics, 1970, 41(9): 3884-3893.

[50] Ramsay J B, Popolato A. Analysis of shock wave and initiation data for solid explosives // Proceeding of the 4th International Symposium on Detonation. MD: Office of Naval Research, 1965: 233-238.

[51] 黄正平. 爆炸与冲击电测技术. 北京：国防工业出版社, 2006.

[52] Urtiew P A, Erickson L M, Hayes B, et al. Pressure and particle velocity measurements in solids subjected to dynamic loading. Combustion, Explosion, and Shock Waves, 1986, 22(5): 113-126.

[53] Fickett W. Shock initiation of detonation in a dilute explosive. Physics of Fluids, 1984, 27(1): 94-105.

[54] Tarver C M, Urtiew P A, Chidester S K, et al. Shock compression and Initiation of LX-10. Propellants, Explosives, Pyrotechnics, 1993, 18(3): 117-127.

[55] Chidester S K, Vandersall K S, Tarver C M. Shock initiation of damaged explosives // JANNAF Interagency Propulsion Committee. Tucson: LLNL, 2009.

[56] Vandersall K S, Garcia F, Tarver C M. Shock initiation experiments with ignition and growth modeling on low density composition B // Prodeedings of the Conference of 19th Biennial American Physical Society Topical Group on Shock Compression of Condensed Matter. Tampa: American Institute of Physics, 2015: 040015.

[57] Vandersall K S, Dehaven M R, Strickland S L, et al. Shock initiation experiments

with ignition and growth modeling on the HMX-based explosive LX-14 // Prodeedings of the Conference of 20th Biennial American Physical Society Topical Group on Shock Compression of Condensed Matter. St. Louis: American Institute of Physics, 2017: 100045.

[58] Sheffield S A, Gustavsen R L, Hill L G, et al. Electromagnetic gauge measurements of shock initiating PBX9501 and PBX9502 explosives // Proceedings of 11th International Detonation Symposium. Los Alamos: Los Alamos National Lab.(LANL). NM, 1998.

[59] Gustavsen R L, Sheffield S A, Alcon R R. Measurements of shock initiation in the tri-amino-tri-nitro-benzene based explosive PBX 9502: Wave forms from embedded gauges and comparison of four different material lots. Journal of Applied Physics, 2006, 99(11): 114907.

[60] Hollowell B C, Gustavsen R L, Dattelbaum D M, et al. Shock initiation of the TATB-based explosive PBX 9502 cooled to 77 Kelvin. Journal of Physics: Conference Series, 2014, 500(18): 182014.

[61] Green L G, Tarver C M, Erskine D J. Reaction zone structure in suipracompressed detonating explosives // Proceedings of the 9th International Symposium on Detonation. Portland: Office of Naval Research, 1989: 670-682.

[62] Barker L M, Hollenbach R E. Interferometer Technique for measuring the dynamic mechanical properties of materials. Review of Scientific Instruments, 1965, 36(11): 1617-1620.

[63] Barker L M, Hollenbach R E. Shock-wave studies of PMMA, fused silica, and sapphire. Jounal of Applied Physics, 1970, 41(10): 4208-4226.

[64] Barker L M, Hollenbach R E. Laser interferometer for measuring high velocities of any refecting surface. Jounal of Applied Physics, 1972, 43(11): 4669-4675.

[65] Barker L M. Velocity Interferometry for time-resolved high-velocity measurements // Proceedings of SPIE-The international society for optical engineering. San Diego: Sandia National Labaratory, 1983: 116-126.

[66] Wang G, Sun C, Chen J, et al. Large area and short-pulse shock initiation of a TATB/HMX mixed explosive // Proceedings of the 15th American Physical Society Topical Conference on Shock Compression of Condensed Matter. HI: American Institute of Physics, 2007: 1014-1017.

[67] Svingala F R, Lee R J, Sutherl G T, et al. Alternate methodologies to experimentally investigate shock initiation properties of explosives // Prodeedings of the Conference of 19th Biennial American Physical Society Topical Group on Shock Compression of Condensed Matter. Tampa: American Institute of Physics, 2015: 060022.

[68] Bassett W P, Johnson B P, Neelakantan N K, et al. Shock initiation of explosives: High temperature hot spots explained. Applied Physics Letters, 2017, 111(6): 061902.

[69] Bassett W P, Dlott D D. High dynamic range emission measurements of shocked energetic materials: Octahydro-1,3,5,7-tetranitro-1,3,5,7-tetrazocine(HMX). Jounal of Applied Physics, 2016, 119(22): 225103.1-225103.11.

[70] Bassett W P, Dlott D D. Multichannel emission spectrometer for high dynamic range optical pyrometry of shock-driven materials. Review of Scientific Instruments, 2016, 87(10): 103107.1-103107.10.

[71] Cochran S G. A statistical treatment of heterogeneous chemical reaction in shock-initiated explosives, Technical Report UCID-18548. California: California Univ., Livermore (USA). Lawrence Livermore Lab, 1980: 1-22.

[72] Kim K, Sohn C H. Modeling of reaction bulid up processes in shocked porous explosives // Proceedings of the 8th Symposium (International) on detonation. Albuquerque: 1985: 926-933.

[73] Kim K. Development of a model of reaction rates in shocked multicomponent explosives // Proceedings of the 9th Symposium (International) on Detonation. Portland, OR, 1989: 593-603.

[74] Cook M D, Haskins P J, Stennett C. Development and implementation of an ignition and growth model for homogeneous and heterogeneous explosives // Proceedings of the Eleventh Symposium (International) on Detonation. Colorado, 1998: 30.

[75] Cook M D, Haskins P J, Wood A D. Parameterisation of the CHARM reactive flow model using kinetic parameters derived from Cook-off experiments // 13th International Symposium of Detonation. Norfolk, 2006.

[76] Massoni J, Saurel R. A micromechanic model for shock to detonation transition of solid explosives // 11th International Symposium of Detonation. Colorado, 1998: 735-744.

[77] Massoni J, Saurel R, Baudin G, et al. A mechanistic model for shock initiation of solid explosives. Physics of Fluids, 1999, 11(3): 710-726.

[78] Nichols A L, Tarver C M. A statistical hot spot reactive flow model for shock initiation and detonation of solid high explosives // 12th International Symposium of Detonation. San Diego, 2002.

[79] 皮铮迪, 陈朗, 刘丹阳, 等. CL-20 基混合炸药的冲击起爆特征. 爆炸与冲击, 2017, 37(6): 915-923.

[80] Urtiew P A, Vandersall K S, Tarver C M, et al. Shock initiation of composition B and C-4 explosives: Experiments and modeling. Russian Journal of Physical Chemistry B, 2008, 2(2): 162-171.

[81] Walker F E, Wasley R J. Critical energy for shock initiation of heterogeneous explosives. Explosives Stoffe, 1969, 17(1): 9-13.

[82] Schwartz A C. Flyer plate performance and initiation of insensitive explosives by flyer plate impact: SAND-75-20461. Livermore: Lawrence Livermore Natiinal Laboratory, 1975.

[83] Campbell A W. Diameter effect and failure diameter of a TATB-based explosive. Propellants, Explosives, Pyrotechnics, 1984, 9(6): 183-187.

[84] Urtiew P A, Erickson L M, Aldis D F, et al. Shock initiation of LX-17 as a function of its initial temiperature // Proceedings of the 9th International Sympoisum on Detonation. Portland: Office of Naval Research, 1989: 112-122.

[85] Urtiew P A, Cook T M, Maienschein J I, et al. Shock Sensitivity of IHE at elevated temperatures, UCRL-JC-111337. Livermore: Lawrence Livermore National Laboratory, 1993.

[86] Dallman J C, Wackerir J. Temperature-dependent shock initiation of TATB-based high explosives, LA-UR-93-2904. Livermore: Los Alamos National Laboratory, 1993.

[87] Renlund A M. Reactive wave growth in shock-compressed thermally degraded high explosives // AIP Proceedings of the conference of the American Physical Society Topical Group on Shock Compression of Condensed Matter. Seattle: American Institute of Physics, 1996: 863-866.

[88] Urtiew P A. Shock sensitivity of LX-04 containing delta phase HMX at eevated temperatures // Proceedings of the Conference of the American Physical Society Topical Group on Shock Compression of Condensed Matter. Portland: American Institute of Physics, 2004: 1053-1056.

[89] Gustavsen R L, Gehr R J, Bucholtz S M, et al. Shock initiation of the tri-amino-tri-nitro-benzene based explosive PBX-9502 cooled to -55 ℃. Journal of Applied Physics, 2012, 112(7): 074909.1-074909.16.

[90] Chidester S K, Tarver C M. Ignition and growth modeling of the shock initiation of PBX-9502 at -55 ℃ and -196 ℃ // Prodeedings of the Conference of 19th Biennial American Physical Society Topical Group on Shock Compression of Condensed Matter. Tampa: American Institute of Physics, 2015: 030019.

[91] Zhao P, Chen L, Yang K, et al. Effect of temperature on shock initiation of RDX-Based aluminized explosives. Propellants, Explosives, Pyrotechnics, 2019, 44(12): 1562-1569.

[92] 孙承纬, 卫玉章, 周之奎. 应用爆轰物理. 北京: 国防工业出版社, 2000.

[93] Pi Z, Chen L, Wu J. Temperature-dependent Shock Initiation of CL-20 based High Explosives. Central European Journal of Energetic Materials, 2017, 14(2): 361-374.

[94] Chidester S K, Thompson D G, Vandersall K S, et al. Shock initiation experiments on PBX-9501 explosive at pressures below 3 GPa with associated ignition and growth modeling // Proceedings of the14th American Physical Society Topical Conference on Shock Compression of Condensed Matter. HI: American Institute of Physics, 2007: 903-906.

[95] Gump J C, Peiris S M. Phase transitions and isothermal equations of state of epsilon hexanitrohexaazaisowurtzitane(CL-20). Journal of Applied Physics, 2008, 104(8): 194-198.

[96] Gustavsen R L, Gehr R J, Bucholtz S M, et al. Shock initiation of the TATB-based explosive PBX-502 heated to -76 ℃ // Prodeedings of the Conference of 19th Biennial American Physical Society Topical Group on Shock Compression of Condensed Matter. Tampa: American Institute of Physics, 2015: 030017.

[97] Cady H H. Coefficient of thermal expansion of pentaerythritoltetranitrate and hexahy dro-1,3,5-trinitro-s-triazine (RDX). Journal of Chemical and Engineering Data,1972, 17(3): 369-371.

[98] 左汝林, 张建斌, 曾军. 金属材料学. 重庆: 重庆大学出版社, 2008.
[99] 廖克俭, 丛玉凤, 戴跃玲. 天然气及石油产品分析. 北京: 中国石化出版社, 2006.

第 5 章　炸药爆轰波结构分析

炸药爆轰反应主要是通过爆轰波在炸药中传播来完成，因此，研究炸药爆轰反应需要认识炸药爆轰波结构特征。炸药爆轰反应区时间宽度在微秒以内，甚至仅为数十纳秒，并且爆轰波阵面处于极高的温度和压力下。目前，人们还难以通过试验方法直接观测炸药爆轰波结构，主要采用间接测量手段来分析炸药爆轰波结构特征。而采用激光干涉测速法，测量炸药与透明窗口界面粒子速度变化，分析炸药爆轰波结构特征，是一个准确度较高的测量分析方法。

本章主要介绍激光干涉测速技术 [1] 测量炸药与窗口的界面粒子速度原理，在炸药与窗口的界面粒子速度曲线上确定 CJ 点位置，获得爆轰反应时间、反应区宽度和 CJ 压力等爆轰波参数的方法，给出了典型的高能炸药爆轰结构特征参数，分析了铝粉含量和尺寸对含铝炸药爆轰波结构的影响，以及铝粉反应情况。

5.1　炸药爆轰波结构分析方法

采用激光干涉测速法测量炸药与透明窗口界面粒子速度，分析炸药爆轰波结构的原理为：在炸药与透明窗口界面之间放置一层很薄的金属膜体，使用激光干涉测速仪发射激光照射到金属膜上并形成反射。当炸药爆轰后，金属膜体会随爆轰产物运动，使入射和反射激光产生相位差并发生光的干涉，通过记录干涉条纹的变化，获得金属膜的运动速度。当金属膜厚度很薄时，可以认为金属膜速度代表了爆轰产物粒子速度。如果把界面粒子速度随时间的变化，与 ZND 爆轰模型中的压力分布假设相对应，就可根据炸药与窗口的界面粒子速度变化情况，确定炸药爆轰的 CJ 点的位置。从而获得爆轰波反应宽度，压力和粒子速度分布，CJ 压力等爆轰波结构特征，以及非理想炸药爆轰产物在 CJ 点之后的膨胀和反应特征。

Sheffield 等 [2] 最早采用激光干涉测速法，测量了 TATB 和 TNT 炸药与水的界面粒子速度。他们在炸药与水窗口之间安装了厚度 12~25 μm 的铜箔，用于反射激光信号。由于使用的铜箔相对较厚，冲击波在铜箔中来回反射，造成了在测量初期界面粒子速度有一定幅度的振荡，难以直接从界面粒子速度判断出 CJ 点位置。为此，他们采用阻抗匹配计算法，将爆轰产物于戈尼奥曲线与水窗口的于戈尼奥曲线的交点定义为界面上的反应结束点 (CJ 点)，计算出界面上 CJ 点的粒子速度，通过该速度确定界面粒子速度-时间曲线上 CJ 点的位置，从而获得炸药爆轰反应时间及反应区宽度。为了减小炸药与窗口之间金属膜体对粒子速度测量精度的影响，Seitz 等 [3] 把 10 μm 厚度金属膜安装在 TATB 药柱与有机玻璃 (PMMA) 和氟化锂 (LiF) 窗口之间，采用 Fabry-Perot 激光干涉测速仪，分别测量了不同长度药柱的界面粒子速度，获得了相对完整的炸药与窗口界面的粒子速度随时间的变化曲线。Seitz 等 [4] 依据上述的试验结果，标定了炸药爆轰反应模型 (DAGMAR 模型) 和爆轰产物 HOM 状态方程 [5] 参数。通过数值模拟计算，推断出 TATB 炸药在定常爆轰时的反应时间为 300 ns，反应区宽度为 2 mm。陈朗等 [6] 采用任意反射面激光干涉测速仪 (VISAR)，测量了 RDX 含铝炸药与氟化钠窗口的界面粒子速度，分析爆轰波阵面的压力变化。韩勇等 [7] 在 PETN 和 TNT 炸药与有机玻璃 (PMMA) 之间放置 1 μm 厚度金属膜，测量了炸药与有机玻璃窗口界面粒子速度，采用 VLW[8] 化学热力学数值计算程序，计算炸药爆轰产物等熵线，然后通过阻抗匹配法，计算炸药 CJ 点对应的界面粒子速度，从而获得炸药爆轰反应时间。

为了直接从试验测量的界面粒子速度-时间曲线上获得炸药爆轰 CJ 点对应的位置，Fedorov 等 [9] 测量了不同长度 HMX 炸药 (HMX/黏结剂/90/10) 与 LiF 窗口的界面粒子速度。他们认为在保证炸药达到稳定爆轰的药柱长度下，不同药柱在 CJ 点前的界面粒子速度相同，而 CJ 点之后药柱长度不同，会使粒子速度的下降幅度不相同，因此，不同长度药柱界面粒子速度-时间曲线的交点即为 CJ 点。这种方法虽然可以在一定程度上直接从粒子速度曲线上判断出 CJ 点，但需要进行相对较多的试验量。Loboiko 等 [10] 认为炸药与窗口界面粒子速度-时间曲线上的拐点对应炸药的 CJ 点。因此，可以对粒子速度曲线求导，将导数曲线用两个函数分段拟合，将两个函数的交点定义为 CJ 点。但这种方法中，人们选用的拟合函数形式不同，会对计算结果造成影响。Loboiko 对 TNT、RDX、HMX 等多种常规固体炸药的爆轰波结构进行研究，结合文献已报道结果，总结出了炸药爆轰反应时间与爆轰压力的经验关系式。

在炸药中加入铝粉会增加炸药反应的总能量，但也会改变炸药的能量输出结构，因此，铝粉的反应以及其对炸药爆轰反应的影响是需要研究的问题，这就需要对含铝炸药的爆轰波结构进行深入研究。Lubyatinsky 等 [11] 测量了 RDX 基含铝炸药爆轰作用 $CHCl_3$ (氯仿) 的冲击波温度-时间曲线，并将其转化为炸药与 $CHCl_3$ 界面的粒子速度-时间曲线，来研究铝粉在爆轰中的反应情况。结果发现，随着铝粉含量和颗粒尺寸变大，炸药的爆轰反应区宽度增加。Tao 等 [12] 采用 Fabry-Perot 激光干涉测速仪，分别测量了 PETN 基和 TNT 基含铝炸药与窗口的界面粒子速度，并依此标定了炸药的点火增长反应速率方程 [13] 参数，进而计算出炸药反应速率，他们推断 5 μm 或 18 μm 的铝粉会在 1.5 μs 内与 PETN 炸药的爆轰产物完全反应。

尽管激光干涉法测量的时间分辨率可以达到纳秒级，但由于高能炸药爆轰反应的复杂性，一般情况下，直接从界面粒子速度上判断出 CJ 点的位置还是比较困难的，需要采用专门的数据处理方法，才能够比较准确地获得炸药爆轰波结构特征。在含铝炸药爆轰研究中，铝粉反应会使炸药爆轰结构和爆轰产物膨胀发生变化，可以通过观测界面粒子速度变化获得。

5.2　炸药与窗口界面粒子速度测量试验原理

图 5.2.1 是测量炸药与窗口界面粒子速度的试验装置简图。试验装置由雷管、加载炸药、被测炸药和透明窗口等部分组成。在透明窗口与炸药的接触面上镀有一层金属膜，用于反射激光信号。用雷管起爆加载炸药，加载炸药爆炸引爆被测炸药，采用激光干涉测速仪，测量被测炸药与测试窗口的界面粒子速度，其速度测量的原理是激光探头发出激光束，透过透明窗口照射于炸药与窗口界面的中心位置，接收金属膜反射的激光，如果金属膜速度发生变化，入射激光与反射激光会形成相位差，通过记录单位时间内两束光相位差形成的干涉条纹数量，可以获得金属膜速度变化值。由于金属膜很薄，可以认为金属膜速度与炸药粒子速度一致。试验时在加载炸药和被测炸药之间放置一个触发电探针，用于给出激光干涉仪启动信号。

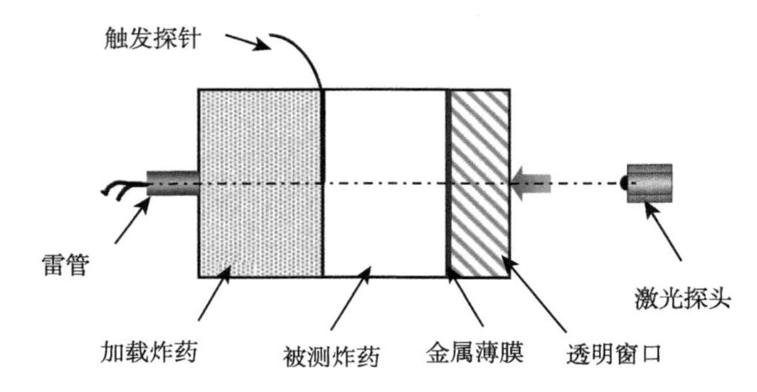

图 5.2.1　炸药与窗口界面粒子速度测量试验装置示意图

Levin 等 [14] 首次将光纤技术应用于干涉仪系统中，研制出了全光纤激光干涉测速仪 (AFVISAR)，后来，随着光纤器件技术的发展，Strand 等 [15] 发展了基于光纤的光学多普勒测速技术 (photonic Doppler velocimeter ，PDV)，解决了高速测量中出现的条纹丢失、漫反射面的反射激光接收效率低等问题。后来人们发展了光纤激光位移干涉测速仪，具有动态响应快、线性度好、分辨率高 (纳秒量级) 等优点，主要用于爆炸冲击领域的速度和位移的快速测量技术。与 PDV 的光纤测速技术相比，全光纤任意反射面激光位移干涉仪，还可测量出样品表面的速度方向，其工作原理如图 5.2.2 所示。激光器 10 发出的激光，经 1 × 2 多模光纤分束器 2 传输到双透镜探头 1，会聚在目标表面，返回的信号光由双透镜探头 1 接收，经 1 × 2 多模光纤分束器 2 与单模多模转换器 3 发送至 1 × 3 单模光纤分束器 4，并在此处分成三路，一路经支路 7 直接由光电探测器接收作为检测光强端，另两路分别经直接支路 5 与延迟支路 6 到达 3 × 3 单模光纤耦合器 8 进行干涉，输出结果与支路 7 同时由光电探测器 9 进行检测。

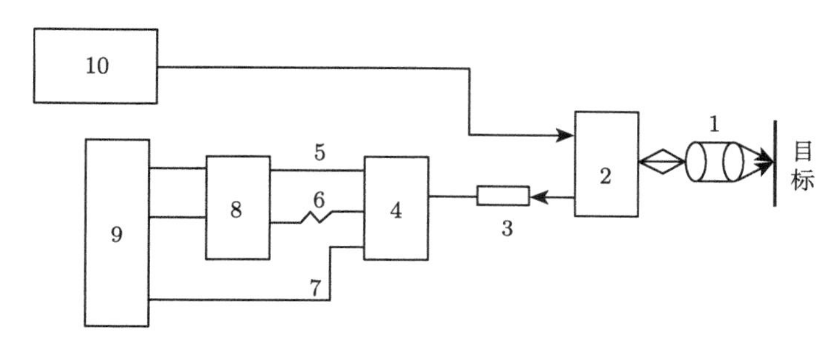

图 5.2.2 全光纤任意反射面激光位移干涉仪原理示意图

1. 双透镜探头；2. 1 × 2 多模光纤分束器；3. 单模多模转换器；4. 1 × 3 单模光纤分束器；5. 直接支路；6. 延迟支路；7. 支路；8. 3 × 3 单模光纤耦合器；9. 光电探测器；10. 激光器

本书介绍采用全光纤任意反射面激光位移干涉测速仪 (DISAR)[1,16]，测量炸药与氟化锂窗口界面粒子速度。在试验中需要选择合适的炸药尺寸，确保爆轰波在到达测量点时已成长为稳定爆轰波，并且不受稀疏波影响。

5.3 炸药爆轰波参数分析

在爆炸冲击波作用下，氟化锂窗口的折射率发生改变，使得激光干涉仪的测量结果与界面粒子速度的真实值存在一定差异 [17]，但在一定压力范围内二者可认为是线性关系，在激光波长为 1550 nm 时，该关系式为 [18]

$$u_{\mathrm{p}} = \frac{u_{\mathrm{a}}}{1.2678} \tag{5.3.1}$$

其中，u_{a} 为激光干涉仪测得的界面粒子速度，u_{p} 为真实的界面粒子速度。图 5.3.1 为经修正及数据平滑处理后 C-1 炸药 (CL-20/黏合剂/95/5，密度：1.916 g/cm^3) 与氟化锂窗口的界面粒子速度-时间曲线。从图中可以看出，粒子速度在爆轰波前沿传播至炸药与窗口界面时瞬间达到最大值 (上升时间小于 1.5 ns)，随后粒子速度迅速下降，再之后呈现相对缓慢下降。

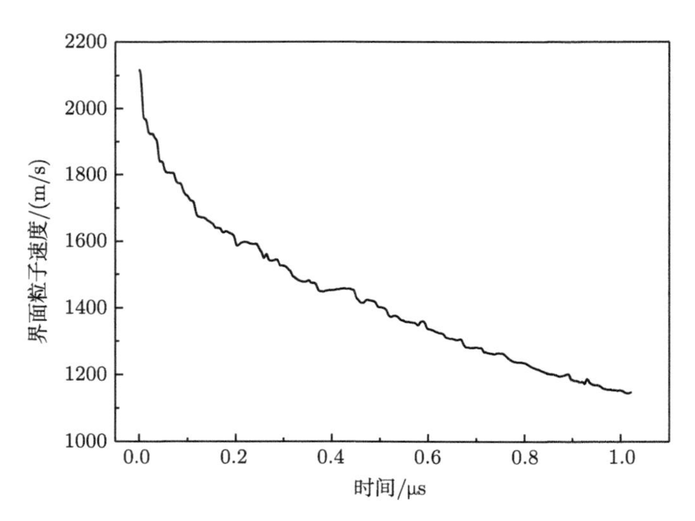

图 5.3.1　C-1 炸药与氟化锂窗口的界面粒子速度-时间曲线

在界面粒子速度-时间曲线的分析中，一般把界面粒子速度随时间的变化与 ZND 爆轰模型中的压力分布假设相对应，如图 5.3.2 所示，认为炸药的爆轰反应在 CJ 点结束，CJ 点之前为爆轰反应区，CJ 点后为爆轰产物膨胀区，通过 CJ 点和冯・诺依曼峰的位置就可以获得炸药的爆轰反应时间。因此，如何在界面粒子速度-时间曲线上确定 CJ 点，是分析炸药爆轰波结构的关键。

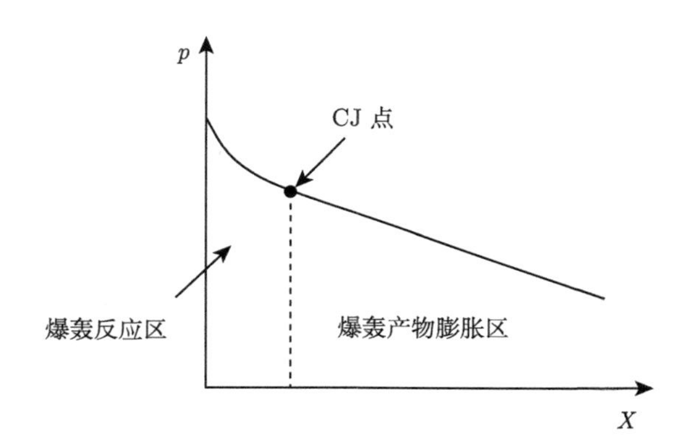

图 5.3.2　ZND 爆轰模型中压力 p 随位移 X 的变化

然而通过图 5.3.1 可以看出，粒子速度的变化趋势与 ZND 模型假设相似，但曲线上粒子速度的拐点 (CJ 点) 并不明显，无法直接得到 C-1 炸药的反应区结构。为此，人们采用阻抗匹配计算 [2]、实验直接测量 [9] 和分段拟合 [10] 等方法来确定界面粒子速度-时间曲线上的 CJ 点位置。

5.3.1 阻抗匹配计算法

阻抗匹配计算法是依据界面上压力与粒子速度的连续条件，将压力-粒子速度平面上，爆轰产物与窗口于戈尼奥曲线 (或等熵线) 的交点定义为 CJ 点，通过理论计算获得 CJ 点对应的速度，并依据该速度，在试验得到的界面粒子速度-时间曲线上找到对应点，从而获得炸药爆轰反应时间及反应区宽度。这种阻抗匹配方法的关键是要获得爆轰产物的于戈尼奥曲线或等熵膨胀线，人们一般通过试验 [6] 和化学热力学数值计算程序 [9] 得到该关系，并将 CJ 点计算结果与试验曲线进行对比。可以看到，这种方法需要额外的准确的炸药爆轰产物状态方程参数。

无论弱扰动 (声波) 还是冲击波都遵循波阵面前后的质量、动量的守恒关系。

对于声波，声速为弱扰动波相对介质的传播速度，依据质量守恒有

$$\rho_0 c = (c - (u_{\mathrm{p}} - u_{\mathrm{p0}}))(\rho_0 + \Delta\rho) \tag{5.3.2}$$

依据动量守恒有

$$\Delta p = (c - (u_{\mathrm{p}} - u_{\mathrm{p0}}))(\rho_0 + \Delta\rho)(u - u_{\mathrm{p0}}) \tag{5.3.3}$$

其中，c 为声速，u_{p} 为粒子速度，ρ 为密度，p 为压力，下标 0 表示波前的材料状态。

对于冲击波，假设其以速度 u_{s} 传播，将参考系取在波阵面上，那么依据质量守恒有

$$\rho_0(u_{\mathrm{s}} - u_{\mathrm{p0}}) = \rho(u_{\mathrm{s}} - u_{\mathrm{p}}) \tag{5.3.4}$$

依据动量守恒有

$$\Delta p = \rho_0(u_{\mathrm{s}} - u_{\mathrm{p0}})(u_{\mathrm{p}} - u_{\mathrm{p_0}}) \tag{5.3.5}$$

那么依据公式 (5.3.2) 和公式 (5.3.3) 可知：

$$\frac{p - p_0}{u_{\mathrm{p}} - u_{\mathrm{p0}}} = \frac{c}{v_0} = \frac{u_{\mathrm{p}} - u_{\mathrm{p0}}}{v_0 - v} \tag{5.3.6}$$

依据公式 (5.3.4) 和公式 (5.3.5) 可知：

$$\frac{p - p_0}{u_{\mathrm{p}} - u_{\mathrm{p0}}} = \frac{u_{\mathrm{s}} - u_{\mathrm{p0}}}{v_0} = \frac{u_{\mathrm{p}} - u_{\mathrm{p0}}}{v_0 - v} \tag{5.3.7}$$

其中，v 为材料比容 (比体积)，下标 0 表示波前的材料状态。

从公式 (5.3.6) 和公式 (5.3.7) 可知，声波和冲击波阵面前后均满足：

$$u_{\mathrm{p}} - u_{\mathrm{p0}} = \sqrt{(p - p_0)(v_0 - v)} \tag{5.3.8}$$

在冲击压缩作用下，固体材料的冲击波速度和波后粒子速度的关系 (于戈尼奥关系) 可描述为

$$u_{\mathrm{s}}=C+Su_{\mathrm{p}} \tag{5.3.9}$$

式中，C 为材料声速，S 为绝热体积模量。

由式 (5.3.7) 可知，在 p_0、$u_{\mathrm{p}0}$ 为 0 时，冲击波速度 u_{s} 与冲击波压力 p 转化关系为

$$p=\rho_0 u_{\mathrm{s}} u_{\mathrm{p}} \tag{5.3.10}$$

未反应 C-1 炸药于戈尼奥关系为 [19]

$$u_{\mathrm{s}}=2.14+2.28u_{\mathrm{p}} \tag{5.3.11}$$

LiF 的于戈尼奥关系为

$$u_{\mathrm{s}}=5.15+1.35u_{\mathrm{p}} \tag{5.3.12}$$

那么依据公式 (5.3.10)、公式 (5.3.11) 和公式 (5.3.12)，可知未反应 C-1 炸药和 LiF 窗口经不同波速冲击压缩后在 p-u_{p} 平面上的终态点，即于戈尼奥曲线。当波速 u_{s} 为爆轰速度 D 时，公式 (5.3.10) 即为瑞利线。

可通过炸药 JWL 状态方程 (所选参数见本书第 3 章)，获得爆轰产物于戈尼奥曲线。

JWL 状态方程形式为

$$p=A\left(1-\frac{\omega}{R_1\bar{v}}\right)\mathrm{e}^{-R_1\bar{v}}+B\left(1-\frac{\omega}{R_2\bar{v}}\right)\mathrm{e}^{-R_2V}+\frac{\omega E}{\bar{v}} \tag{5.3.13}$$

过 CJ 点的等熵线方程为

$$p_{\mathrm{s}}=A\mathrm{e}^{-R_1\bar{v}}+B\mathrm{e}^{-R_2\bar{v}}+C\bar{v}^{-(\omega+1)} \tag{5.3.14}$$

式中，p 为爆轰产物的压力，$\bar{v}$ 为爆轰产物的相对比容。A、B、C、R_1、R_2 和 ω 为 6 个待定参数。

由公式 (5.3.14) 可知，该状态方程为压力 p 与相对比容 $\bar{v}$ 的关系，需要将其转化为 p 与 u_{p} 的关系。已知爆轰产物的初始状态为 CJ 态，那么依据公式 (5.3.8)，爆轰产物在等熵膨胀过程中，有

$$u_{\mathrm{CJ}}-u=\sqrt{(p_{\mathrm{CJ}}-p)(\bar{v}-\bar{v}_{\mathrm{CJ}})} \tag{5.3.15}$$

那么 $\bar{v}$ 就可以表示为

$$\bar{v}=\frac{\bar{v}}{\bar{v}_0}=\bar{v}_{\mathrm{CJ}}+\frac{(u-u_{\mathrm{CJ}})^2}{(p_{\mathrm{CJ}}-p)v_0} \tag{5.3.16}$$

其中，下标 CJ 表示 CJ 时刻物质的状态。依据公式 (5.3.16) 可以得到爆轰产物在 p-u_p 平面上的关系。

由于 LiF 窗口的阻抗比 C-1 炸药高，那么爆轰波传播至界面时会在炸药中反射形成冲击波，CJ 状态爆轰产物受压缩的于戈尼奥关系为

$$E - E_{CJ} = \frac{1}{2}(p + p_{CJ})(\bar{v}_{CJ} - \bar{v}) \tag{5.3.17}$$

其中，E 为比内能。

在处理反射冲击波的于戈尼奥线时，近似地将其取作入射冲击波于戈尼奥线经入射终态点所做垂线的镜像 [20]。

图 5.3.3 为通过上述方法获得的，密度为 1.916 g/cm^3 的 C-1 炸药与 LiF 窗口的 p-u_p 关系曲线。由 ZND 爆轰理论容易得出，冯 • 诺依曼峰为未反应炸药于戈尼奥线与瑞利线的交点，计算压力为 51.21 GPa，CJ 点为爆轰产物于戈尼奥线与瑞利线的交点，计算压力为 36.84 GPa，冯 • 诺依曼峰与 CJ 压力之比为 1.39。当爆轰波传播到界面时，由于 LiF 窗口的阻抗高于 C-1 炸药阻抗，会在炸药中反射形成冲击波，波后状态为 S:M 及 CJ:M，这两点即为爆轰波传播至炸药与窗口界面时，对应的冯 • 诺依曼峰和 CJ 点。

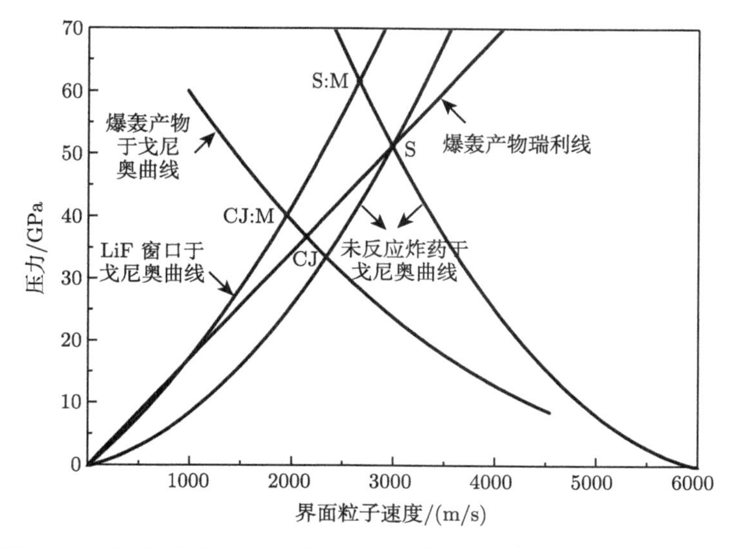

图 5.3.3 压力-粒子速度平面上 C-1 炸药与 LiF 窗口的于戈尼奥曲线

5.3.2 实验直接测量法

假设在炸药稳定爆轰时，药柱长度不会影响炸药反应区内的反应，因此，CJ 点前的界面粒子速度相同，但 CJ 点之后，若药柱长度不同，粒子速度的下降幅

度就会不同。所以在炸药达到稳定爆轰的条件下，改变被测炸药药柱长度，分别进行多次试验，将这些不同长度药柱的界面粒子速度-时间曲线进行对比，其交点即为 CJ 点。

图 5.3.4 为试验测得的 20 mm 和 30 mm 长的 C-1 药柱与 LiF 窗口的界面粒子速度-时间曲线对比。由图 5.3.4 可以看出，对于长度不同的 C-1 药柱，两条界面粒子速度-时间曲线在短时间内重合后逐渐分开，趋势越来越明显，取曲线的交点为 CJ 点，得到 C-1 炸药的爆轰反应区时间 t_{CJ} 为 47 ns，对应界面粒子速度为 1840 m/s。对曲线重合段进行仔细分析，可以看到，试验结果并不像理论分析的一样完全重合，由于试验结果的离散性，甚至可能出现曲线没有交点的情况，所以一般都是进行大量试验，获得多条曲线进行对比，给出 CJ 点的时间范围。

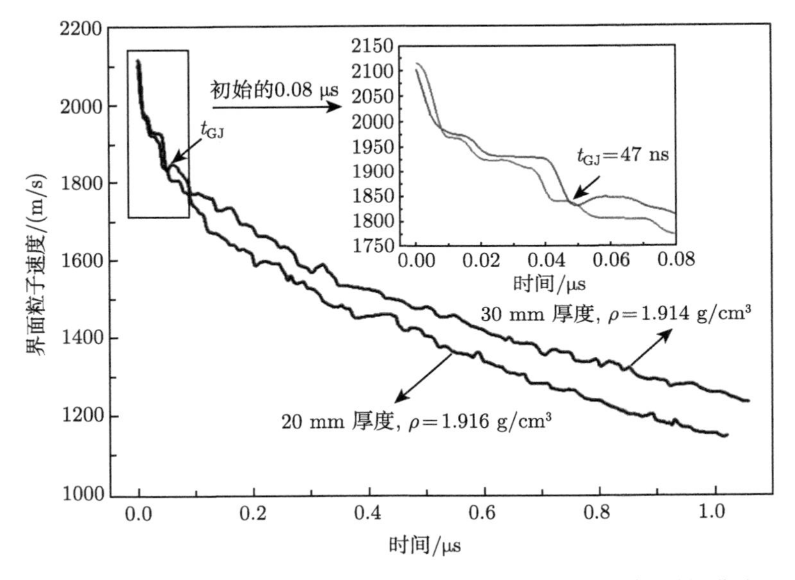

图 5.3.4　20 mm 厚及 30 mm 厚 C-1 炸药界面粒子速度–时间曲线

通过图 5.3.3 和图 5.3.4 可以看出，采用实验直接测量法得到的爆轰反应时间与阻抗匹配法得到的反应时间有很大差别。这可能是因为，阻抗匹配法计算过程中，通过爆轰产物状态方程获得爆轰压力，而状态方程中爆轰压力参数通过其他方法获得 (如通过压力传感器测压)，使得参数定义的 CJ 压力要高于界面粒子速度拐点对应的压力。

5.3.3　分段拟合法

该方法是将炸药与窗口界面粒子速度-时间曲线上的拐点，对应炸药的 CJ 点。因此，通过函数对界面粒子速度-时间曲线分段拟合，函数的分界点即为 CJ 点。

这类方法的好处是通过一条界面粒子速度-时间曲线就可以获得 CJ 点的位置，但人们选用的拟合函数形式不同，处理结果会有差别。

为了能够直接从界面粒子速度-时间曲线上准确确定炸药 CJ 点对应的位置。本书提出了用两个函数对粒子速度-时间曲线进行分段拟合，将两函数交点作为炸药 CJ 点，来分析炸药爆轰区反应结构。

在半对数坐标系下，对粒子速度-时间曲线取导数，得到 C-1 炸药的界面粒子速度导数 $(-\mathrm{d}u_\mathrm{p}/\mathrm{d}t)$-时间曲线，如图 5.3.5 所示，可以看到 50 ns 前速度导数近似直线地迅速下降，在 50 ns 后下降趋势明显减缓，但存在很大振荡。

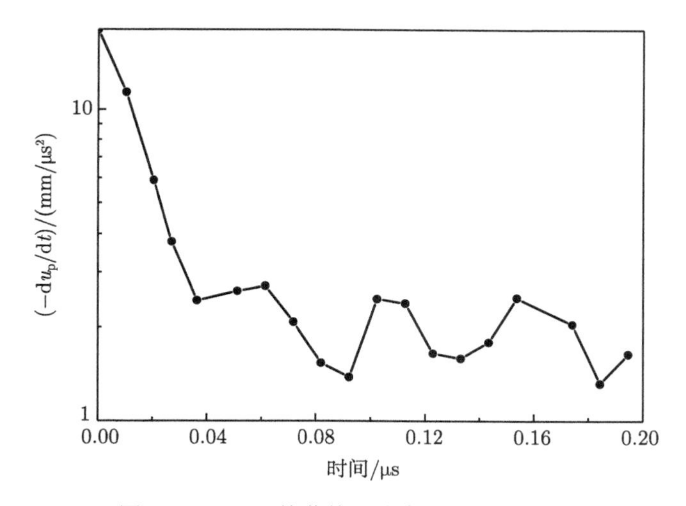

图 5.3.5 C-1 炸药粒子速度导数-时间曲线

从图 5.3.5 中可以看到，曲线快速下降区为炸药反应区，该段曲线下降速率几乎恒定，因此，可以采用指数函数，对界面粒子速度 $u_\mathrm{p}(t)$ 进行拟合，如式 (5.3.18) 所示。在 CJ 点后的爆轰产物膨胀区，依据 C-1 炸药界面粒子速度的变化趋势，采用二次多项式对界面粒子速度进行拟合，如式 (5.3.19) 所示。

$t > t_\mathrm{CJ}$ 时，

$$u_\mathrm{p} = u_3 \exp(-t/\tau) + u_4 \tag{5.3.18}$$

$t \leqslant t_\mathrm{CJ}$ 时，

$$u_\mathrm{p} = u_0 + u_1 t + u_2 t^2 \tag{5.3.19}$$

其中，u_0、u_1、u_2、u_3、u_4 为系数，$t = t_\mathrm{CJ}$ 时，式 (5.3.18) 与式 (5.3.19) 等值。

拟合结果如图 5.3.6 所示，从图中可以看到，通过指数函数和二次函数基本可以描述界面粒子速度的变化规律。由于实验得到的粒子速度曲线是波动的，再考虑到实验数据的离散性，将两个函数相交求解的计算值定为 CJ 点界面粒子速度，得到 C-1 炸药爆轰反应区时间为 48 ns，CJ 点界面粒子速度为 1836 m/s。这与通过实验直接测量法获得的炸药爆轰反应区时间基本一致。

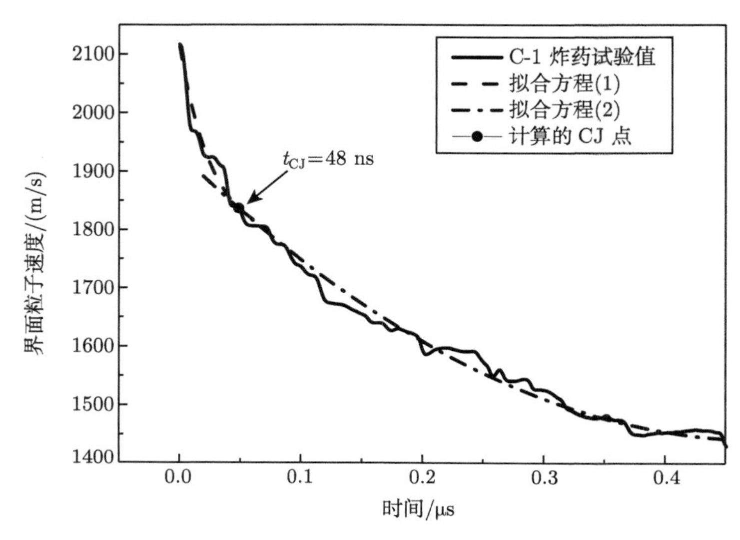

图 5.3.6　C-1 炸药界面粒子速度–时间曲线及其拟合曲线

已知前沿冲击波与爆轰反应区按爆速 D 沿炸药传播，则炸药的反应区宽度 x_0 可以近似为 [11]

$$x_0 = \int_0^{t_{CJ}} (D - u_p)\mathrm{d}t \tag{5.3.20}$$

根据氟化锂晶体的于戈尼奥关系，CJ 压力与界面粒子速度 u_p 的关系为 [21]

$$p_{CJ} = \frac{1}{2}u_p\left[\rho_{m0}(5.15 + 1.35u_p) + \rho_0 D\right] \tag{5.3.21}$$

其中，ρ_0 为被测炸药的初始密度，ρ_{m0} 为窗口材料的初始密度，2.638 g/cm^3。

表 5.3.1 为上述三种方法得到的不同密度 C-1 炸药的爆轰波结构参数。

表 5.3.1　三种方法得到的 C-1 炸药爆轰波结构参数

炸药	密度 /(g/cm^3)	爆速 /(m/s)	分段拟合法			阻抗匹配计算法			实验直接测量法		
			t_{CJ} /ns	x_0 /mm	p_{CJ} /GPa	t_{CJ} /ns	x_0 /mm	p_{CJ} /GPa	t_{CJ} /ns	x_0 /mm	p_{CJ} /GPa
C-1	1.943	9100	38	0.27	34.7	14	0.10	38.1	—	—	—
	1.916	8967	48	0.33	34.2	17	0.12	36.8	47	0.33	34.3

从表中可以看出，分段拟合法与实验直接测量法得到的炸药爆轰波结构参数基本相同，C-1 炸药的压药密度大于理论密度的 94%时，其反应时间小于 50 ns，反应区宽度小于 0.33 mm，爆轰 CJ 压力略高于 34 GPa。此外，C-1 炸药的反应时间与炸药初始密度相关，与 1.943 g/cm^3 密度相比，密度降低至 1.916 g/cm^3 时，反应时间增加，反应区宽度变宽。

将 C-1 炸药的试验结果与美国 LX-19 炸药 [22] 的模拟计算结果相对比，如表 5.3.2 及图 5.3.7 所示。计算中，将炸药反应度 F 从 0 到 1 的时间定义为反应时间，界面粒子速度从峰值经反应时间后达到的速度为 CJ 时刻的界面粒子速度。

表 5.3.2　C-1 炸药及 LX-19 炸药爆轰波结构参数

炸药	密度/(g/cm^3)	分类	t_{CJ}/ns	x_0/mm	p_{CJ}/GPa
C-1	1.943	试验	38	0.27	34.7
LX-19	1.942	计算	40	0.28	35.2

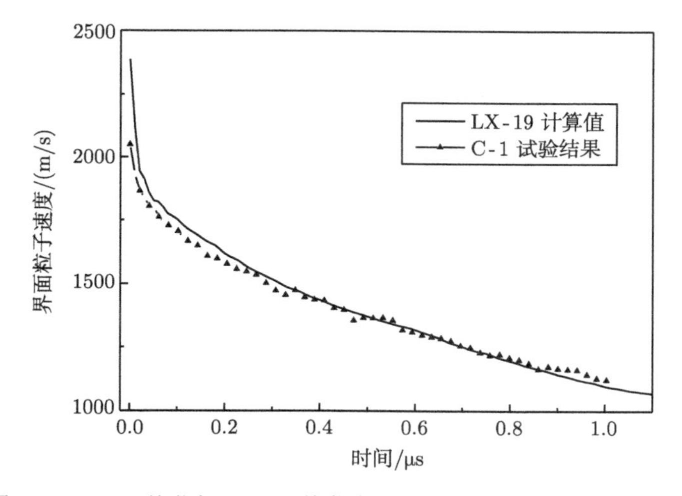

图 5.3.7　C-1 炸药与 LX-19 炸药窗口界面粒子速度–时间曲线对比

从表 5.3.2 和图 5.3.7 中可以看出，C-1 炸药的爆轰结构参数与 LX-19 炸药接近，两种炸药粒子速度随时间变化规律也基本一致，在炸药爆轰反应区，C-1 炸药的粒子速度略低于 LX-19 炸药，在 CJ 点后两种炸药爆轰产物的粒子速度基本相同。表 5.3.3 是我们试验测量的其他炸药的爆轰波结构参数。

表 5.3.3　其他炸药爆轰波结构参数

炸药	密度/(g/cm^3)	t_{CJ}/ns	x_0/mm	p_{CJ}/GPa
HATO/黏结剂/95/5	1.730	102	0.59	27.71
DNTF/黏结剂/90/10	1.688	55	0.36	21.91
HMX/黏结剂/94.5/5.5	1.800	60	0.41	28.23

5.4　CL-20 含铝炸药爆轰波结构特征

铝粉加入炸药会影响炸药爆轰反应过程，使爆轰波结构发生变化。因此，含铝炸药爆轰波结构特征，是人们需要关心的问题。采用炸药与窗口界面粒子速度测量实验及爆轰波结构参数分析方法，同样可以分析含铝炸药爆轰波结构特征。

图 5.4.1 为 CL-20 含铝炸药 (CL-20/Al/黏结剂/91.2/5/3.8) 与 LiF 窗口的界面粒子速度-时间曲线。从图中可以看出，含铝炸药粒子速度随时间的变化趋势与 C-1 炸药相近，存在粒子速度快速下降区和缓慢下降区，两者之间有较为明显的分界。其余配方的含铝炸药粒子速度也呈现相近的规律，因此，CL-20 含铝炸药的粒子速度-时间曲线也可以依据 ZND 模型分析，将粒子速度变化的分界点定义为 CJ 点。但对于含铝炸药中的 CJ 点是否代表炸药化学反应全部完成，将在后文中讨论。

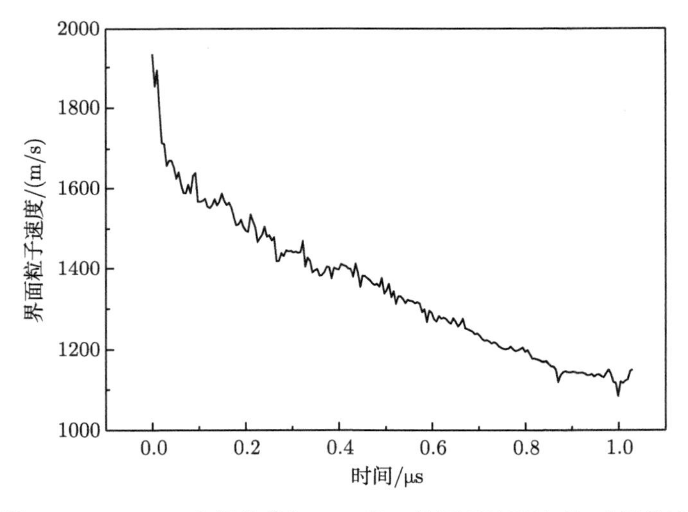

图 5.4.1　CL-20 含铝炸药与 LiF 窗口的界面粒子速度–时间曲线

采用分段拟合法，对含铝炸药的粒子速度曲线进行处理，获得爆轰波结构参数。以 C-1 炸药作为参照，对比分析含铝炸药中铝粉的作用。

表 5.4.1 给出了铝含量 5%及 15%时，铝粉直径 2∼3 μm、16∼18 μm 的 CL-20 含铝炸药爆轰波结构参数。

从表 5.4.1 可以看到，CL-20 含铝炸药爆轰波反应时间会随铝粉含量变化。从图 5.4.2 中可以看出，CL-20/Al(2∼3 μm)/91.2/5 炸药的反应区时间宽度与 C-1 炸药相似，之后随着铝颗粒直径从 2 μm 增加至 18 μm，炸药反应时间从 48 ns 增加至 60 ns。当铝粉含量从 5%增加至 15%时，炸药的反应区时间宽度整体增加，但铝颗粒尺寸对反应时间的影响并不明显，含两种不同铝颗粒的 CL-20/Al/81.6/15 炸药的反应区时间宽度均在 70 ns 左右。

表 5.4.1 CL-20 含铝炸药爆轰波结构参数

炸药	铝颗粒尺寸/μm	密度/(g/cm³)	相对理论最大密度	药柱厚度/mm	t_{CJ}/ns	D/(m/s)	x_0/mm	p_{CJ}/GPa
CL-20/Al/黏结剂/91.2/5/3.8	2~3	1.940	94.4	20	48	8895	0.35	30.14
	16~18	1.926	93.7	20	60	8841	0.43	30.17
CL-20/Al/黏结剂/81.6/15/3.4	2~3	1.980	93.9	20	68	8670	0.46	31.57
		1.979	93.8	30	73	8667	0.48	31.20
	16~18	1.987	94.2	20	70	8695	0.45	31.47
		1.987	94.2	40	67	8695	0.45	31.64

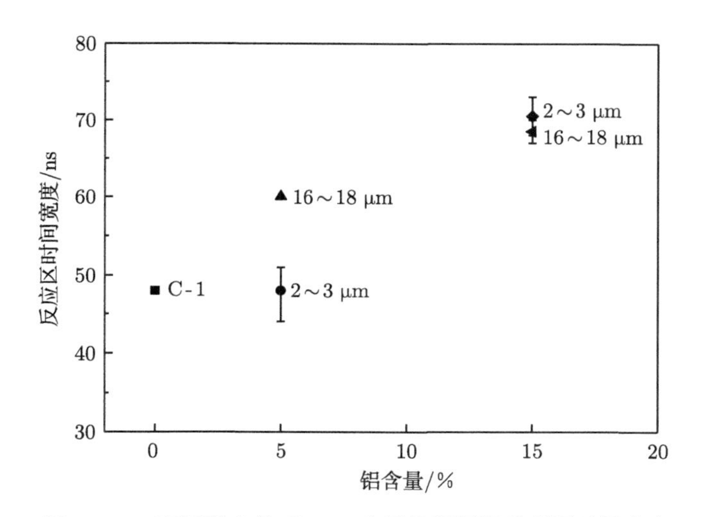

图 5.4.2 不同铝含量 CL-20 含铝炸药爆轰反应区时间宽度

从表 5.4.1 中还可以看到，炸药的爆轰反应区宽度变化规律与图 5.4.2 相似，且均比 C-1 炸药的反应区宽度宽。而几种含铝炸药的爆压明显低于不含铝的 C-1 炸药。

为了明确铝含量 15%时，铝颗粒尺寸对炸药爆轰波结构的影响，对铝颗粒直径 200 nm 和 40~50 μm 的 CL-20 含铝炸药分别进行试验，得到炸药的爆轰爆轰波参数如表 5.4.2 所示。

根据表 5.4.1 和表 5.4.2 可以得到铝含量 15%时，炸药反应区时间宽度随铝颗粒直径的变化规律，如图 5.4.3 所示。

表 5.4.2　铝含量 15%时 CL-20 含铝炸药爆轰结构参数

炸药	铝颗粒尺寸	密度 /(g/cm^3)	相对理论最大密度	药柱厚度 /mm	t_{CJ} /ns	D /(m/s)	x_0 /mm	p_{CJ} /GPa
CL-20/Al/黏结剂 /81.6/15/3.4	200 nm	1.935	91.7	20	92	8510	0.62	25.88
	40~50 μm	2.006	95.1	40	99	8764	0.68	31.64

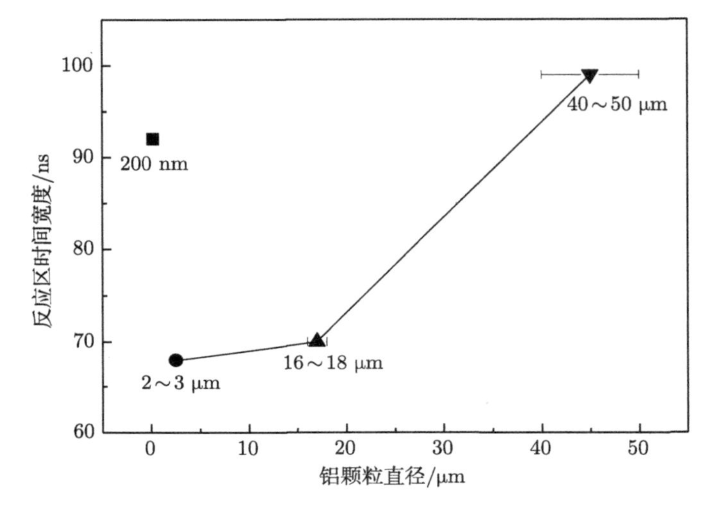

图 5.4.3　CL-20/Al/黏结剂/81.6/15/3.4 炸药爆轰反应区时间宽度随铝颗粒直径的变化

从图 5.4.3 中可以看出，随着铝颗粒直径增大至 40~50 μm，炸药的爆轰反应区时间宽度增加至 99 ns，几乎达到了 C-1 炸药的 2 倍。当颗粒直径在 2~50 μm 的微米量级时，铝粉颗粒直径越大，炸药反应区时间宽度越长。

从表 5.4.1 和表 5.4.2 中还可以看出，铝粉尺寸为 2~50 μm 时，铝粉颗粒尺寸增加，炸药反应区宽度增加，CL-20 含铝炸药的反应区宽度分布在 0.35 ~ 0.68 mm。3 种含微米尺寸铝粉的 CL-20/Al/81.6/15 炸药的爆压均在 31 GPa 左右，表明铝颗粒尺寸对炸药的爆轰压力影响并不明显。

铝粉对炸药反应区的影响，主要有两方面原因，一方面，由于铝粉的密度和阻抗均大于爆轰产物，在炸药爆轰过程中存在铝粉与炸药的动力学作用，可能会影响爆轰波结构 [23]。另一方面，如果铝粉在爆轰反应区内发生反应，反应释放的能量就可能支持爆轰波传播，使得炸药能量释放时间增长，那么反应区时间就可能增长。然而，大量实验结果表明，铝粉主要在炸药波阵面后与爆轰产物发生反应 [24]。

为了明确铝粉的作用，用 LiF 粉替换铝粉，制成 CL-20/LiF/黏结剂/81.6/15/3.4 炸药，由于 LiF 的物性参数与铝相近，并且在爆轰过程中不发生反应，因此，可以将 LiF 看作惰性铝，将其作为参照对比分析 CL-20 含铝炸药中铝粉的作用。表 5.4.3 为 CL-20/LiF/黏结剂/81.6/15/3.4 炸药的爆轰波结构参数。

表 5.4.3 CL-20/LiF/黏结剂/81.6/15/3.4 炸药的爆轰波结构参数

炸药	密度 /(g/cm^3)	相对理论最大密度	药柱厚度 /mm	t_{CJ} /ns	D /m/s	x_0 /mm	p_{CJ} /GPa
CL-20/LiF /黏结剂 /81.6/15/3.4	1.953	92.8	20	57	8505	0.40	30.50

从表 5.4.3 中可以看到，CL-20/LiF/黏结剂/81.6/15/3.4 炸药反应区时间宽度为 57 ns，大于 C-1 炸药，表明在炸药中加入惰性材料，同样会增长炸药的反应区时间宽度。因此，为了明确铝粉是否在爆轰反应区内发生反应，探究铝粉在爆轰进程中的反应时间，还需要对 CJ 点后炸药爆轰产物粒子速度变化情况进行仔细分析。

5.5 CL-20 含铝炸药爆轰中铝粉反应分析

图 5.5.1 为 CL-20/Al/黏结剂/91.2/5/3.8 炸药及 C-1 炸药与窗口的界面粒子速度-时间曲线。曲线上黑点为分段拟合法确定的 CJ 点。

可以看到两种含铝炸药虽然密度更高，但其界面粒子速度均低于不含铝的 C-1 炸药，表明在爆轰反应区内，铝粉并没有发生明显的反应，而是类似于惰性材料，降低了单位体积的炸药能量，使得炸药爆轰产物的速度更低。

两种含铝炸药的界面粒子速度呈现了两种不同的变化趋势。其中 CL-20/Al (16~18 μm)/黏结剂/91.2/5/3.8 炸药与 C-1 炸药相似，在 CJ 点后界面粒子速度以近似恒定的速率下降，二者的速度差值在 0.2 μs 后基本保持不变。而 CL-20/Al(2~3 μm)/黏结剂/91.2/5/3.8 炸药，其粒子速度在前 0.1 μs 与 CL-20/Al (16~18 μm)/黏结剂/91.2/5/3.8 炸药基本相同，但 0.1 μs 后下降趋势明显减缓，出现了“二次台阶”，速度开始高于 CL-20/Al(16~18 μm)/黏结剂/91.2/5/3.8 炸药，并逐步向 C-1 炸药逼近。这是由于 2~3 μm 铝颗粒在 0.1 μs 后与爆轰产物发生反应释放能量，减缓了粒子速度的下降速率。与之相比，16~18 μm 铝颗粒并没有发生明显反应，爆轰产物在 CJ 点后仅是稀疏膨胀过程，因而 CL-20/Al(16~18 μm)/黏结剂/91.2/5/3.8 炸药与 C-1 炸药有相似的变化规律。可以看到，铝粉在炸药爆轰反应区内并没有发生明显反应，反应出现在 CJ 点之后，铝粉是否发生反应及反应的开始时间与铝颗粒的尺寸有关。2~3 μm 铝粉在 0.1 μs 后发生反应，减缓了炸药粒子速度的下降趋势，而 16~18 μm 铝粉在 1 μs 的测试时间内并没有明显反应。

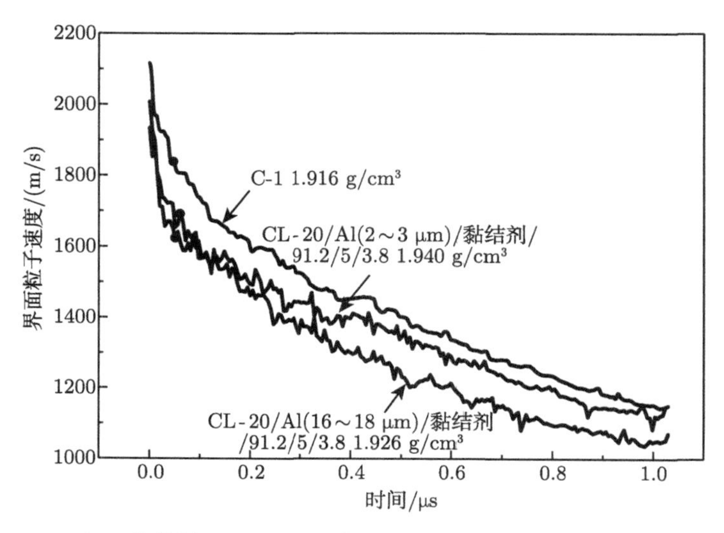

图 5.5.1 CL-20/Al/黏结剂/91.2/5/3.8 炸药及 C-1 炸药与窗口界面粒子速度-时间曲线

图 5.5.2 为铝含量 15%时，CL-20/Al/黏结剂/81.6/15/3.4 炸药及 C-1 炸药与窗口的界面粒子速度-时间曲线。曲线上黑点为分段拟合法确定的 CJ 点。从图 5.5.2 中可以看出，两种含铝炸药的界面粒子速度同样均低于 C-1 炸药。但与图 5.5.1 不同的是，两条含铝炸药的速度曲线几乎重合，说明 2~3 μm 铝粉与 16~18 μm 铝粉在测试时间内的反应规律相似，结合图 5.5.1 和图 5.5.2 的结果，可以看出铝含量从 5%到 15%增加，减小了铝颗粒尺寸对 1 μs 内炸药爆轰产物粒子速度的影响。

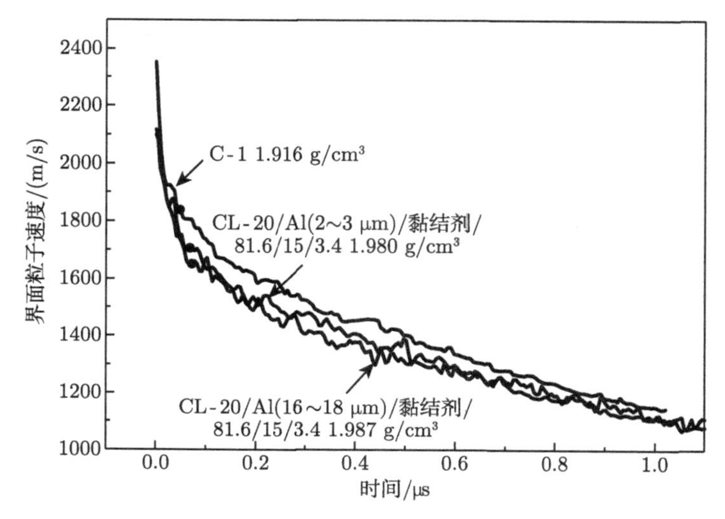

图 5.5.2 CL-20/Al/黏结剂/81.6/15/3.4 炸药及 C-1 炸药与窗口界面粒子速度-时间曲线

图 5.5.3 为 CL-20/Al(200 nm)/黏结剂/81.6/15/3.4 炸药、CL-20/Al(2~3 μm)/黏结剂/81.6/15/3.4 炸药及 CL-20 含 LiF 炸药与窗口的界面粒子速度-时间曲线。曲线上黑点为分段拟合法确定的 CJ 点。从图中可以看到，CL-20/Al(2~3 μm)/黏结剂/81.6/15/3.4 炸药的界面粒子速度曲线与 CL-20/LiF/黏结剂/81.6/15/3.4 炸药的几乎重合，表明在 1 μs 的记录时间内，2~3 μm 的铝粉类似于惰性材料，并没有发生反应。与之相比，可以明显看到 CL-20/Al(200 nm)/黏结剂/81.6/15/3.4 炸药曲线的下降趋势更平缓，并且“二次台阶”的出现时间几乎与 CJ 点重合。CJ 点 (92 ns) 时 CL-20/Al(200 nm)/黏结剂/81.6/15/3.4 炸药的粒子速度比另两种炸药低 227 m/s 左右，之后这个差距不断缩短，在 1 μs 时 3 种炸药的粒子速度基本相同。

图 5.5.2 及图 5.5.3 表明，直径大于 2 μm 的铝颗粒，在反应区内几乎没有反应，铝粉是在 CJ 点后与 CL-20 炸药的爆轰产物发生反应。铝粉反应的开始时间与铝颗粒含量和尺寸相关，铝颗粒尺寸越小、含量越低，铝粉反应时间越靠近 CJ 点。

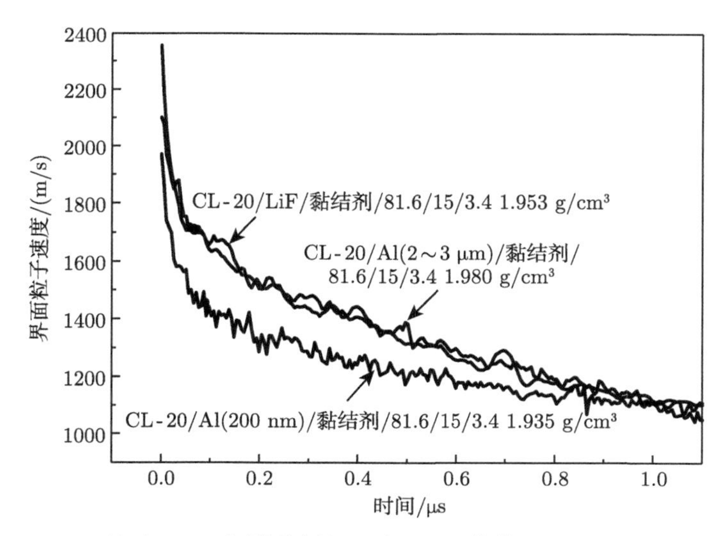

图 5.5.3 CL-20/Al(200 nm)/黏结剂/81.6/15/3.4 炸药、CL-20/Al(2~3 μm)/黏结剂/81.6/15/3.4 炸药及 CL-20 含 LiF 炸药与窗口的界面粒子速度-时间曲线

对于直径为 200 nm 的铝粉，其颗粒尺寸最小，铝粉反应也如上述规律描述的最早发生反应，其反应开始时间在 CJ 点附近。考虑到 CL-20/Al(200 nm)/81.6/15 炸药的反应时间出乎意料地长于其他炸药，我们认为 200 nm 铝粉可能在反应区内就发生了反应。但由于含 200 nm 铝粉 CL-20 炸药成型性不佳，压药密度远低于含微米铝粉炸药，因此虽然纳米铝粉很早参与反应，但是其粒子速度在波阵面附近要低于图中的其他两种炸药，此外，依据 Baker 等热力学平衡的计算结果和

我们采用热力学计算程序 EXPLO 的计算结果，铝粉在波阵面内反应，除了会减小气体产物物质的量外，CJ 点粒子速度也会稍有降低。

为了明确铝粉对炸药能量释放过程的影响，将炸药反应区内单位时间单位体积炸药释放的能量定义为炸药反应区内的能量释放效率 η，单位 $J/(cm^3{\cdot}ns)$，计算公式如式 (5.5.1) 所示：

$$\eta = Q\omega\rho/t_{CJ} \tag{5.5.1}$$

其中，Q 表示混合炸药中含能物质单位质量所含的能量，单位 J/g；ω 表示含能物质的含量；ρ 表示混合炸药密度，单位 g/cm^3；t_{CJ} 表示炸药反应区时间，单位 ns。η 越大，表示炸药在反应区内单位时间释放的能量越多。

对于本书的 CL-20 基混合炸药，铝粉尺寸为微米级时，反应区内的含能物质仅为 CL-20，Q 即为 CL-20 炸药的爆热，6234 J/g，ω 则为每种配方下 CL-20 炸药的含量。根据公式 (5.5.1) 得到含微米级铝粉的 CL-20 含铝炸药的反应区内的能量释放效率，如图 5.5.4 所示。从图中可以看出，随着铝粉含量的增加，炸药的能量释放效率降低。含 5% 2~3 μm 铝粉的 CL-20 炸药的能量释放效率与 C-1 炸药基本相同，但含 15% 40~50 μm 铝粉的 CL-20 炸药的能量释放效率仅为 C-1 炸药的 44.6%。当铝含量为 5%时，随着铝粉尺寸由 2~3 μm 增大至 16~18 μm，炸药的 η 由 240 $J/(cm^3{\cdot}ns)$ 降低至 189 $J/(cm^3{\cdot}ns)$，下降了 21.3%，而当铝含量增大至 15%时，在 2~18 μm 范围内，铝粉颗粒对炸药 η 的影响并不明显。上述结果表明，铝粉颗粒对炸药能量释放效率的影响是由铝粉颗粒尺寸和铝粉含量共同决定的。铝粉含量提高时，CL-20 的含量降低，反应区内 Q 降低，使得炸药的 η 值减小。而铝粉颗粒尺寸会影响炸药反应区时间 t_{CJ}，从而影响炸药反应区内的能量释放效率。

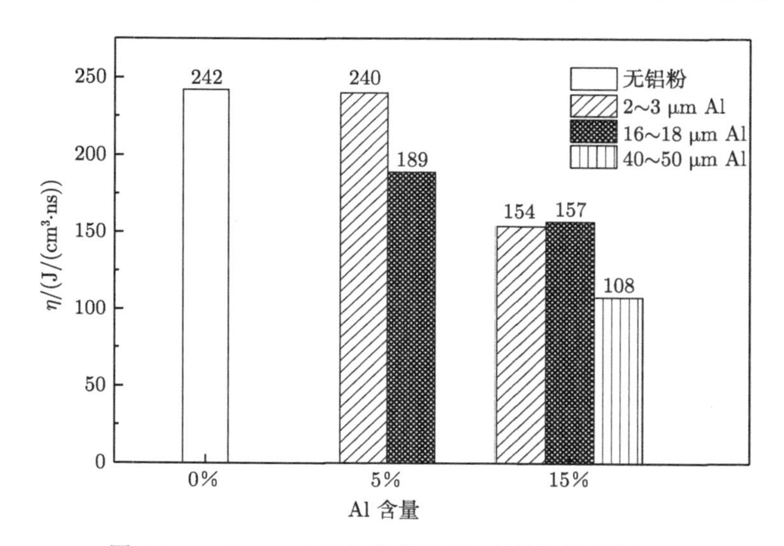

图 5.5.4 CL-20 含铝炸药在反应区内的能量释放效率

在炸药反应区外，将 1 μs 时的粒子速度 u_{t1} 与 CJ 点时粒子速度 u_{CJ} 相比，得到炸药界面粒子速度的下降比例 u_{t1}/u_{CJ}，用来表示爆轰产物粒子速度的下降幅度，u_{t1}/u_{CJ} 越大，界面粒子速度下降幅度越低，爆轰产物维持较高能量的时间就越长。图 5.5.5 为不同铝含量 CL-20 含铝炸药的 u_{t1}/u_{CJ}。表 5.5.1 为 CJ 点、1 μs 时的界面粒子速度以及两者之比。

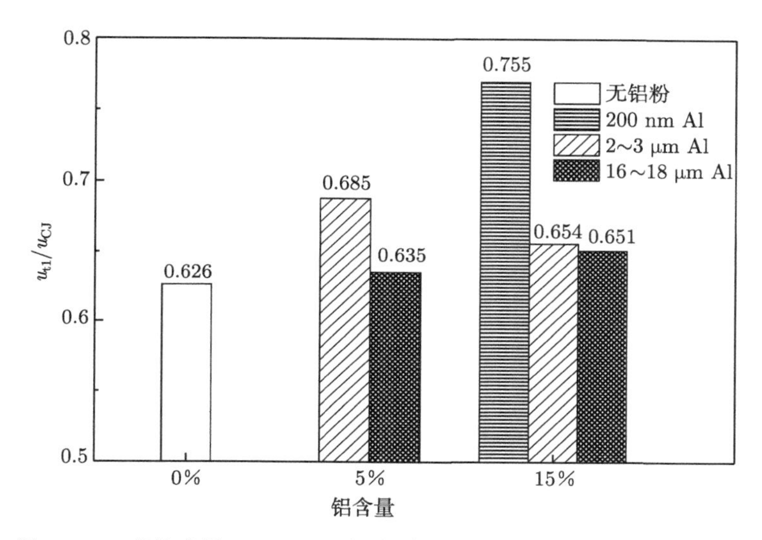

图 5.5.5 药柱直径 20 mm，不同铝含量 CL-20 含铝炸药的 u_{t1}/u_{CJ}

表 5.5.1 CJ 点、1 μs 时的界面粒子速度以及两者之比

炸药	铝颗粒直径	密度/(g/cm³)	药柱厚度/mm	u_{CJ}/(m/s)	u_{t1}/(m/s)	u_{t1}/u_{CJ}
C-1		1.916	20	1836	1149	0.626
CL-20/Al/黏结剂/91.2/5/3.8	**2~3 μm**	**1.940**	**20**	**1643**	**1125**	**0.685**
	16~18 μm	1.926	20	1653	1050	0.635
CL-20/LiF/黏结剂/81.6/15/3.4	—	1.953	20	1685	1119	0.664
CL-20/Al/黏结剂/81.6/15/3.4	**200 nm**	**1.935**	**20**	**1467**	**1108**	**0.755**
	2~3 μm	1.980	20	1696	1109	0.654
	16~18 μm	1.987	20	1712	1115	0.651

注：在前文中发现铝粉反应的炸药数据已被加粗。

从图 5.5.5 及表 5.5.1 中可以看出，C-1 炸药的 u_{t1}/u_{CJ} 值低于其余的含铝炸药，表明无论是否反应，铝粉都会影响粒子速度在 CJ 点后的下降趋势。当铝含量相同时，若铝粉不发生反应，那么含铝炸药界面粒子速度的下降比例 u_{t1}/u_{CJ} 相近，如 CL-20/Al(16~18 μm)/黏结剂/91.2/5/3.8 炸药、CL-20/Al(2~3 μm)/黏结剂/81.6/15/3.4 炸药及 CL-20/Al(16~18 μm)/黏结剂/81.6/15/3.4 炸药，其 u_{t1}/u_{CJ} 均在 0.65 左右；若铝粉发生反应，那么 u_{CJ}/u_{t1} 会明显增加，如表中的 CL-20/Al(2~3 μm)/黏结剂/91.2/5/3.8 炸药及 CL-20/Al(200 nm)/黏结剂/81.6/15/3.4 炸药，表明铝粉反应会对 CJ 点后爆轰产物的膨胀过程产生显著影响，会降低粒子速度的下降幅度，增加爆轰产物高速运动的时间，因此，炸药可能表现出的持续做功能力就越强。

参 考 文 献

[1] Weng J, Tan H, Wang X, et al. Optical-fiber interferometer for velocity measurements with picosecond resolution. Applied Physics Letters, 2006, 89(11): 111101.1-111101.3.

[2] Sheffield S A, Bloomquist D D, Tarver C M. Subnanosecond measurements of detonation fronts in solid high explosives. Journal of Chemical Physics, 1984, 80(8): 3831-3844.

[3] Seitz W L, Stacy H L, Wackerle J. Detonation reaction zone studies on TATB explosives // Proceedings of the 8th International Detonation Symposium. Albuquerque, 1985: 123-132.

[4] Seitz W L, Stacy H L. Detonation reaction zone structure of PBX-9502 // Proceedings of the 9th International Detonation Symposium. Portland: Office of Naval Research, 1989: 657-669.

[5] Tang P K. A study of detonation processes in heterogeneous high explosives. Journal of Applied Physics, 1988, 63(4): 1041-1045.

[6] 陈朗, 龙新平, 冯长根, 等. 含铝炸药爆轰. 北京: 国防工业出版社, 2004.

[7] 韩勇, 龙新平, 刘柳, 等. 炸药化学反应区结构试验研究//全国危险物质与安全应急技术研讨会论文集 (上), 2011: 230-235.

[8] 吴雄. 应用 VLW 状态方程计算炸药的爆轰参数. 兵工学报, 1985, 6(3): 11-20.

[9] Fedorov A V, Menshikh A V, Yagodin N B. On detonation wave front structure of condensed high explosives. Tenth American Physical Society Topical Conference on Shock Compression of Condensed Matter, 1998, 429 (1): 735-738.

[10] Loboiko B G, Lubyatinsky S N. Reaction zones of detonating solid explosives. Combustion Explosion & Shock Waves, 2000, 36(6): 716-733.

[11] Lubyatinsky S N, Loboiko B G. Reaction zone measurements in detonating aluminized explosives. Conference of the American Physical Society Topical Group on Shock Compression of Condensed Matter, 1996, 370(1): 779-782.

[12] Tao W C, Tarver C M, Kury J W, et al. Reactive flow modeling of aluminum reaction kinetics in PETN and TNT using normalized product equation of state // Proceedings of 10th Symposium on Detonation, 1993: 628-636.

[13] Lee E L, Tarver C M. Phenomenological model of shock initiation in heterogeneous explosives. Physics of Fluids, 1980, 23(12): 2362-2372.

[14] Levin L, Tzach D, Shamir J. Fiber optic velocity interferometer with very short coherence length light source. Review of Scientific Instruments, 1996, 67(4): 1434-1437.

[15] Strand O T, Goosman D R, Martinez C, et al. Compact system for high-speed velocimetry using heterodyne techniques. Review of Scientific Instruments, 2006, 77(8): 83-108.

[16] 翁继东, 谭华, 胡绍楼, 等. 一种新型全光纤速度干涉仪. 强激光与粒子束, 2005, 17(4): 533-536.

[17] 李雪梅, 俞宇颖, 张林, 等. LiF 的低压冲击响应和 1550 nm 波长下的窗口速度修正. 物理学报, 2012, 61(15): 414-419.

[18] 赵万广, 周显明, 李加波, 等. LiF 单晶的高压折射率及窗口速度的修正. 高压物理学报, 2014, 28(5): 571-576.

[19] Chen L, Pi Z, Liu D, et al. Shock initiation of the CL-20-based explosive C-1 measured with embedded electromagnetic particle velocity gauges. Propellants, Explosives, Pyrotechnics, 2016, 41(6): 1060-1069.

[20] 王礼立. 应力波基础. 2 版. 北京: 国防工业出版社, 2005.

[21] 陈清畴, 蒋小华, 李敏, 等. HNS-IV 炸药的点火增长模型. 爆炸与冲击, 2012, 32(3): 328-332.

[22] Tarver C M, Simpson R L, Urtiew P A. Shock initiation of an ε-CL-20-estane formulation. Proceedings of the Conference of the American Physical Society Topical Group on Shock Compression of Condensed Metter, 1996, 370(1): 891-894.

[23] 王晨, 陈朗, 鲁建英. 小尺寸铝颗粒在爆轰产物中的反应过程分析. 兵工学报, 2012, 33(S2): 30-36.

[24] 陈朗, 张寿齐, 赵玉华. 不同铝粉尺寸含铝炸药加速金属能力的研究. 爆炸与冲击, 1999, 19(3): 250-255.

第 6 章 含铝炸药爆轰能量释放研究

在炸药中加入铝粉，利用铝粉在炸药爆轰中发生快速化学反应，进一步增加能量释放，可以大幅度提高炸药能量水平，而通过改变铝粉含量和尺寸，或在装药中添加氧化剂等方法，还能够调节炸药能量释放进程，从而进一步提高炸药爆炸威力。含铝炸药爆轰中，铝粉会在爆轰气体产物膨胀过程中持续反应，释放大量能量，导致炸药爆轰能量释放过程更复杂。认识含铝炸药爆轰产物后效反应的能量释放特征，是炸药爆轰研究的重要内容之一。

本章分析了国内外对含铝炸药爆轰释放的研究情况，介绍了我们对含铝炸药爆轰产物膨胀前期、中期和后期能量释放的研究方法和结果，包括针对爆轰产物膨胀前期能量释放的有约束驱动金属平板试验和计算，中期能量释放的有约束驱动水体试验和计算，后期能量释放研究的水中爆炸试验和计算，以及铝粉含量和尺寸对含铝炸药能量释放的影响。

6.1 含铝炸药爆轰能量释放研究情况

与主要在爆轰波阵面内释放能量的一般理想炸药相比，含铝炸药存在显著的爆轰波阵面之后继续释放大量能量的特征。因此，需要重点研究含铝炸药爆轰波后，爆轰产物与铝粉颗粒反应的后效能量释放规律。

Finger 等 [1] 采用圆筒试验研究了 HMX 基含铝炸药的做功能力，采用 LiF 代替铝粉，研究铝粉不参加反应的情况。这是由于 LiF 的物性参数与铝相近，并不与爆轰产物反应，可以将其看作不反应的惰性铝。他们采用热力学计算程序 (RUBY) 计算了含铝炸药铝粉完全反应后爆轰产物的等熵膨胀，并与含铝和含 LiF 炸药的试验结果比较，来分析铝粉反应情况。结果显示，在筒壁膨胀早期铝粉几乎为惰性，大部分反应在后期发生，含铝炸药对金属的加速过程与理想炸药相比较为缓慢；不是铝粉含量越多炸药在驱动金属上表现的能力越高，而是存在一个最优含量。Bjarnholt[2] 采用圆筒试验，将含铝炸药与含 LiF 炸药的圆筒试验结果对比，研究铝粉反应对炸药做功过程中的影响。他们发现在爆轰 4 μs 后，30~60 μm 铝粉发生反应使得产物压力增加。结合热力学计算程序 (BKW) 的计算结果，确定铝粉反应对加速金属贡献不高。Almstrom 等 [3] 通过炸药圆筒试验和炸药驱动金属平板试验，研究了含氧化剂的 HMX 基含铝炸药中的铝粉反应，采用 Fabry-Perot 激光速度干涉仪测量圆筒壁及金属平板速度，通过将含铝炸药与含 LiF 炸药进行对比，分析了铝粉反应程度。他们根据金属平板获得的动能及铝粉氧化释放的热量，获得了铝粉反应度随时间的变化。Stiel 等 [4] 先通过热力学计算程序 JAGUAR 计算了铝粉为惰性和完全反应下，含铝炸药爆轰产物的于戈尼奥关系，依据该关系对圆筒试验进行数值模拟计算，并与试验结果进行对比，发现当铝粉尺寸大于 50 μm 时，在爆轰产物膨胀的早期，几乎不发生反应。PAX-3(HMX/Al(50 μm)/64/18) 炸药中，50 μm 铝粉在炸药膨胀至初始体积的 12 倍时才开始反应。Balas 等 [5] 将 PAX-3 炸药中的微米尺寸铝粉，分别替换为 200 nm 铝粉和 40 nm 铝粉，进行圆筒试验，结果显示含纳米铝粉炸药的驱动金属能力反而低于含微米铝粉的 PAX-3 炸药，并且含 40 nm 铝粉的炸药驱动金属能力比含 200 nm 铝粉炸药的还要低。他们认为，这是因为铝粉在被使用时为了防止氧化，会在颗粒外层包覆有一层氧化膜来与外界隔绝，铝粉颗粒越小，比表面积越大，相应的外层氧化膜含量就会越高。纳米铝粉中氧化膜含量太高，除去氧化膜的质量，40 nm 铝粉中铝的含量仅为 70%，而 39 μm 铝粉中铝的含量可达 95%。他们将 PAX-29(CL-20/Al/77/15) 炸药中的微米铝粉替换成纳米铝粉，炸药驱动金属的能力也没有进一步增加。韩勇等 [6] 对含铝炸药进行了两种不同直径的圆筒试验，发现由于铝粉与爆轰产物反应会受装药约束影响，小尺寸圆筒试验下含铝炸药驱动能力低于大尺寸圆筒试验。Baker 等 [7] 分析了 PAX-29 炸药、PAX-30(HMX/Al/77/15) 炸药及 PAX-42(RDX/Al/77/15) 炸药 [8] 的圆筒试验结果，发现上述炸药中的小尺寸微米铝粉 (小于 10 μm)，在炸药膨胀至初始体积 7 倍时能够完全反应，可提高炸药驱动金属的能力。

由于含铝炸药能量释放过程受到约束条件影响，而传统的圆筒试验和无约束平板驱动试验，其装药约束条件相对较低，并不利于铝粉充分反应，因此，人们希望通过在炸药驱动金属试验中，进一步增强炸药约束强度来提高铝粉反应程度，以利于观测铝粉反应对炸药做功能力的贡献。Davydov 等 [9] 为了研究炸药中铝粉与爆轰产物的二次反应，设计了炸药在约束条件下直接或间隔一段空腔驱动金属平板的试验装置，炸药被封闭在圆筒壳体内，减小了侧向稀疏波对炸药爆轰的影响，增加了炸药约束强度。但由于当时测量技术有限，没有获得准确结果。Orlenko 等 [10] 介绍了与 Davydov 试验装置类似的装置，现已发展为俄罗斯评价含铝炸药做功能力的标准试验 [11]，通过有约束炸药驱动钢制平板，采用电探针测量钢板在不同运动距离下的速度，用同一钢板运动距离下，钢板速度与钢板单位面积质量之比表征炸药驱动金属的能力。但电探针测速方法只能测量钢板的平均速度，无法获得速度的连续变化规律。Makhov 等利用有约束炸药驱动钢板试验装置和圆筒试验，对含铝炸药的驱动能力开展了一系

列研究 [12-15]，他们认为铝粉对炸药驱动能力的影响取决于炸药分子的化学结构、铝粉的含量和尺寸以及铝粉活性 (与颗粒外层包裹的氧化膜厚度相关)，加入铝粉可以增强炸药的驱动金属能力，铝粉的颗粒尺寸越小，炸药中氧含量越多，铝粉反应对炸药驱动金属能力的提高就越多。Makhov 认为纳米级铝粉只有在氧化膜含量较低时，铝粉反应才能有效提高炸药的驱动金属能力。Miller 等 [16] 设计了类似的有约束炸药驱动钢板试验装置，来分析铝粉在爆轰反应区附近的反应情况。他们将炸药放置在钢筒中爆炸以驱动钢板运动，采用 Fabry-Perot 激光速度干涉仪测量钢板速度。钢筒能够对爆轰产物施加径向约束，促进铝粉反应，通过对比含铝炸药与不含铝炸药加速钢板的动能，结合 Cheetah 热力学计算程序，判断铝粉的反应程度，但 Miller 在文献中没有给出钢板速度的连续变化，只给出了平均速度，这可能是受到了当时测量技术还不完善的影响。

可以看出，若想通过约束炸药驱动金属平板试验分析含铝炸药的做功能力，如何连续获得平板速度变化规律是需要解决的问题。这是由于含铝炸药的能量释放时间更长，平板被炸药加速到最大速度的飞行距离因此增大，所以光测距离增长；此外，越到飞行后期，平板变形越严重，这都会给测量带来难度。陈朗等 [17,18] 设计了对炸药有侧向约束的炸药驱动金属平板试验，采用激光速度干涉仪测量平板速度，获得了连续的含铝炸药加速金属平板的速度变化曲线。通过对含铝炸药与含 LiF 炸药进行对比，分析了铝粉的反应规律，研究了铝粉尺寸以及约束条件对 RDX 基含铝炸药驱动金属能力的影响。发现铝粉主要是与爆轰产物发生反应，可以提高炸药驱动金属的能力；铝粉尺寸越小，铝粉反应时间越靠前，反应速率越快；约束条件主要是对爆轰后期铝粉的反应产生影响，会增强铝粉的反应。

含铝炸药爆轰反应的研究表明，铝粉一般在爆轰反应后期参与反应，且反应持续时间较长，反应能够释放大量的能量，使爆轰气体产物压力衰减变慢，正是由于这些特殊的性能，含铝炸药在水中武器中有大量应用，因此，其水中爆炸能量输出规律也一直是人们关心的问题。Cole 等 [19] 对水中爆炸问题进行了系统研究，全面分析了炸药水中爆炸机理、冲击波形成和传播的特点，以及气泡脉动特征等，给出了炸药水中爆炸的试验研究方法，建立了比较系统的炸药水中爆炸理论体系。Bjarnholt 等 [20] 系统分析了冲击波压力、脉冲响应时间、冲击波能和气泡能与装药形状的关系。在总结大量炸药水中爆炸试验数据的基础上，提出根据冲击波压力随时间的变化曲线，计算冲击波冲量和冲击波能等炸药水中爆炸性能的理论计算方法，至今仍用于炸药水中爆炸能量评估和试验设计。Miller 等 [21] 将含铝炸药放置在一端密封的钢筒内，在钢筒开口端安装聚碳酸酯透明水管，水管注满水，采用高速照相方法，观测了含铝炸药反应产物驱动水体运动过程，分析了铝粉反应情况。Bocksteiner 等 [22] 采用测量水中冲击波压力的方法研究了 RDX 含铝炸药 PBXW-115 炸药水中爆炸能量输出特征。在水深 16 m 处，放置 25 kg 炸药柱，在水中距离炸药中心不同距离处放置多个压力传感器，测量了距炸药中心不同位置处的冲击波压力随时间的变化。根据试验获得的炸药水中爆炸冲击波压力随时间变化的数据，结合 Bjarholt 的计算方法，计算了 PBXW-115 的相对冲击波能和相对气泡能，获得了水中爆炸能量分配特征。Eriksen 等 [23] 研究了铝粉含量对炸药水中爆炸能量输出的影响。他们采用测量水中冲击波压力的方法，进行了不同铝粉含量的 RDX/Al/HTPB 含铝炸药水中爆炸的试验，计算了冲击波能和气泡能。他们发现铝粉含量为 25%时，炸药具有最优的水中爆炸性能。牛国涛等 [24] 进行了纳米和微米铝粉以及纳米和微米铝粉级配的 RDX 炸药水中爆炸试验。结果显示纳米级铝粉对炸药水中爆炸总能量的提高不如微米级铝粉。而在铝粉含量为 30%，纳米铝粉和微米铝粉质量比为 1:2 时，水中爆炸总能量比单独使用微米级铝粉的含铝炸药水中爆炸总能量提高 7%。他们认为在含铝炸药爆轰反应过程中，纳米铝粉首先与炸药爆轰产物反应，进一步促使更多的微米级铝粉参与反应，纳米级铝粉在含铝炸药反应过程中起到了敏化作用。Xiang 等 [25] 研究了氧化剂对 RDX 基含铝炸药水中爆炸能量输出特征的影响，结果显示含氧化剂含铝炸药的水中爆炸气泡能，比 RDX 和 HMX 基含铝炸药高 15%左右，达到炸药爆轰总能量的 78%左右，不再遵循炸药爆热与水中爆炸气泡能的基本关系，他们认为主要是氧化剂的加入，提高了铝粉的反应效率，铝粉与爆轰产物反应释放更多能量。Hu 等 [26] 研究了铝粉尺寸对 CL-20 基含铝炸药水中爆炸性能的影响，研究结果显示，纳米铝粉对爆轰反应和二次反应均有显著影响，导致水中冲击波峰值压力较高，气泡能较低，而使用微米铝粉的含铝炸药则保持了较高的气泡能量。

上述研究表明，人们主要采用炸药驱动金属试验，驱动水体和水中爆炸试验，来研究含铝炸药能量释放规律。在炸药驱动金属试验中，主要通过测量炸药爆轰驱动金属运动速度，来分析炸药能量释放特征，由于金属在爆轰波作用下，会在比较短的时间内发生碎裂，难于准确反映炸药爆轰产物后效反应的能量释放特征，因此，炸药驱动金属试验装药被用于测量炸药爆轰产物膨胀前期，即炸药爆轰波后几微秒至十多微秒的能量释放特征。在炸药驱动水体试验中，通过观测水中冲击波压力和水体界面运动情况，获得炸药爆轰波后十多微秒至几十微秒内的爆轰产物膨胀中期能量释放特征。而在炸药水中爆炸试验中，可通过观测水中冲击波压力和分析气泡脉动情况，分析炸药爆轰波后几十微秒之后的爆轰产物膨胀后期能量释放特征。

6.2 含铝炸药爆轰产物膨胀前期的能量释放

人们通常采用炸药驱动金属试验，来研究炸药能量释放特征规律和做功能力。通过测量炸药爆轰驱动金属的运动速度，可以获得炸药驱动金属的能力，同时标定出炸药爆轰产物状态方程。对于理想炸药，其能量主要在产物膨胀的前期输出，采用炸药圆筒试验就能够获得满意的结果。而对于非理想爆轰的含铝炸药，存在爆轰产物与铝粉的后效反应，其能量释放与铝粉含量和尺寸、爆轰产物压力等因素密切相关。因此，在炸药驱动金属试验中需要考虑约束条件对铝粉反应的影响。而圆筒试验对炸药的约束相对较弱，爆轰产物压力下降较快，不利于铝粉反应[27]。因此，在含铝炸药驱动金属试验中，人们需要增加炸药约束强度，维持爆轰产物高压时间，促进铝粉充分反应，才能观测到铝粉后效反应对驱动金属的影响，获得炸药能量释放特征和驱动金属能力。但在炸药驱动金属试验中，炸药爆轰产物驱动金属的时间一般在几十微秒以内，因此，主要用于研究含铝炸药爆轰产物膨胀前期能量释放规律。另外，在混合炸药配方研究中，根据炸药爆轰性能，对炸药配方进行调整，优化炸药组成结构十分重要。在炸药配方研究初期，制备的炸药量很有限，采用大药量的爆轰试验，例如圆筒试验，研究不同配方下炸药爆轰性能，会增加研究的成本和时间，因此，需要在研究中尽量使用较少的药量，以达到研究目的。

本节介绍了采用强约束炸药驱动金属平板试验方法，对 CL-20 含铝炸药爆轰产物膨胀前期能量释放特征的研究。该方法通过对炸药起爆面和径向施加强约束，使铝粉充分反应，采用激光速度干涉测速法，连续记录金属平板运动变化来分析装药密度、铝颗粒含量及尺寸对炸药驱动金属能力的影响规律，结合数值模拟，标定含铝炸药爆轰产物 JWLM 状态方程参数。

6.2.1 强约束炸药驱动金属平板试验

强约束炸药驱动金属平板试验装置如图 6.2.1 所示，把被测炸药装填在一端封闭、另一端开口的钢质金属圆筒中。被测炸药一端与圆筒封闭端接触，另一端安装与圆筒内径相同的铜质金属平板。采用炸药平面波透镜和高能加载炸药爆炸产生强冲击波，通过圆筒封闭端起爆被测炸药，被测炸药驱动铜板在圆筒内运动。由于半封闭圆筒和平板组成了封闭空间，只要圆筒长度和厚度以及平板厚度达到一定尺寸，就能够在一定时间内，把爆轰产物封闭在圆筒内，使炸药充分反应释放能量。采用激光干涉测速仪，测量铜板外表面中心点的运动速度变化历程，根据铜板加速特征，分析炸药爆轰及铝粉反应的时间和进度，获得铝粉尺寸和含量对炸药爆轰能量释放的影响规律。

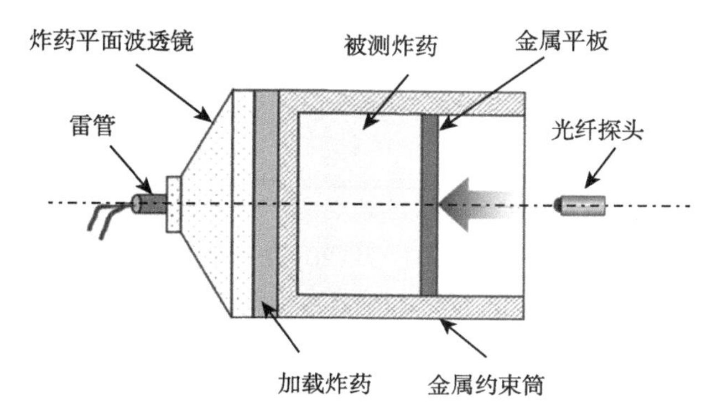

图 6.2.1 强约束炸药驱动金属平板试验装置示意图

图 6.2.2 是试验测量的 C-1 炸药 (CL-20/黏结剂/95/5，1.924 g/cm^3) 驱动铜板速度随时间变化曲线。可以看出在炸药驱动下，由于冲击波在铜板内部的反射作用，铜板表面速度出现振荡并逐步上升，随着时间的推移，速度振荡频率减小，并达到最大速度。铜板从开始运动，到达到最大速度 99%的时间可被认为是炸药对铜板的加速时间 t_a。

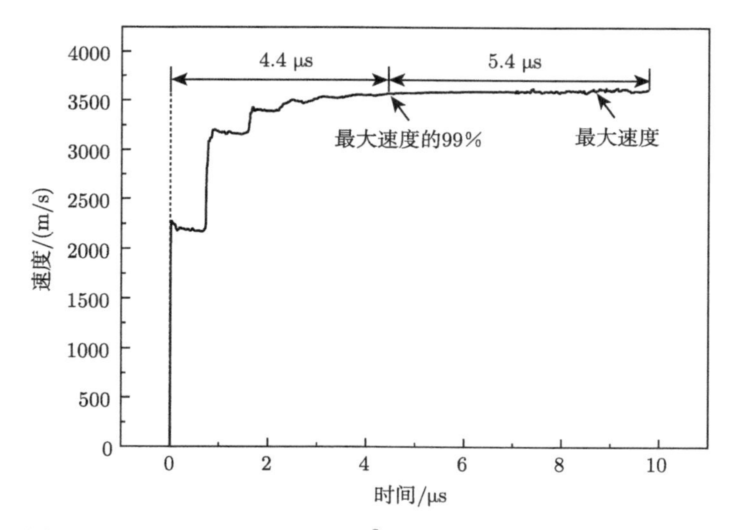

图 6.2.2 C-1 炸药 (1.924 g/cm^3) 驱动铜板速度随时间变化曲线

表 6.2.1 列出了 3 种密度下 C-1 炸药驱动铜板的最大速度 $V_{\max}$ 及对铜板的加速时间 t_a。从表中可以看出，随着密度增大，炸药驱动铜板的最大速度增大，表明炸药做功能力逐渐增强，当炸药密度从 1.916 g/cm^3 增大到 1.945 g/cm^3 时，铜板动能增大了 13.7%。随着密度增大，加速时间略有减小。

表 6.2.1　3 种密度下 C-1 炸药驱动铜板的最大速度及对铜板的加速时间

密度/(g/cm^3)	相对理论最大密度	$V_{max}/(m/s)$	$t_a/\mu s$
1.945	95.8	3712	4.2
1.924	94.8	3606	4.4
1.916	94.4	3481	4.6

图 6.2.3 是 1.924 g/cm^3 的 C-1(CL-20/黏结剂/95/5) 炸药与 1.800 g/cm^3 (相对理论最大密度为 94.5) 的 JO-9159(HMX/黏结剂/95/5) 炸药驱动下铜板表面中心的速度-时间曲线。从图中可以看出，在 JO-9159 炸药作用下，铜板表面初始速度为 1955 m/s，明显低于 C-1 炸药驱动铜板的初始速度，这是由于 CL-20 爆轰压力高于 HMX 炸药，在铜板内部产生了较强的冲击波所致。之后，JO-9159 炸药驱动铜板最大速度为 3305 m/s，而 1.924 g/cm^3 C-1 炸药驱动铜板最大速度为 3606 m/s，高于 JO-9159 炸药 9%，铜板获得的动能是 JO-9159 炸药的 1.19 倍，说明在相同炸药配比和装药尺寸下，CL-20 做功能力要显著高于 HMX。从铜板的加速时间上看，JO-9159 炸药的加速时间为 5.87 μs，明显长于 C-1 炸药，这表明 CL-20 能量释放速率高于 HMX。

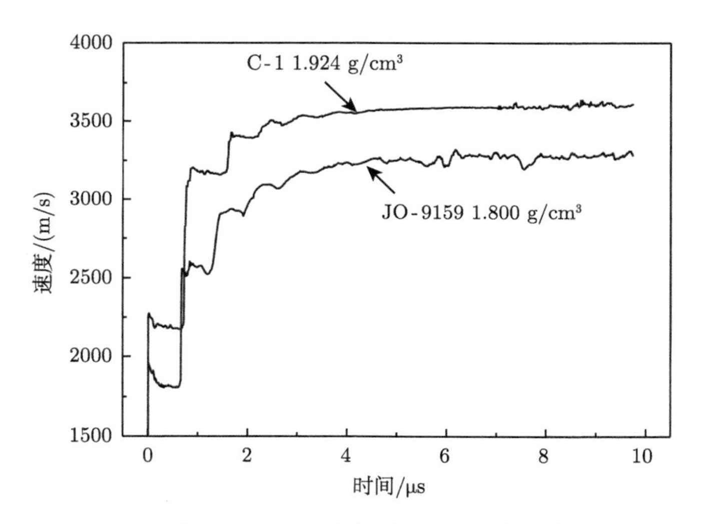

图 6.2.3　C-1 炸药与 JO-9159 炸药驱动铜板的速度随时间变化曲线

6.2.2　铝粉含量和尺寸对炸药驱动金属能力的影响

对不同铝粉含量、尺寸的 CL-20 含铝炸药及 CL-20 含 LiF 炸药，进行强约束炸药驱动金属试验，可以分析铝粉含量和尺寸对炸药驱动能力的影响。试验用的含铝炸药为压装炸药向 C-1 炸药中加入铝粉制成。

表 6.2.2 列出了不同铝粉含量和尺寸的 CL-20 含铝炸药以及 CL-20 含 LiF

炸药驱动铜板的最大速度 $V_{\max}$，达到最大速度的时间 $t_{\max}$。定义 $\frac{1}{2}V^2$ 为铜板的比动能，表中还列出了 CL-20 含铝炸药与 1.916 g/cm^3 的 C-1 炸药驱动铜板比动能之比 ε ($t_{\max}$ 时刻，铜板速度平方之比)。ε 可以用来表征表中炸药相对 C-1 炸药的驱动能力。

表 6.2.2 不同铝粉含量和尺寸的 CL-20 含铝炸药及 CL-20 含 LiF 炸药驱动铜板的 $V_{\max}$、$t_{\max}$ 和 ε

炸药配方	铝粉直径 /μm	密度 /(g/cm^3)	相对理论最大密度	$V_{\max}$ /(m/s)	$t_{\max}$ /μs	ε /%
CL-20/Al/黏结剂/91.2/5/3.8	2~3	1.935	94.1	3578[a]	8.6	106
	16~18	1.918	93.3	3314[a]	8.2	95
CL-20/Al/黏结剂/81.6/15/3.4	2~3	1.990	94.4	3254[a]	6.0	89
	16~18	1.992	94.5	3298	10.2	90
CL-20/LiF/黏结剂/81.6/15/3.4	—	1.979	94.0	3215	10.9	85

注：a 表示测试时间内，铜板并未运动至套筒出口，$V_{\max}$ 为测试时间内铜板最大速度。

表 6.2.2 中显示，CL-20/Al(2~3 μm)/黏结剂/91.2/5/3.8 炸药驱动铜板的最大速度最高，略高于 1.916 g/cm^3 的 C-1 炸药，其余炸药驱动铜板的最大速度均低于 C-1 炸药。对于 CL-20/LiF/黏结剂/81.6/15/3.4 炸药，铜板比动能为 C-1 炸药的 85%，正好等于该炸药中 C-1 的含量，因此，可以认为，加入惰性添加剂，会降低炸药的驱动能力，铜板获得的动能完全由 CL-20 炸药的含量决定。对于 CL-20/Al(2~3 μm)/黏结剂/91.2/5/3.8 炸药、CL-20/Al(2~3 μm)/黏结剂/81.6/15/3.4 炸药及 CL-20/Al (16~18 μm)/黏结剂/81.6/15/3.4 三种炸药，其配方中分别含有 91.2%、81.6%、81.6%的 C-1 炸药、但其 ε 均高于上述含量，因此，可以认为，这几种炸药中铝粉发生了反应，且反应能量能够用于加速铜板。对于 CL-20/Al(16~18 μm)/黏结剂/91.2/5/3.8 炸药，其 ε 为 95%，再考虑到该炸药的密度低于理论最大密度的 94%，所以该炸药中铝粉反应程度不高。

图 6.2.4 为表 6.2.2 中所列的 CL-20 含铝炸药驱动铜板的速度随时间变化曲线。从图中可以看出，4 种含铝炸药驱动铜板的起跳速度均低于 C-1 炸药，说明铝粉使得炸药爆轰波阵面压力降低，对铜板的冲击作用减弱。当铝含量为 5%时 (图 6.2.4(a))，在铜板开始运动的 0.8 μs 内，铝粉尺寸不同的两种 CL-20 含铝炸药驱动铜板的速度相近，在这之后 2~3 μm 铝粉含铝炸药对铜板的加速更快，铜板最大速度也更高。这是由于 2~3 μm 铝粉与爆轰产物反应提高了炸药的驱动能力，表明 2~3 μm 铝粉比 16 ~18 μm 铝粉的反应更靠前，在测试时间内达到的反应程度更高。当铝含量为 15%时 (图 6.2.4(b))，两条铜板速度曲线基本重合，表明 2~3 μm 铝粉和 16~18 μm 铝粉对炸药加速金属能力的影响几乎相同，铝粉反

应规律相似。图 6.2.4(a) 与图 6.2.4(b) 相比，随着铝粉含量增加，铝粉尺寸对炸药驱动能力的影响减弱。

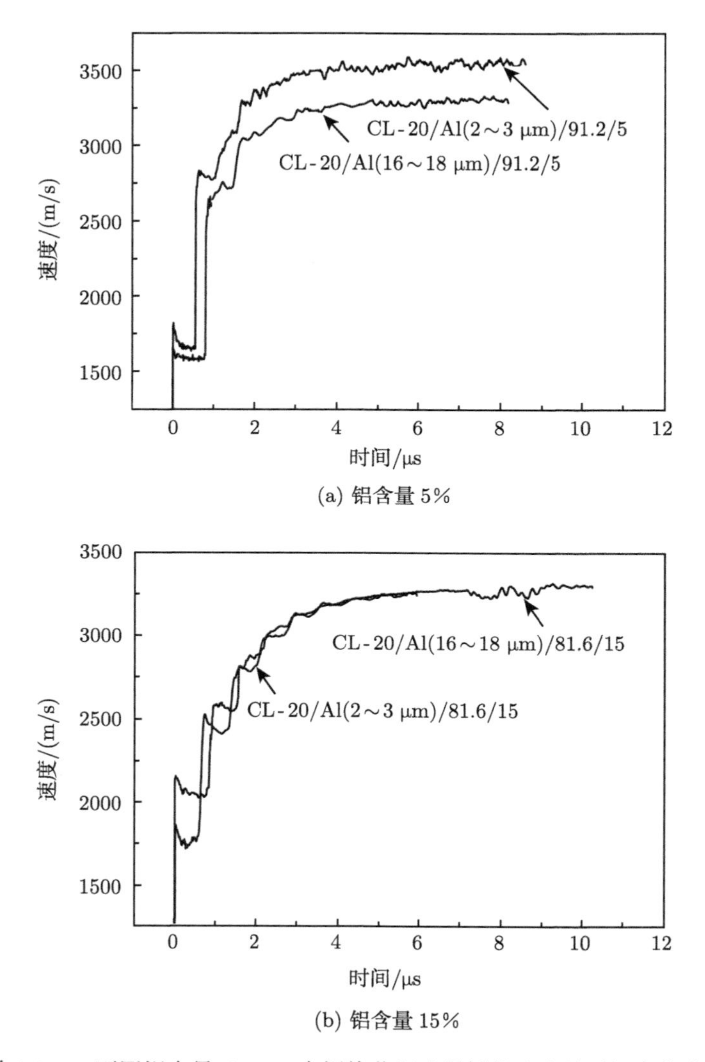

(a) 铝含量 5%

(b) 铝含量 15%

图 6.2.4　不同铝含量 CL-20 含铝炸药驱动铜板的速度随时间变化曲线

为了明确铝含量为 15%时，铝粉尺寸对 CL-20 含铝炸药驱动能力的影响，对含 200 nm、40～50 μm 铝粉的 CL-20 含铝炸药进行强约束炸药驱动金属平板试验。

表 6.2.3 为铝含量为 15%时，含 200 nm、40～50 μm 铝粉 CL-20 含铝炸药驱动铜板的 $V_{\max}$、$t_{\max}$ 和 ε。从表 6.2.2 中可以看出，当铝粉尺寸缩小到 200 nm 时，炸药驱动铜板达到的最大速度明显增大。

表 6.2.3 含 200 nm、40~50 μm 铝粉 CL-20 含铝炸药驱动铜板的 V_{max}、t_{max} 和 ε

炸药配方	铝粉直径	密度 /(g/cm³)	相对理论最大密度	V_{max} /(m/s)	t_{max} /μs	ε /%
CL-20/Al/黏结剂/81.6/15/3.4	200 nm	1.951	92.5	3395[a]	8.4	95
	40~50 μm	1.994	94.6	3304	10.4	90

注：a 表示测试时间内，铜板并未运动至套筒出口，V_{max} 为测试时间内铜板最大速度。

图 6.2.5 是铝含量为 15%，3 种尺寸微米级铝粉含铝炸药驱动铜板速度-时间曲线的对比。从图中可以看出，在 4 μs 前，3 种尺寸微米级铝粉含铝炸药驱动铜板速度振荡上升的过程略有不同，4 μs 后三个速度曲线基本重合，表明铝含量为 15%时，2~50 μm 铝粉与爆轰产物有相近的反应，铝粉尺寸对炸药驱动能力没有明显影响。

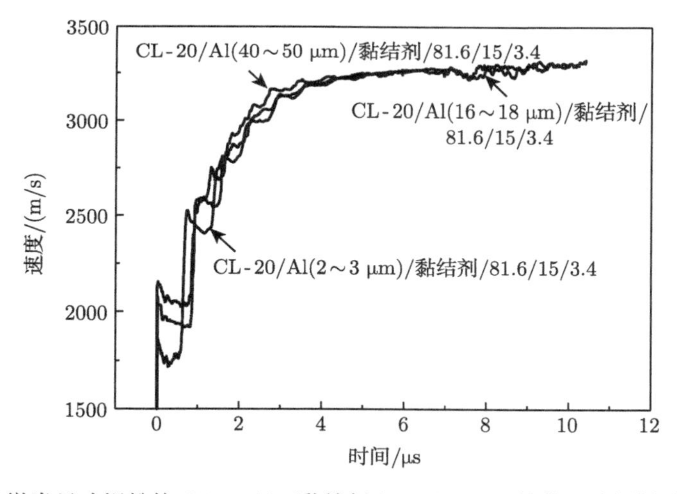

图 6.2.5 含微米尺寸铝粉的 CL-20/Al/黏结剂/81.6/15/3.4 炸药驱动铜板速度-时间曲线

图 6.2.6 为 CL-20/Al(200 nm)/黏结剂/81.6/15/3.4 炸药、CL-20/Al(16~18 μm)/黏结剂/81.6/15/3.4 炸药及 CL-20/LiF/黏结剂/81.6/15/3.4 炸药驱动的铜板速度随时间变化曲线。从图中可以看出，前 2 μs 三条曲线基本重合，之后两种 CL-20 含铝炸药驱动铜板的速度逐渐高于含 LiF 炸药，但速度增长趋势并不相同。我们认为铜板速度高于含 LiF 炸药的部分是铝粉反应释放能量造成的，速度增长越快、增量越大，意味着铝粉反应越快、反应程度越高。通过含铝炸药与含 LiF 炸药速度曲线对比，就可以对铝粉反应度进行分析。

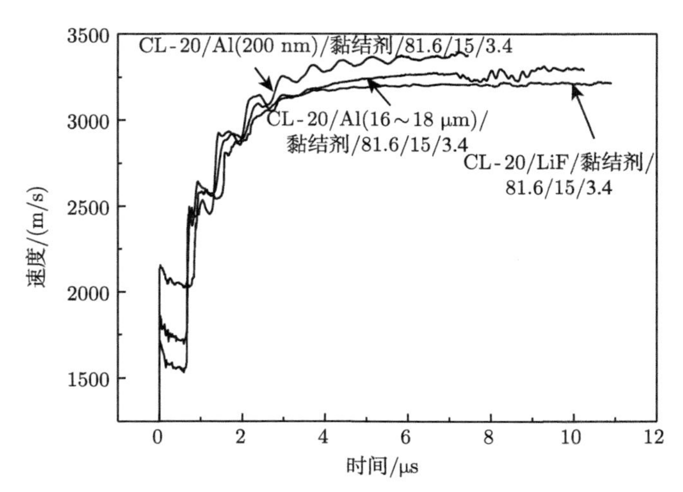

图 6.2.6 CL-20/Al(200 nm)/黏结剂/81.6/15/3.4 炸药、CL-20/Al(16～18 μm)/黏结剂/81.6/15/3.4 炸药及 CL-20 含 LiF 炸药驱动铜板速度-时间曲线

表 6.2.4 列出了不同铝粉含量和尺寸的 CL-20 含铝炸药及 CL-20 含 LiF 炸药加速铜板的时间 t_a。从表中可以看出，CL-20/LiF/黏结剂/81.6/15/3.4 炸药对铜板加速时间与 C-1 炸药相近，表明虽然在 CL-20 中加入惰性材料会降低炸药驱动能力，但不会影响炸药在驱动金属过程中的做功效率。表中的几种 CL-20 含铝炸药除 CL-20/Al(16～18 μm)/黏结剂/91.2/5/3.8 炸药外，均观测到了铝粉的反应，而这几种炸药对铜板的加速时间也均长于 C-1 炸药，表明铝粉反应会增加含铝炸药对铜板的加速时间。对于 CL-20/Al(16～18 μm)/黏结剂/91.2/5/3.8 炸药，铝粉没有明显反应，其对铜板加速时间也与 C-1 炸药和 CL-20/LiF/黏结剂/81.6/15/3.4 炸药相近。

表 6.2.4 CL-20 含铝炸药及 CL-20 含 LiF 炸药加速铜板的时间 t_a

炸药配方	铝粉直径	密度/(g/cm^3)	相对理论最大密度	t_a/μs
C-1	—	1.916	94.4	4.6
CL-20/LiF/黏结剂/81.6/15/3.4	—	1.979	94.0	4.3
CL-20/Al/黏结剂/91.2/5/3.8	2～3 μm	1.935	94.1	5.4
	16～18 μm	1.918	93.3	4.7
CL-20/Al/黏结剂/81.6/15/3.4	200 nm	1.951	92.5	6.7
	2～3 μm	1.990	94.4	—
	16～18 μm	1.992	94.5	7
	40～50 μm	1.994	94.6	7.1

为了明确铝粉对炸药爆轰产物驱动金属过程的影响，定义单位质量铜板在单位时间内获得的比动能为炸药爆轰产物的做功效率 η_p，单位 km^2/(s^2 · μs)，计算

公式如下所示：

$$\eta_{\mathrm{p}} = \frac{1}{2} m_{\mathrm{m}} {V_{\max}}^2 / M_{\mathrm{e}} t_{\mathrm{a}} \tag{6.2.1}$$

其中，M_{e} 为炸药质量，m_{m} 为铜板质量。η_{p} 越大表示炸药爆轰产物做功效率越高。图 6.2.7 为计算得到的 CL-20 含铝炸药爆轰产物的做功效率。从图中可以看出，C-1 炸药的做功效率最高，在其中加入铝粉会降低其做功效率，铝粉含量越多，做功效率越低，铝含量为 15%时，CL-20 含铝炸药的做功效率是 C-1 炸药的 60%左右，这主要是由于铝粉反应释放能量的速率比炸药的爆轰反应慢很多，因此加入铝粉会降低做功效率。铝粉颗粒直径为 2~50 μm 时，铝粉尺寸对炸药做功效率的影响并不明显，对于含 200 nm 铝粉的 CL-20 含铝炸药，其做功效率高于相同铝含量的微米铝粉 CL-20 含铝炸药。

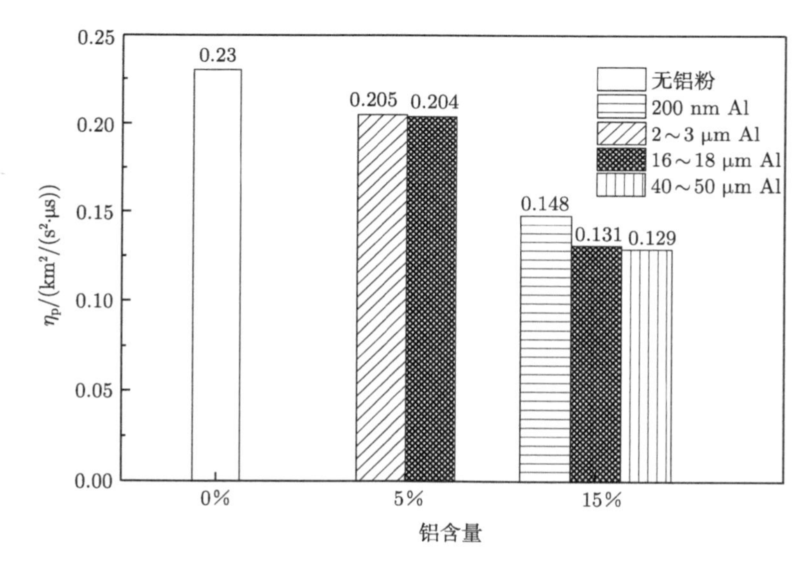

图 6.2.7 CL-20 含铝炸药爆轰产物的做功效率

在 CL-20 含 LiF 炸药驱动金属平板的过程中，LiF 为惰性材料，并不参加反应，平板的速度由 CL-20 炸药所做的功决定。然而在 CL-20 含铝炸药中，除了 CL-20 炸药外，铝粉反应释放的能量也会用于驱动做功，因此，金属平板的速度由 CL-20 炸药做的功和铝粉释放的能量共同决定。将两种炸药驱动的金属平板的动能相减，就可以得到铝粉反应中用于驱动金属平板运动的能量：

$$\Delta E(t) = \frac{1}{2} m \left({u^2}_{\mathrm{Al}}(t) - {u^2}_{\mathrm{LiF}}(t) \right) \tag{6.2.2}$$

其中，m 为金属平板质量，u_{Al}、u_{LiF} 分别为含铝炸药及含 LiF 炸药驱动下金属平板的运动速度。

设平板试验的驱动效率为 η，铝的反应度为 $\lambda(\mathrm{t})$，已知铝的氧化反应热为 Q_{Al}，ω 为含铝炸药质量，α 为含铝炸药中铝的质量分数，则有

$$\Delta E(t) = \eta Q_{\mathrm{Al}}\omega\alpha\lambda(t) \tag{6.2.3}$$

那么由公式 (6.2.2) 和公式 (6.2.3) 可得

$$\lambda(t) = \frac{1}{2}\frac{m}{\eta Q_{\mathrm{Al}}\omega\alpha}\left({u^2}_{\mathrm{Al}}(t) - u^2_{\mathrm{LiF}}(t)\right) \tag{6.2.4}$$

其中，$\eta = E_{\mathrm{k}}/Q_{\mathrm{exp}}$，$E_{\mathrm{k}}$ 为平板达到最大速度时的动能，Q_{exp} 为被测炸药中炸药组分全部反应后可释放的能量。根据 CL-20 含 LiF 炸药的驱动铜板速度，可以估算出在该试验条件下炸药驱动金属平板的效率为 0.173。

图 6.2.8 为铝粉尺寸为 200 nm 及 16～18 μm 的 CL-20/Al/黏结剂/81.6/15/3.4 炸药驱动铜板时，铝粉反应度随时间的变化曲线。从图中曲线可以看到，在铜板运动 1.36 μs 后，200 nm 铝粉的反应度由 0 开始逐步上升，16～18 μm 铝粉则为 3.25 μs，说明铝粉是在爆轰波后一段时间才与爆轰产物发生反应。随着时间增加，含铝炸药中铝粉的反应度逐渐上升。曲线的斜率代表了铝粉的反应速度，可以看到铝粉的反应速度并不是恒定的，而是随时间和铝粉反应程度的增加而逐渐减小，这是因为，随着时间增加，爆轰产物开始膨胀，压力降低，会对铝粉反应产生负面的影响。

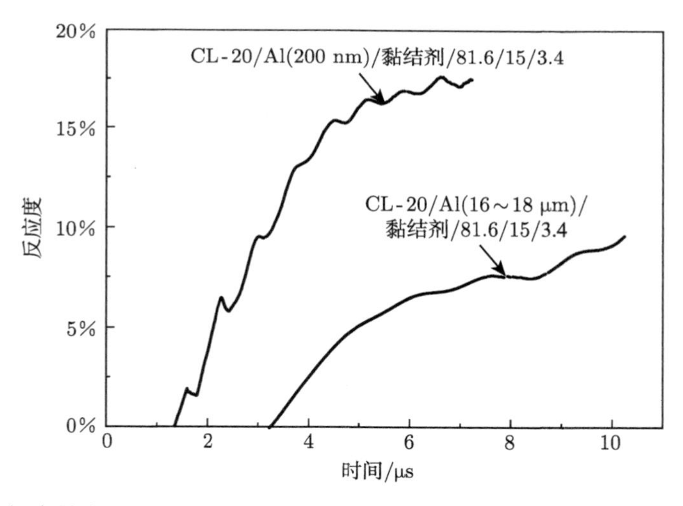

图 6.2.8　铝含量为 15%时，200 nm 及 16～18 μm 铝粉反应度 λ 随时间的变化曲线

在测量时间内，16～18 μm 铝粉的反应度最高可以达到 10%左右。与之相比，200 nm 铝粉的反应度接近 20%，反应速度也更快。200 nm 铝粉开始反应的时间更早，比 16～18 μm 铝粉早 1.9 μs。结果表明将铝粉尺寸减小至纳米，可以提早铝粉反应开始时间，提高铝粉反应速度。

6.2.3 含铝炸药爆轰产物 JWLM 状态方程

含铝炸药驱动能力的增加表明铝粉反应释放的能量可以用来加速金属。而由于铝粉反应造成的影响均在 CJ 点后出现，所以铝粉主要与爆轰产物发生反应，但这种后续的反应，使得采用传统的描述理想炸药爆轰产物状态方程如 JWL 状态方程，不能对含铝炸药爆轰和做功过程进行准确的描述，因此，需要采用能够描述铝粉反应释放能量的状态方程，并考虑压力、铝粉反应程度等因素对铝粉反应速率的影响。Miller 等 [21] 在 JWL 方程的基础上，考虑铝粉反应释放能量过程，建立了 JWLM 状态方程。我们对强约束含铝炸药驱动金属平板试验，进行数值模拟计算，采用 JWLM 状态方程描述含铝炸药爆轰产物膨胀过程，并通过与试验结果对比，标定炸药的 JWLM 状态方程参数。

对强约束 CL-20 含铝炸药驱动金属平板试验进行数值模拟计算。采用 JWLM 状态方程描述含铝炸药爆轰产物，通过计算结果与试验结果对比标定 JWLM 方程参数。

JWLM 方程形式如下所示：

$$p = A\left(1 - \frac{\omega}{R_1\bar{v}}\right)\mathrm{e}^{-R_1\bar{v}} + B\left(1 - \frac{\omega}{R_2\bar{v}}\right)\mathrm{e}^{-R_2\bar{v}} + \frac{\omega\left(E_0 + \lambda Q\right)}{\bar{v}} \tag{6.2.5}$$

可以看到 JWLM 状态方程在 JWL 方程的基础上，引入了描述铝粉反应放热的能量 Q。对于含铝炸药，Q 为 CJ 面后铝粉反应释放的能量，能量的释放速率由铝粉的反应度 λ 决定。其中：

$$\frac{\mathrm{d}\lambda}{\mathrm{d}t} = a\left(1 - \lambda\right)^m p^n \tag{6.2.6}$$

上式考虑了反应度 λ 和压力 p 对铝粉反应速率的影响。其中，a 是能量释放常数，m 为反应度指数，n 为压力指数。m 的建议值为 0.5，n 为 0.166667。若 $a > 0$，可以看出，压力越大铝粉反应速率越快，铝粉反应程度越大，铝粉反应速率越慢。对于爆轰符合 CJ 爆轰模型的不含铝炸药，则取 λ 的值为 0，即为 JWL 爆轰产物状态方程。

一般情况下，铝粉是在爆轰产物膨胀一段时间后才发生反应，铝粉反应的时间与爆轰 CJ 点是有间隔的。若在模拟计算中直接使用 JWLM 状态方程，则描述的是铝粉在 CJ 点后立刻发生反应，与实际情况不相符。因此，需要将 JWLM 状态方程的 λQ 一项延迟激活，通过铝粉开始反应的时间 t_r 控制铝粉何时开始反应释放能量。若 $t \leqslant t_\mathrm{r}$，则 $\lambda = 0$，按照 JWL 状态方程描述炸药，若 $t > t_\mathrm{r}$，则在计算中激活 λQ，按照 JWLM 状态方程，考虑铝粉的反应。方程参数的具体标定方法如图 6.2.9 所示。

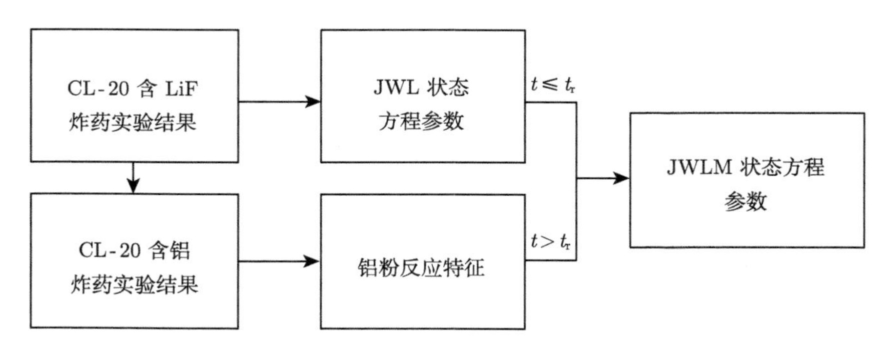

图 6.2.9　JWLM 方程参数标定方法

首先以 CL-20 含 LiF 炸药为参照，标定铝粉未反应情况下，仅 CL-20 炸药释放能量的 JWL 状态方程参数，其次在对应的铝粉开始反应时刻 t_r，激活 JWLM 中的铝粉能量项 λQ，通过试验获得含铝炸药速度曲线和铝粉反应规律标定铝粉的反应速率参数，最终获得 CL-20 含铝炸药的 JWLM 状态方程参数。

表 6.2.5 列出了 CL-20 含铝炸药爆轰产物 JWLM 状态方程参数。我们在计算中发现，从铝粉开始反应，到其释放能量能够明显提高铜板速度，需要 1 μs 的时间 (对应 15%左右的铝粉反应度)，因此，激活时刻 t_r 比图 6.2.8 显示的铝粉反应度开始大于 0 的时刻提早 1 μs。

表 6.2.5　CL-20 含铝炸药爆轰产物 JWLM 状态方程参数

炸药	A /GPa	B /GPa	R_1	R_2	ω	E_0 /(kJ/cm^3)
CL-20/Al(200 nm)/黏结剂/81.6/15/3.4	12.88	0.82	5.4	2.6	0.37	9.4
CL-20/Al(2～50 μm)/黏结剂/81.6/15/3.4	12.88	0.82	5.4	2.6	0.42	9.6

炸药	Q /(kJ/cm^3)	a	m	n	t_r /μs
CL-20/Al(200 nm)/黏结剂/81.6/15/3.4	5.8898	0.4	3	0.166667	0.36
CL-20/Al(2～50 μm)/黏结剂/81.6/15/3.4	6.0136	0.6	8	0.166667	2.25

图 6.2.10 为计算的 CL-20/Al(200 nm)/黏结剂/81.6/15/3.4 炸药及 CL-20 含 LiF 驱动的铜板速度曲线与试验结果对比。可以看出，$\lambda = 0$ 时，所标定的 JWL 状态方程计算结果与 CL-20 含 LiF 炸药加速铜板的速度曲线基本吻合，在 0.36 μs 激活 JWLM 方程中的 Q 后，计算结果与 CL-20/Al(200 nm)/黏结剂/81.6/15/3.4 炸药加速铜板的速度曲线基本吻合。将两条计算曲线对比，可以明显地看出铝粉反应释放能量对炸药加速金属能力的影响。表明采用 JWLM 状态方程可以较好地描述含铝炸药的驱动金属过程。

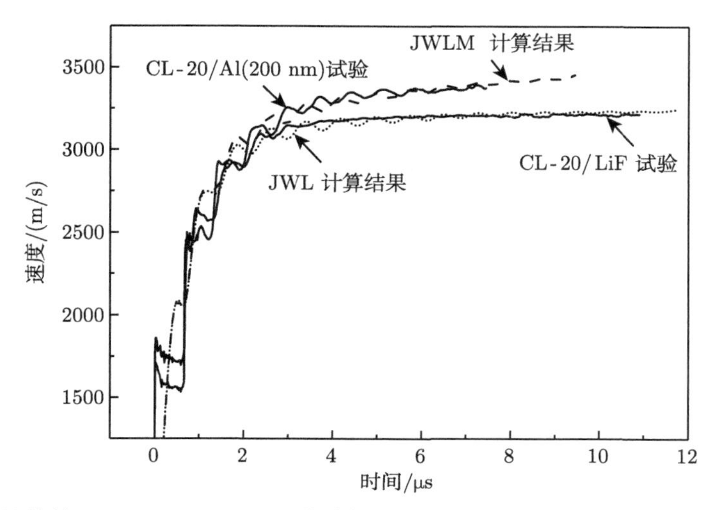

图 6.2.10 计算的 CL-20/Al(200 nm)/黏结剂/81.6/15/3.4 炸药及 CL-20 含 LiF 炸药驱动的铜板速度曲线与试验结果对比

图 6.2.11 为计算的铝粉反应度 λ 随时间变化曲线。从图中可以看出，计算得到的铝粉反应度变化规律与图 6.2.8 基本一致，铝粉反应速率随着时间增加逐步减小，200 nm 铝粉的反应速率明显高于 2~50 μm 铝粉。

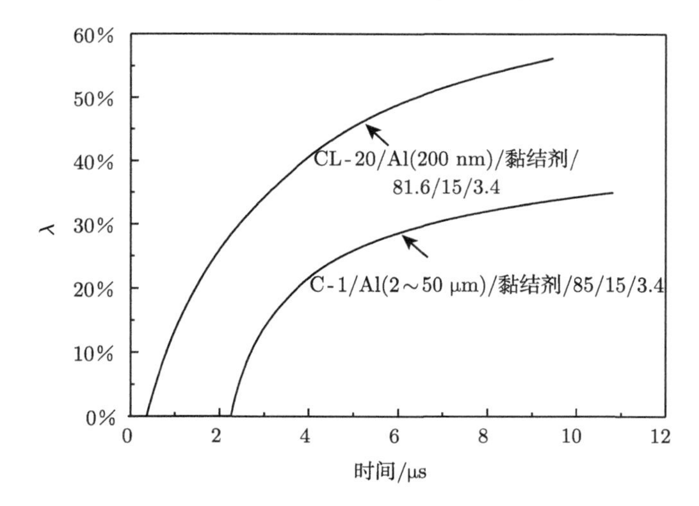

图 6.2.11 JWLM 状态方程计算的铝粉反应度 λ 随时间变化曲线

6.3 含铝炸药爆轰产物膨胀中期能量释放

为分析含铝炸药爆轰后几十微秒到数百微秒，即爆轰产物膨胀中期的能量输出特征，我们设计了强约束炸药爆轰驱动水体试验装置，采用同时分幅/扫描高速照相技术，观测了水中冲击波、爆轰气体产物和水体运动过程，结合数值模拟，分析了炸药爆轰后数百微秒的能量释放规律。

6.3.1　强约束炸药爆轰驱动水体的试验

水介质具有一定的可压缩性和较好的流动性，采用强约束炸药爆轰驱动水体的方法，可以较长时间地约束爆轰气体产物，通过观测水中冲击波传播和水体运动情况，得到爆轰产物膨胀中期的能量输出特征。

图 6.3.1 是强约束炸药爆轰驱动水体试验原理图。试验系统主要由强约束炸药爆轰驱动水体试验装药装置、透明水箱和试验测量系统等部分组成，其中强约束炸药爆轰驱动水体试验装药装置由传爆药、被测炸药、钢质圆筒等部分组成，如图 6.3.2 所示。被测炸药柱被放置在一端封闭的钢质圆筒中，形成强约束。圆筒开口被安装在透明水箱底部中心位置，透明水箱为长方形体，其上面开口，侧面为透明有机玻璃板 (PMMA)，底面为钢板，内部装满纯净水。在圆筒封闭端外表面安装传爆药柱和雷管，用于起爆被测炸药。被测炸药爆轰后，爆轰产物在圆筒强约束下与铝粉持续反应并膨胀，在水中形成冲击波，并驱动水体运动。冲击波阵面的高密度，引起水体折射率变化，使光产生折射，爆轰气体产物在水中会遮挡光线。在水箱右侧，用氙灯光源进行照明，在水箱左侧，用同时分幅/扫描高速相机，观测炸药爆炸后，水中冲击波和爆轰气体产物与水体界面的运动。获得冲击波传播和气体产物膨胀规律。

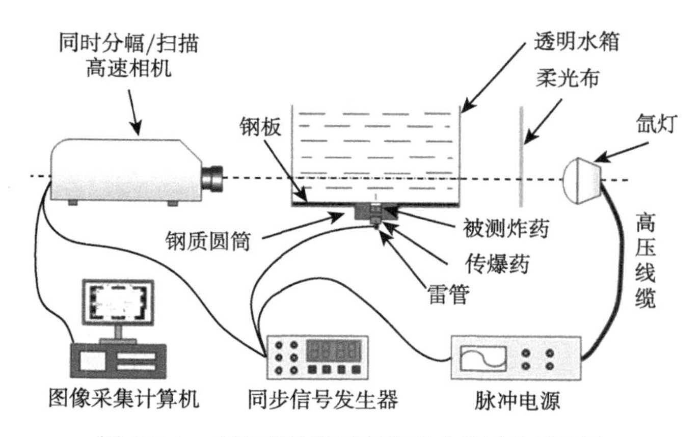

图 6.3.1　强约束炸药爆轰驱动水体试验原理图

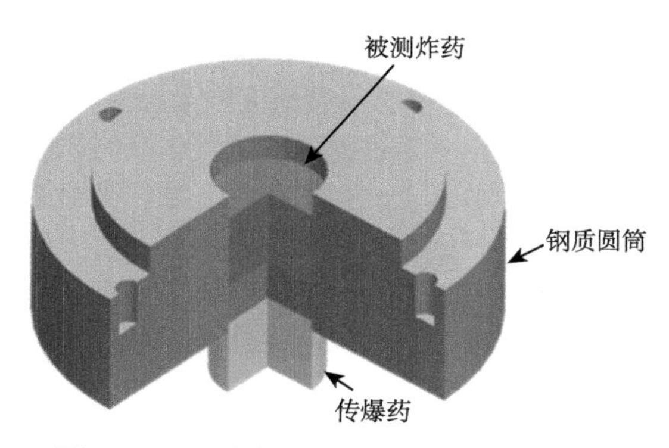

图 6.3.2 强约束炸药爆轰驱动水体装药装置

采用上述强约束炸药爆轰驱动水体试验系统，对表 6.3.1 中的 5 种混合炸药进行爆轰驱动水体试验，获得了炸药爆轰后冲击波传播和爆轰气体产物膨胀的流场变化特征，分析了含铝炸药爆轰产物膨胀中期能量释放特征。

表 6.3.1 被测炸药的配方、密度、质量和基本爆轰性能

炸药	配方	密度 /(g/cm³)	质量 /g	爆速 /(m/s)	爆压 /GPa	爆热 /(J/g)
CA25	CL-20/Al/AP/HTPB/30/25/33/12	1.84	8.36	6428	19.52	8226
RA15	RDX/Al/Wax/80/15/5	1.80	8.12	8086	29.30	7331
RA30	RDX/Al/Wax/61/30/9	1.77	8.10	7350	24.00	8962
RF15	RDX/LiF/Wax/80/15/5	1.80	8.13	8141	29.30	4525
TNT	TNT	1.60	8.05	6388	18.00	4300

根据强约束炸药爆轰驱动水体装置结构，建立了计算模型，对强约束炸药爆轰驱动水体运动试验进行数值模拟分析。表 6.3.2 是含铝炸药爆轰产物 JWLM 状态方程参数和不含铝炸药 JWL 爆轰产物状态方程参数。

表 6.3.2 炸药爆轰产物状态方程参数

炸药	A/GPa	B/GPa	R_1	R_2	ω	E_0/(kJ/cm³)	Q/(kJ/cm³)	a
CA25	1411.18	7.58	6.55	0.90	0.20	6.50	8.60	0.0185
RA15	784	14	4.70	1.10	0.26	8.70	2.40	0.30
RA30	678.30	3.36	4.60	1.50	0.22	7.00	8.80	0.1000
RF15	784	14	4.70	1.10	0.26	8.70	—	—
TNT	333.93	19.60	4.60	1.80	0.20	6.00	—	—

6.3.2 强约束炸药爆轰驱动水体流场特征

图 6.3.3 是有氧化剂含铝炸药 (CA25) 爆轰后，不同时刻水中冲击波传播和爆轰气体产物膨胀过程的照片。图中圆弧形的阴影是由于冲击波在水中传播，改

变了水体密度，使水体的折射率发生了变化，引起氙灯光源发出的光产生折射，从而在相机成像单元上产生了发光，圆弧形发光区即为对应时刻冲击波达到的位置。图中底部黑色的椭圆形区域是由于不透光的爆轰气体产物膨胀，遮挡了部分氙灯光源发出的光，而在相机成像单元上产生了黑色区域，椭圆形黑色区域即为对应时刻爆轰气体产物膨胀产生的气泡。可以看出冲击波在水中呈半圆形，冲击波传播半径随着时间逐步增大，爆轰气体产物膨胀产生的气泡呈半椭圆形。可以看出，强约束炸药爆轰驱动水体试验方法，可以获得炸药爆轰产物膨胀数百微秒内的冲击波传播和爆轰气体产物与水界面运动情况，满足炸药爆轰产物中期能量输出分析需求。

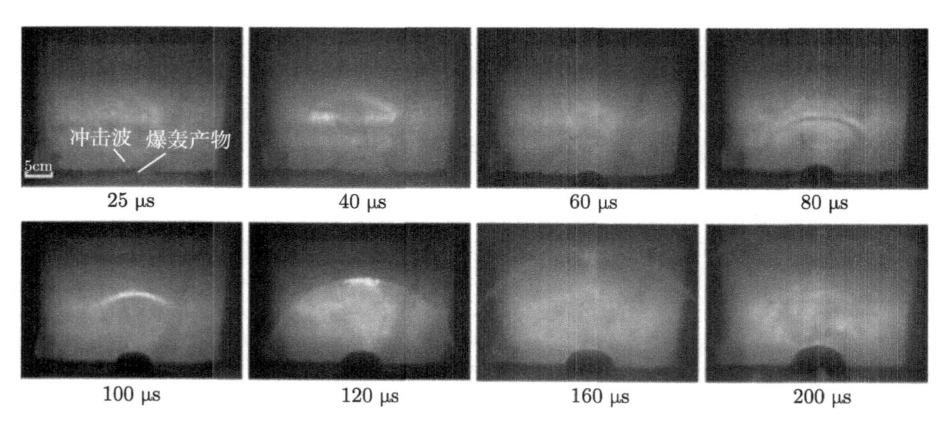

图 6.3.3　有氧化剂含铝炸药 (CA25) 爆轰后，不同时刻水中冲击波和爆轰气体产物膨胀过程的照片

图 6.3.4 是通过高速扫描照相，获得的强约束下有氧化剂含铝炸药 (CA25) 爆轰后水中冲击波传播和爆轰气体产物膨胀的轨迹照片。图中从左下角至右上角倾斜的轨迹线为冲击波传播轨迹，图中底部黑色区域的边界轨迹为爆轰气体产物膨胀的轨迹。由于试验中扫描狭缝与水箱中线对齐，因此，扫描成像获得的水中冲击波传播和爆轰气体产物膨胀的轨迹，分别是半圆形冲击波阵面和半椭球型气泡边界顶点位置不断变化形成的轨迹线。通过两条轨迹线，可以得到半圆形冲击波阵面半径和椭圆形气泡半轴长，轨迹的斜率可认为是其速度。图 6.3.4 中轨迹显示，水中冲击波阵面始终位于气泡边界上方，且倾斜率较气泡边界大，表明水中冲击波传播速度远高于气泡膨胀的速度，冲击波传播轨迹随时间基本呈线性变化，显示冲击波传播的速度变化较小，而图中爆轰气体产物所形成气泡膨胀的轨迹呈现抛物线形状，表明气泡膨胀的速度逐渐降低，这主要是由于随着气体产物膨胀，炸药反应逐渐结束，气泡内气体压力逐渐降低，导致气泡膨胀的速度降低。

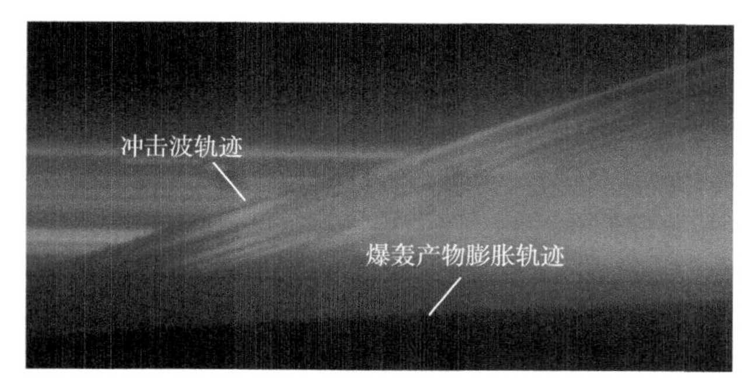

图 6.3.4 水中冲击波传播和爆轰气体产物膨胀的轨迹

通过试验获得的数据仍然比较有限，结合数值模拟，可以对复杂的流场变化进行深入分析。图 6.3.5 给出了有氧化剂含铝炸药 (CA25) 爆轰驱动水体流场计算结果和试验结果的比较，图中不同时刻左侧试验获得的冲击波和气泡位置与右侧计算结果对比，显示计算获得冲击波传播边界与试验获得的圆弧形冲击波边界基本重合，计算爆轰气体产物形成的气泡边界与试验获得的气泡边界基本一致，形状吻合，表明计算模型能够有效描述强约束下炸药爆轰驱动水体的运动过程。

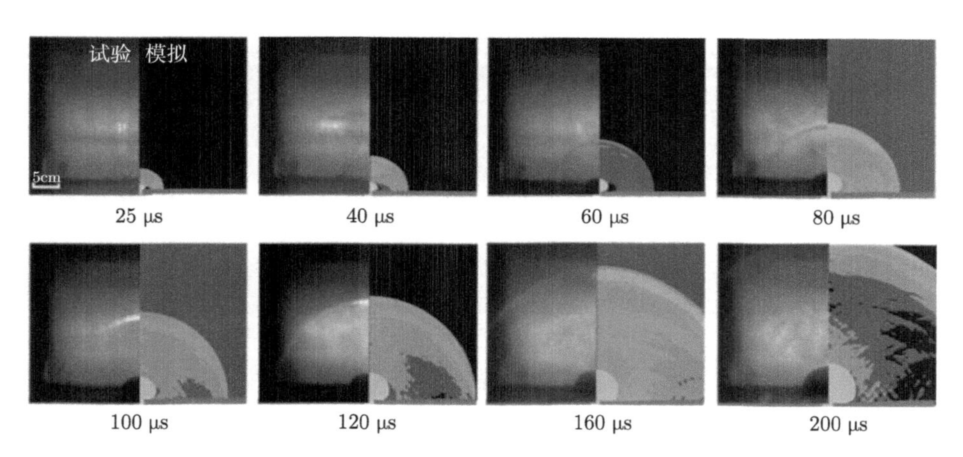

图 6.3.5 炸药爆轰驱动水体流场计算结果和试验结果的比较

6.3.3 强约束炸药爆轰水中冲击波能量

图 6.3.6 是试验获得的 CA25、TNT、RA30、RF15 以及 RA15 等 5 种炸药，在不同时刻的冲击波流场图像。可以看出冲击波传播和爆轰气体产物膨胀过程基本类似。图中标注给出了不同时刻冲击波的传播距离。40 μs 时刻 CA25、TNT、RA30、RF15 和 RA15 等 5 种炸药爆轰产生冲击波在水中的传播距离分别是 63.2 mm、78.6 mm、79.5 mm、82.6 mm、85.4 mm，冲击波传播距离随时间迅速

增加，至 160 μs 时刻，水中传播的距离分别是 242.5 mm、265.6 mm、266.6 mm、267.1 mm、277.1 mm。对比可以看出，对于 CA25 炸药，冲击波在水中传播的距离最短，40 μs 至 160 μs 时刻增加 179.3 mm。TNT 和 RA30 炸药爆轰产生冲击波在水中传播的距离比较接近，不同时刻距离的最大偏差为 1.15%，40 μs 至 160 μs 时刻冲击波传播距离分别增加 187 mm 和 187.1 mm，可以看出两种炸药爆轰产生的冲击波在水中的传播速度相当。RA15 炸药爆轰产生冲击波在水中的传播速度明显较快，40 μs 至 160 μs 时刻增加 191.7 mm。RF15 是采用在爆轰中基本不反应的惰性材料 LiF，替代 RA15 中的 Al 制作的炸药，RF15 炸药爆轰产生冲击波在水中的传播，对应时刻的传播距离均低于 RA15 炸药，显示出铝粉反应可能减缓了冲击波在水中的衰减。

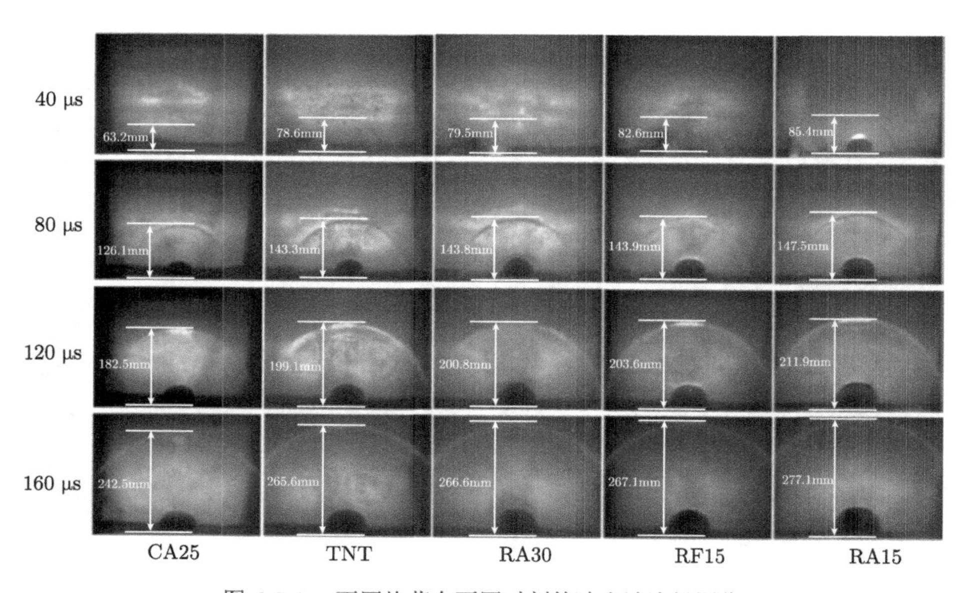

图 6.3.6　不同炸药在不同时刻的冲击波流场图像

图 6.3.7 是根据分幅和扫描图像获得的，不同炸药爆轰后，水中冲击波传播距离随时间的变化，其斜率是冲击波的平均传播速度。CA25、TNT、RA30、RF15 和 RA15 炸药爆轰后，水中冲击波的传播速度分别是 1498 m/s、1601 m/s、1569 m/s、1570 m/s 和 1607 m/s。可以看到，RF15 和 RA15 炸药爆轰后，从水中冲击波的传播对比可以看出，RA15 炸药爆轰后，水中冲击波传播的速度高于 RF15 炸药，表明铝粉反应在一定程度上减缓了水中冲击波的衰减，水中冲击波传播速度较快。CA25 冲击波传播速度较 RA15 炸药低 6.8%，表明铝粉含量进一步增加和加入氧化剂会导致爆轰压力降低，水中冲击波压力传播速度相对减慢。

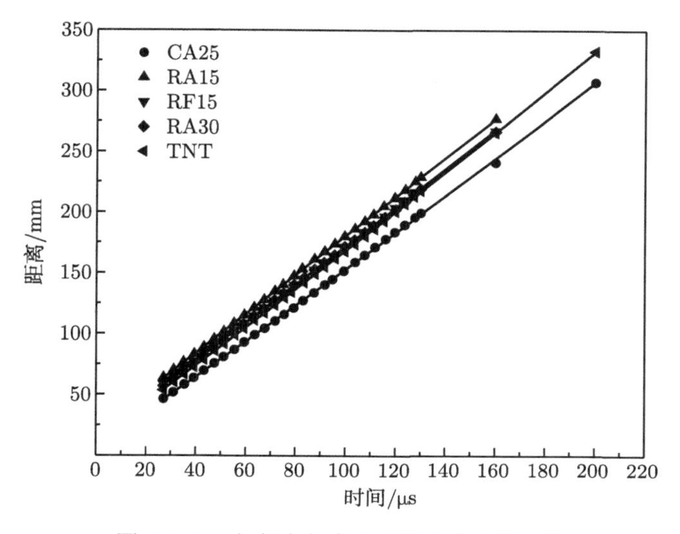

图 6.3.7 水中冲击波传播距离随时间变化

图 6.3.8 是计算获得的在炸药上表面中心不同距离处，水中冲击波的最大压力，图中实线是采用指数函数，对冲击波最大压力随距离变化的拟合结果。可以看出，在距离炸药上表面中心 2 cm 位置处，RA15 和 RF15 爆轰反应在水中产生的冲击波最大压力较高，均为 1600 MPa 左右，TNT 炸药爆轰对应的水中冲击波最大压力约为 1300 MPa，RA30 爆轰后，冲击波传至水中 2 cm 处时的最大压力约为 1200 MPa，CA25 爆轰对应的水中冲击波最大压力最低，为 1060 MPa。

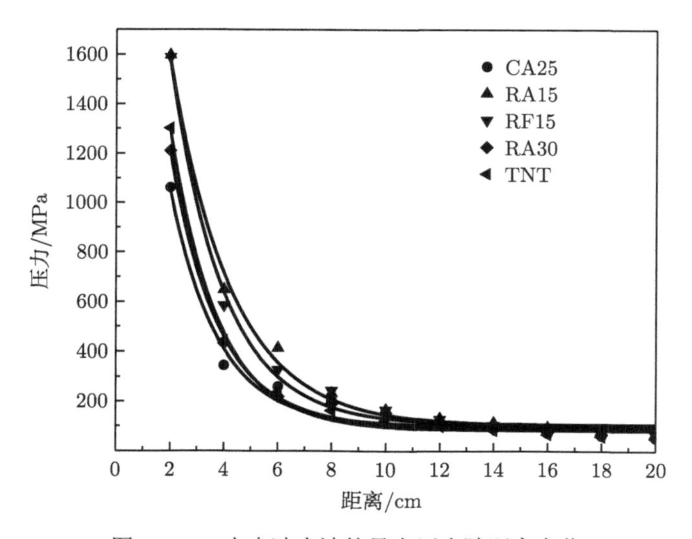

图 6.3.8 水中冲击波的最大压力随距离变化

随着距离增加，冲击波最大压力均迅速衰减，不同炸药对应的冲击波最大压力衰减趋势相似，基本满足指数函数关系。根据冲击波最大压力的衰减趋势可以看出，RF15 炸药对应的水中冲击波压力较 RA15 炸药下降趋势较快，CA25 爆轰对应的水中冲击波最大压力在 8 cm 位置处已经高于 RA30 和 TNT 炸药爆轰对应的水中冲击波最大压力，上述水中冲击波的最大压力衰减趋势显示，含铝炸药爆轰在水中产生冲击波的衰减较慢，而加入氧化剂后可以进一步减缓冲击波压力的衰减。

根据水中冲击波的传播特征，冲击波的能量密度与压力平方的积分成正比 [20]：

$$E_{\mathrm{sf}} \propto \frac{1}{\rho_0 C_0} \int_0^{6.7\theta} p^2(t)\,\mathrm{d}t \tag{6.3.1}$$

冲击波的实际能量密度与冲击波压力峰值相关：

$$E_{\mathrm{sf}} = \frac{1}{\rho_0 C_0} \left(1 - 2.422 \times 10^{-4} p_{\mathrm{m}} = 1.031 \times 10^{-8} p_{\mathrm{m}}^2\right) \int_0^{6.7\theta} p^2(t)\,\mathrm{d}t \tag{6.3.2}$$

其中，E_{sf} 为冲击波能量密度，ρ_0 为水介质密度，C_0 为水中声速，$p(t)$ 为冲击波压力随时间变化，p_{m} 为冲击波压力峰值，θ 为冲击波压力由峰值 p_{m} 衰减至 p_{m}/e 的时间。

冲击波能量密度的大小可以反映出强约束下炸药爆轰后水中冲击波的破坏力。根据公式 (6.3.2)，对距离炸药上表面中心 6 cm 位置处，水中冲击波压力随时间变化进行积分，计算获得了冲击波能量密度，如图 6.3.9 所示。由图可以看出，不

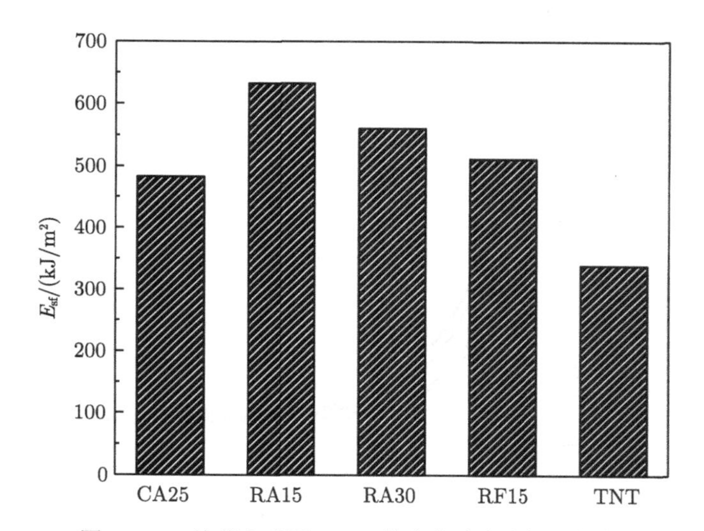

图 6.3.9　炸药上表面 6 cm 的水中冲击波能量密度

同炸药爆轰后对应水中冲击波能量密度大小的排序依次是：RA15>RA30>RF15>CA25>TNT，RA15 炸药冲击波能量高于 RF15 炸药，表明含铝炸药中铝粉的反应，在一定程度上延缓了水中冲击波的衰减，增加了冲击波能量，铝粉含量增加至 30%时，炸药爆轰水中冲击波能量密度降低。CA25 炸药冲击波能量密度较低，仅高于 TNT 炸药，显示出 CA25 炸药爆轰反应能量释放速度较慢。

6.3.4 强约束炸药爆轰产物膨胀做功

强约束条件下炸药爆轰试验装置安装于透明水箱底部，炸药爆轰后爆轰气体产物克服静水压力，从水箱底部向水中膨胀，推动水体运动，水中气泡的大小可以显示出爆轰气体产物的膨胀速度，反映其推动水体运动的能力及能量释放特征。图 6.3.10 是根据分幅和扫描图像获得的不同炸药爆轰后，爆轰气体产物膨胀过程中，椭球形气泡 b 半轴长度随时间的变化，图中实线是采用指数函数对气泡半轴长度随时间的变化的拟合结果，拟合相关性不低于 0.99，表明气泡半轴长度基本满足指数增长关系。图中显示，在相同的时刻，CA25 炸药爆轰气体产物气泡半轴长度始终小于其他 4 种炸药，表明 CA25 炸药爆轰气体产物的膨胀较慢，驱动水体运动的能力相对较弱。图中 CA25 炸药爆轰气体产物气泡半轴长度增加的斜率大于其他 4 种炸药，表明炸药爆轰气体产物的膨胀过程中，存在持续的铝粉反应释放能量，提高了爆轰产物膨胀做功的能力。

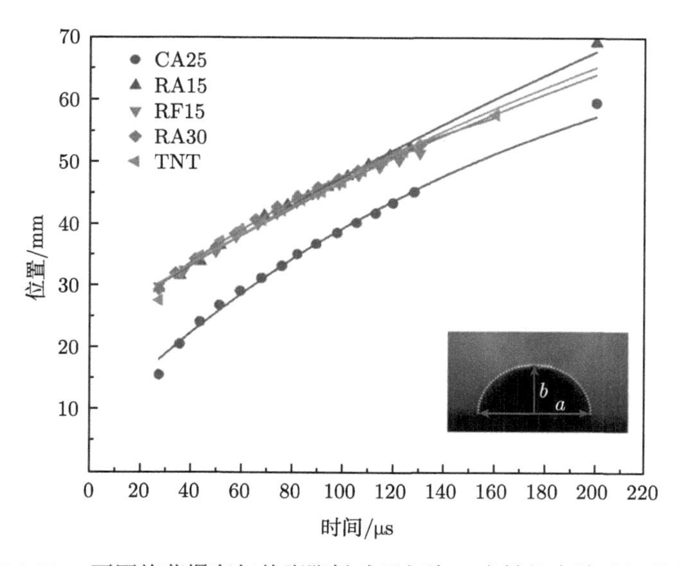

图 6.3.10 不同炸药爆轰气体膨胀椭球形气泡 b 半轴长度随时间的变化

根据 120 μs 时刻爆轰气体膨胀图像，获得的不同炸药爆轰产物在水中膨胀的气泡边界尺寸，如图 6.3.11 所示，采用隐式方法，使用椭圆方程对气泡边界进行拟合，获得了边界的椭圆方程，图中实线绘制的轨迹是拟合获得的不同炸药气泡边界。可以看出气泡边界吻合椭圆方程，根据拟合结果可以得到不同炸药椭圆方程半轴长度。炸药爆轰气体产物在水中膨胀过程中，推动水体运动做的功，可以采用爆轰气体产物体积与净水压力的乘积计算 [20]：

$$E_{\mathrm{b}} = V_{\mathrm{bubble}} \times p_0 \tag{6.3.3}$$

式中，V_{bubble} 为爆轰气体产物体积，对于半椭球型，其 $V_{\mathrm{bubble}} = 2a^2b/3$，$p_0$ 为水箱底部的净水压力。

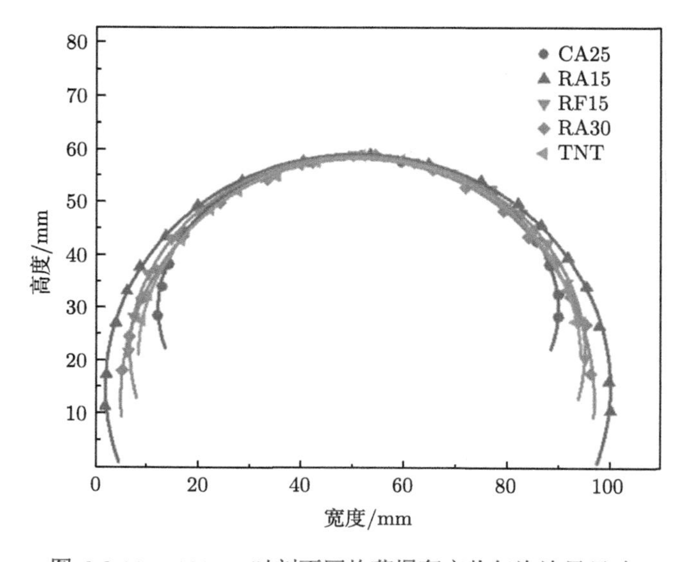

图 6.3.11　120 μs 时刻不同炸药爆轰产物气泡边界尺寸

表 6.3.3 是不同炸药气泡椭圆方程的半轴长度和爆轰气体产物膨胀的做功。根据水中底部气泡脉动特征和边界效应，气泡向上膨胀的速度一般低于向侧边膨胀的速度。爆轰气体产物所形成的气泡呈现出椭球形，而气泡内压力越大，气泡向上膨胀的速度越快，因此，我们采用椭球形气泡两个半轴的比值评价爆轰气体产物推动水体的能力，半轴比值越大，则表明气泡向上膨胀的趋势越快，即气泡内压力越大，也显示炸药爆轰气体产物中后燃反应较剧烈，膨胀对外作用的潜力较强。可以看出，RA15 炸药爆轰气体产物膨胀的气泡半轴较长，而 CA25 炸药爆轰气体产物膨胀的气泡半轴最短，几种炸药爆轰气体产物膨胀的气泡 b 半轴均比 a 半轴短。表 6.3.3 中也给出了 b 半轴与 a 半轴的比值。表中数据显示，120 μs

时刻，炸药爆轰气体产物膨胀 b/a 值排序为：RA30>RA15>TNT>RF15>CA25，在该时刻，RA15 炸药和 RF15 炸药 b/a 值对比，可以看出含铝炸药中铝粉反应可以显著提升炸药驱动水体能力，强约束条件下 RA30 炸药爆轰推动水体运动能力最强，CA25 炸药最弱，有氧化剂含铝炸药爆轰推动水体运动能力低于 TNT 炸药。表 6.3.3 中还给出了爆轰气体产物膨胀至 120 μs 时刻已经做的功，可以看出，120 μs 时刻，RA15 炸药爆轰气体产物膨胀做功高于 RF15 炸药，RA30 炸药爆轰气体产物膨胀做功略低于 RA15 炸药，而 CA25 炸药爆轰气体产物膨胀做功最低。

表 6.3.3 120 μs 时刻气泡椭圆形边界的半轴和膨胀做功

炸药	a 半轴/mm	b 半轴/mm	b/a	E_b/J
CA25(CL-20/Al/AP/HTPB/30/25/33/12)	38.45	27.74	0.72	9.45
RA15(RDX/Al/Wax/80/15/5)	49.14	44.19	0.90	23.54
RF15(RDX/LiF/Wax/80/15/5)	44.22	37.11	0.84	16.01
RA30(RDX/Al/Wax/61/30/9)	46.08	45.89	0.99	21.50
TNT	43.05	38.20	0.89	15.61

根据上述爆轰气体产物半轴比和爆轰气体产物膨胀做功分析，可以得出强约束条件下含铝炸药爆轰推动水体运动能量释放特征。RA15 和 RF15 炸药对比显示，含铝炸药爆轰反应中期铝粉反应可增加爆轰气体产物做功，RA15 和 RA30 炸药对比可以看出，铝粉含铝越高，炸药爆轰反应中期爆轰气体产物做功越低，但爆轰气体产物椭球形气泡半轴比较大，表明爆轰反应中期依然存在显著的后效能量释放，具有较大的做功潜力，而 CA25 炸药由于含有较多的铝粉和氧化剂，爆轰反应中期爆轰气体产物做功和气泡半轴比均较低，显示炸药爆轰气体产物膨胀中期，铝粉释放能量依然较为缓慢，导致爆轰气体产物膨胀较慢，在一定程度上使其爆轰反应中期驱动水体运动能力较低。

含铝炸药爆轰反应中期铝粉反应可减缓冲击波在水中的衰减，增加爆轰气体产物做功，铝粉含量增加，水中冲击波能量和爆轰气体产物做功降低，但气泡膨胀特征显示，高铝粉含量的炸药具有更好的气泡膨胀做功潜力，而氧化剂使含铝炸药爆轰中期水中冲击波能量和爆轰气体产物做功均偏低，炸药爆轰反应中期能量释放相对减慢。

6.4 含铝炸药爆轰产物膨胀后期能量释放

炸药在深水中爆炸时，会强烈压缩水介质，形成水中冲击波，而爆轰气体产物会以气泡的形式在水中快速膨胀，时间可达毫秒量级，在静水压力的作用下，气泡还会发生多次膨胀和收缩，形成气泡脉动效应。进行含铝炸药水中爆炸试验，可以观测水中冲击波压力和气泡脉动情况，计算获得炸药水中爆炸冲击波能和气泡能，以及水中爆炸总能量，分析含铝炸药爆轰产物膨胀后期 (毫秒时间量级) 的能量释放特征。

6.4.1　炸药水中自由场爆炸试验

炸药水中自由场爆炸试验是把炸药放置在水中爆炸，采用压力传感器测量水中自由场的冲击波压力，或用高速照相技术，观测气泡形成和运动特征，分析炸药水中爆炸性能和能量释放规律。我们进行的炸药水中爆炸试验布局，如图 6.4.1 所示，在水面直径 48 m，底面直径 32 m 的水池中轴上放置被测炸药，炸药距离水面 10 m。在炸药周围相同水深处，距离炸药中心两侧 1.0 m、1.5 m、2.0 m 和 2.5 m 处分别安放压力传感器，测量距离炸药中心不同位置处水中冲击波压力和第一次气泡脉动引起的压力变化。左侧编号为 1-1#、1-2#、1-3#、1-4# 的 4 个压力传感器，主要测量不同位置的冲击波压力变化。右侧编号为 2-1#、2-2#、2-3#、2-4# 的另外 4 个压力传感器，主要用于测量第一次气泡脉动引起的水中压力变化，以此获得气泡脉动周期。试验中，按压力传感器灵敏度大小，优化布置在各个测点位置，布置原则是在距离炸药相对较近的高压力位置，选择灵敏度较低的传感器，在距离炸药相对较远的低压力位置，选择灵敏度较高的传感器，以满足不同位置测量精度的要求。

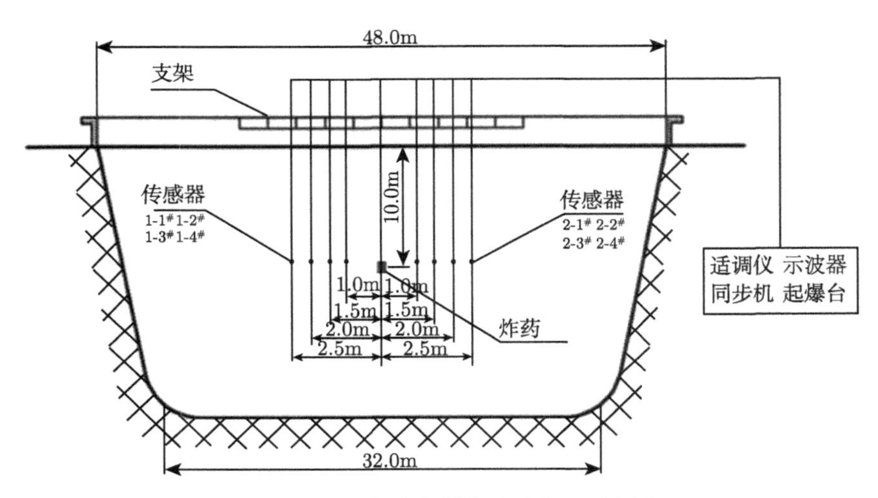

图 6.4.1　炸药水中爆炸试验布局示意图

首先进行了 TNT 炸药水中爆炸，确定了试验系统的动态灵敏度。然后对 CL-20 含铝炸药进行试验，分析铝粉含量和尺寸对能量释放的影响。

6.4.2 炸药水中自由场爆炸能量释放特征

图 6.4.2 是有氧化剂含铝炸药 CA33 (CL-20/Al/AP/Binder/41.5/33/20.5/5) 水中爆炸中，距离炸药中心不同位置，水中冲击波压力随时间的变化。可以看到，不同位置处冲击波压力变化具有相似性。当水中冲击波到达测量位置时，水中压力迅速上升，在很短时间内达到最大值，然后相对缓慢降低，随着与炸药中心距离的增大，冲击波的最大压力逐渐降低。

表 6.4.1 给出了有氧化剂含铝炸药 CA33 (CL-20/Al/AP/Binder/41.5/33/20.5/5)、含铝炸药 CA-1(CL-20/Al/Binder/82/15/3) 和 TNT 炸药水中爆炸，距离爆炸中心不同位置的冲击波最大压力。可以看到，虽然 CA33 炸药由于含有较多的铝粉和氧化剂，其爆轰压力显著低于 CA-1 含铝炸药，但除了测试中 2.0 m 位置处，CA33 炸药水中爆炸的冲击波压力均高于 CA-1 炸药。

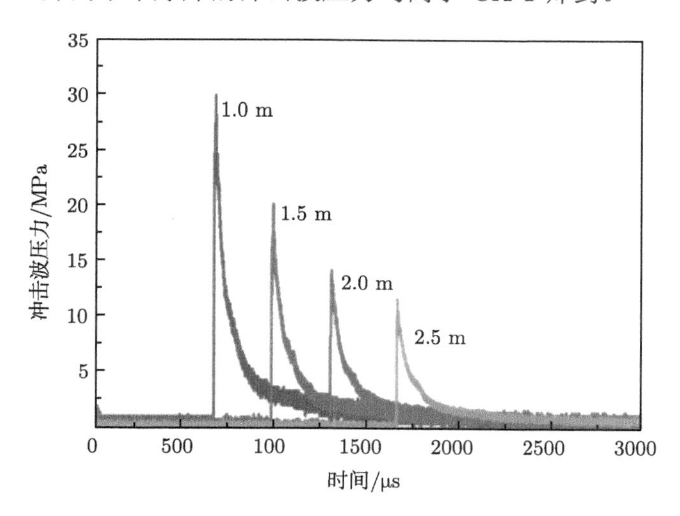

图 6.4.2 CA33 炸药水中冲击波压力随时间的变化

表 6.4.1 不同位置水中冲击波最大压力

炸药	冲击波最大压力 p_m/MPa			
	1.0 m	1.5 m	2.0 m	2.5 m
CA33 (CL-20/Al/AP/Binder/41.5/33/20.5/5)	29.59	19.99	13.76	11.48
CA-1(CL-20/Al/Binder/82/15/3)	28.40	18.68	16.92	11.37
TNT	26.99	17.07	12.33	9.59

根据炸药水中爆炸冲击波压力变化，可以计算出冲击波冲量，用于评价冲击波威力，冲击波冲量定义是水中冲击波压力对时间的积分 [20]：

$$I = \int_0^{6.7\theta} p(t)\mathrm{d}t \tag{6.4.1}$$

式中，I 为冲击波冲量；$p(t)$ 为冲击波压力随时间的变化关系；θ 是时间常数，其为冲击波由最大压力衰减为 p_{m}/e 所经历的时间。由于随着时间的推移，冲击波压力越来越低，时间越长，压力的积分对冲量贡献就越小，计算冲击波冲量时，积分时间一般取 6.7θ。

表 6.4.2 是三种炸药水中爆炸时，距离炸药中心 1.0 m、1.5 m、2.0 m 和 2.5 m 处的冲击波冲量值。可以看到，两种含铝炸药水中爆炸中，距离炸药中心 1.0 m、1.5 m、2.0 m 和 2.5 m 处 CA33 炸药水中爆炸的冲击波冲量均高于 TNT 炸药。CA33 炸药水中爆炸的冲击波冲量在 4 个位置处始终高于 CA-1 炸药，表明氧化剂促进铝粉反应释放能量，使水中冲击波衰减变缓，冲击波冲量更高。

表 6.4.2 不同距离下的水中冲击波冲量

炸药种类	冲击波冲量 I/(Pa·s)			
	1.0 m	1.5 m	2.0 m	2.5 m
CA33(CL-20/Al/AP/Binder/41.5/33/20.5/5)	3149	2287	1766	1489
CA-1(CL-20/Al/Binder/82/15/3)[21]	2823	1527	1331	1287
TNT	1706	1208	957	787

炸药在水中爆炸后，爆轰气体产物形成气泡在水中膨胀，当气泡膨胀至最大时，气泡内气体压力低于水中静水压力，此后气泡会被压缩，当气泡被压缩至最小时，会再次膨胀，这一过程是炸药水中爆炸的气泡脉动过程。气泡再次膨胀时，会产生二次压力波在水中传播，通过压力传感器记录水中冲击波压力，根据两次压力最大值间的时间差，即可获得气泡脉动周期。图 6.4.3 是 CA33 炸药水中爆

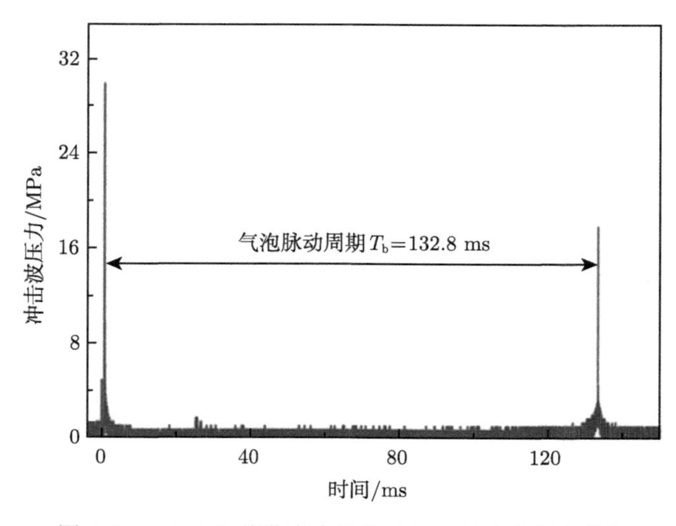

图 6.4.3 CA33 炸药水中爆炸 1.0 m 处水中压力变化

炸中，距离炸药中心 1.0 m 处水中压力随时间变化。CA33 炸药水中爆炸，产生的冲击波到达距离炸药中心 1.0 m 处的时间为 0.64 ms，第一次气泡脉动引起压力波到达距离炸药中心 1.0 m 处的时间为 133.44 ms，冲击波和压力波到达距离炸药中心 1.0 m 处的时间差为气泡脉动周期，其值是 132.8 ms。TNT 炸药气泡脉动周期是 97.3 ms，CA-1(CL-20/Al/Binder/82/15/3) 炸药的气泡脉动周期为 114.3 ms。可以看出，有氧化剂含铝炸药的气泡脉动周期明显较长，达到 TNT 炸药的 1.36 倍。

炸药水中爆炸后，炸药的能量主要转化为冲击波能和气泡能。冲击波冲量、冲击波能和气泡能是炸药水中爆炸的主要性能参数。

炸药水中爆炸冲击波能是对冲击波压力的平方的积分 [20]：

$$E_{\mathrm{s}}=\frac{4\pi R^2}{\rho_0 C_0}\int_0^{6.7\theta}p(t)^2\mathrm{d}t \tag{6.4.2}$$

式中，E_{s} 为冲击波能；ρ_0 为水的密度，取 1000 kg/m^3；C_0 为水中声速，取 1480 m/s。

炸药水中爆炸气泡能指爆轰反应气体产物膨胀到最大半径时，反抗周围静水压力所做的功，水中爆炸试验中通过测量水中冲击波压力随时间的变化，获得水中爆炸气泡脉动周期，计算炸药水中爆炸气泡能 [20]：

$$E_{\mathrm{b}}=0.6839p_{\mathrm{H}}^{5/2}\rho_0^{-3/2}T_{\mathrm{b}}^3 \tag{6.4.3}$$

式中，E_{b} 为气泡能；p_{H} 为炸药柱所在位置处的压强，其为炸药柱所受静水压强和当时当地大气压之和；T_{b} 为气泡脉动周期。

水中爆炸问题中通常使用单位质量炸药的冲击波能和气泡能来分析炸药水中爆炸性能。单位质量炸药的水中爆炸冲击波能：

$$e_{\mathrm{s}}=\frac{E_{\mathrm{s}}}{W} \tag{6.4.4}$$

单位质量炸药的水中爆炸气泡能：

$$e_{\mathrm{b}}=\frac{E_{\mathrm{b}}}{W} \tag{6.4.5}$$

炸药水中爆炸的总能量：

$$e_{\mathrm{tc}}=e_{\mathrm{s}}+e_{\mathrm{b}} \tag{6.4.6}$$

式中，W 为水中爆炸试验中的炸药质量，e_{s} 为单位质量炸药的冲击波能，e_{b} 为单位质量炸药的气泡能，e_{tc} 为传感器所处位置测试到的总能量。

表 6.4.3 是 CA33 炸药、CA-1 炸药和 TNT 炸药水中爆炸的冲击波能、气泡能和总能量。可以看到，CA33 炸药水中爆炸冲击波能和气泡能均高于 TNT 炸药，冲击波能是 TNT 炸药的 1.43 倍，气泡能是 TNT 炸药的 2.11 倍，总能量为 TNT 炸药的 1.88 倍。CA33 炸药的水中爆炸冲击波能占水中爆炸总能量的 25.54%，气泡能占水中爆炸总能量的 74.46%，而 TNT 炸药水中爆炸冲击波能占水中爆炸总能量的 33.56%，气泡能占水中爆炸总能量的 66.44%，低于 CA33 炸药的 74.46%。与 CA-1 炸药对比，可以看出 CA33 炸药水中爆炸冲击波能占水中爆炸总能量比例低于 CA-1 炸药，而气泡能占水中爆炸总能量比例高于 CA-1 炸药。试验结果显示，增加炸药中铝粉和氧化剂含量，可以提高炸药水中爆炸总能量，同时改变炸药水中爆炸能量输出结构，冲击波能和气泡能比例显示，铝粉和氧化剂含量的增加，显著提高了炸药水中爆炸气泡能。

表 6.4.3　不同炸药水中爆炸冲击波能、气泡能和总能量

炸药种类	冲击波能 e_s/(kJ/kg)	气泡能 e_b/(kJ/kg)	总能量 e_{tc}/(kJ/kg)	e_s/e_{tc}	e_b/e_{tc}
CA33(CL-20/Al/AP/Binder/41.5/33/20.5/5)	1.42	4.14	5.56	25.54%	74.46%
CA-1(CL-20/Al/Binder/82/15/3)	1.22	2.67	3.89	31.36%	68.64%
TNT	0.99	1.96	2.95	33.56%	66.44%

6.4.3　铝粉含量对炸药水中爆炸性能的影响

对不同铝粉含量 CL-20 炸药进行水中自由场爆炸试验。通过分析试验数据，可以得到炸药水中爆炸冲击波最大压力、冲击波冲量、冲击波能以及气泡能。表 6.4.4 是铝粉尺寸为 16～18 μm，铝粉含量不同的 4 种炸药水中爆炸，离炸药中心不同距离处冲击波的最大压力。可以看到，随着炸药中铝含量的增加，水中冲击波最大压力逐渐降低。

表 6.4.4　不同铝粉含量的 CL-20 及其含铝炸药水中爆炸不同位置处水中冲击波最大压力

炸药	不同位置处水中冲击波最大压力/MPa				
	0.45 m	0.58 m	0.8 m	0.9 m	1 m
C-1(CL-20/Binder/94/6)	28.95	20.7	14.52	13.82	10.83
CA-1(CL-20/Al/Binder/82/15/3)	27.31	20.67	14.43	13.12	11.02
CA-2(CL-20/Al/Binder/72.6/25/2.4)	26.88	20.34	14.01	13.18	10.81
CA-3(CL-20/Al/Binder/62.7/35/2.3)	25.18	19.20	13.87	12.23	10.19

图 6.4.4 是距离炸药中心 1 m 处，冲击波冲量随时间变化的曲线。可以看出，在距离炸药中心 1.0 m 处，随着时间变化，CA-1、CA-2 和 CA-3 炸药水中爆炸冲击波冲量逐渐高于 C-1 炸药。但是炸药水中爆炸冲击波冲量并不是随着铝粉含量的增加一直增大，由冲击波冲量随时间变化可以看到 CA-2 炸药水中爆炸冲击

波冲量最大。这是由于在炸药爆轰产物膨胀后期，CA-1、CA-2 和 CA-3 炸药中铝粉与爆轰产物反应释放能量，使爆轰产物压力下降相对放慢，水中冲击波衰减变慢，冲击波冲量增大，当铝粉含量为 25%左右时冲击波冲量达到最大。

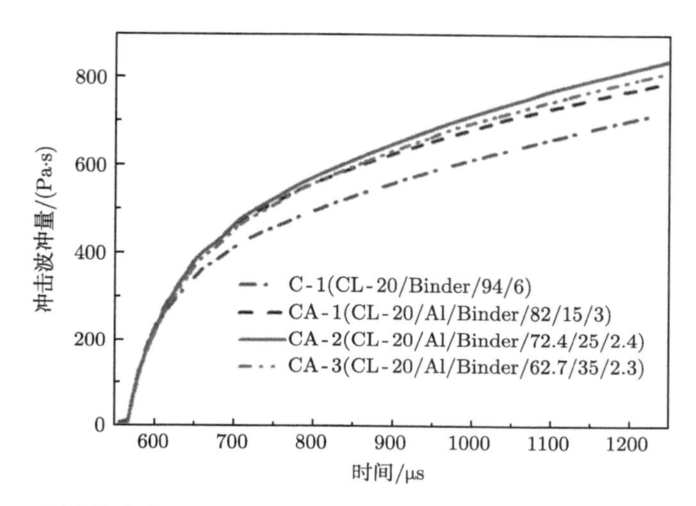

图 6.4.4 距离炸药中心 1.0 m 处，CL-20 及其含铝炸药冲击波冲量随时间变化

表 6.4.5 是距离炸药中心 0.45 m、0.58 m、0.8 m、0.9 m 和 1.0 m 处，C-1、CA-1、CA-2 和 CA-3 炸药各自水中爆炸试验冲击波能的平均值。在不同位置处 CA-1、CA-2 和 CA-3 炸药水中爆炸冲击波能均高于 C-1 炸药，当铝粉含量高于 25%时，炸药水中爆炸冲击波能有减小的趋势。表明 CL-20 基炸药中，加入铝粉可以提高炸药水中爆炸冲击波能，但是冲击波能随铝粉含量的增加不存在线性增加关系，当铝粉含铝为 25%左右时冲击波能达到最大。

表 6.4.5 CL-20 及其含铝炸药水中爆炸不同位置处冲击波能

炸药	不同位置出水中冲击波能 e_s/(MJ/kg)				
	0.45 m	0.58 m	0.8 m	0.9 m	1.0 m
C-1(CL-20/Binder/94/6)	1.13	1.03	0.85	0.98	0.89
CA-1(CL-20/Al/ Binder /82/15/3)	1.41	1.35	1.00	1.26	0.99
CA-2(CL-20/Al/ Binder /72.6/25/2.4)	1.46	1.41	0.97	1.33	0.98
CA-3(CL-20/Al/ Binder /62.7/35/2.3)	1.43	1.33	1.05	1.24	0.97

由于铝粉与爆轰产物反应，主要在爆轰 CJ 面后释放的能量，不同铝粉含量条件下，铝粉反应释放的能量对气泡脉动周期的影响较大。炸药水中爆炸试验中，通过测量水中冲击波压力随时间的变化可以得到气泡脉动周期，计算得到不同炸药水中爆炸气泡能。表 6.4.6 是 C-1、CA-1、CA-2 和 CA-3 炸药水中爆炸气泡脉动周期和气泡能的平均值。可以看出，随着铝含量的增加，炸药水中爆炸气泡

脉动周期增长，气泡能显著提高。CA-3 炸药水中爆炸的气泡能达到 4.07 MJ/kg，为 C-1 炸药的 2.1 倍。

表 6.4.6 CL-20 及其含铝炸药水中爆炸气泡脉动周期和气泡能

炸药	气泡脉动周期 t_b/ms	气泡能 e_b/(MJ/kg)
C-1(CL-20/Binder/94/6)	60.94	1.94
CA-1(CL-20/Al/Binder/82/15/3)	69.84	2.89
CA-2(CL-20/Al/Binder/72.6/25/2.4)	76.50	3.72
CA-3(CL-20/Al/Binder/62.7/35/2.3)	79.37	4.07

图 6.4.5 是 CL-20 及其含铝炸药水中爆炸冲击波能、气泡能和总能量随铝粉含量的变化，其中水中爆炸冲击波能是不同距离处冲击波能的平均值。图中冲击波能随铝粉含量的变化关系可以看出，随着铝粉含量的增加，CL-20 基炸药水中爆炸冲击波能呈现先增大后减小的趋势，在铝粉含量为 25%左右时，水中爆炸冲击波能达到最大。而炸药水中爆炸气泡能和总能量随着铝粉含量的增加一直增大。但是当铝粉含量由 25%增加至 35%时，炸药水中爆炸气泡能和总能量的增加幅度变小。

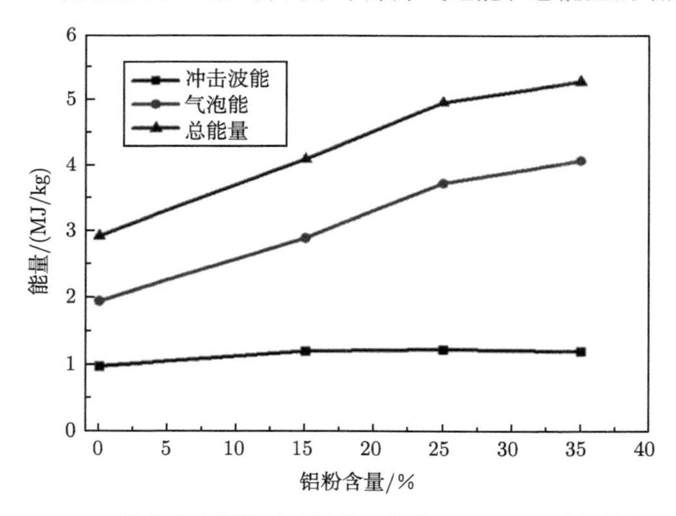

图 6.4.5 CL-20 炸药水中爆炸冲击波能、气泡能和总能量随铝粉含量的变化

6.4.4 铝粉尺寸对炸药水中爆炸性能的影响

对铝粉尺寸分别为 16~18 μm、2~3 μm、200 nm 及 200 nm 和 3 μm 铝粉比例为 1:1 时，铝粉含量为 15%的 4 种 CL-20 含铝炸药进行水中自由场爆炸试验，获得了不同铝粉尺寸的 CL-20 含铝炸药水中爆炸冲击波最大压力及冲量，如表 6.4.7 所示。在距离炸药中心 0.45 m 处，铝粉尺寸为 200 nm 的 CA-5 炸药水中爆炸冲击波最大压力为 30.72 MPa，较 CA-1 炸药水中爆炸冲击波最大压力高 12.5%，较 CA-4 炸药水中爆炸冲击波最大压力高 11.2%，200 nm 和 3 μm 铝粉比例为 1:1

的 CA-6 炸药水中爆炸冲击波最大压力为 29.00 MPa，低于 CA-5 炸药，但高于 CA-4 炸药，表明减小铝粉尺寸可以提高炸药水中爆炸冲击波最大压力。由表同时也可以看出，随着铝粉尺寸的减小，CL-20 含铝炸药水中爆炸冲击波压力逐渐增大，但 CA-5 炸药水中爆炸冲击波冲量较 CA-1 炸药仅提高 4.6%，这是由于随着炸药铝粉尺寸减小，铝粉与爆轰产物的反应速率加快，释放的能量支持冲击波的传播，所有其冲击波最大压力增大，但铝粉反应速率的增加导致其反应时间变短，因此，随着含铝炸药中铝粉尺寸的减小，炸药水中爆炸冲击波冲量增加较小。

表 6.4.7　不同铝粉尺寸的 CL-20 含铝炸药水中爆炸距离炸药中心 0.45 m 处冲击波最大压力及冲量

炸药	铝粉尺寸	冲击波最大压力/MPa	冲击波冲量/(kPa·s)
CA-1(CL-20/Al/Binder/82/15/3)	16～18 μm	27.31	1.116
CA-4(CL-20/Al/Binder/82/15/3)	2～3 μm	27.62	1.136
CA-5(CL-20/Al/Binder/82/15/3)	200 nm	30.72	1.167
CA-6(CL-20/Al/Binder/82/15/3)	200 nm/3 μm(1:1)	29.00	1.146

根据试验结果，采用 6.4.2 节中炸药水中爆炸性能参数计算方法，得到了不同铝粉尺寸的 CL-20 含铝炸药水中爆炸冲击波能、气泡能和水中爆炸总能量，如表 6.4.8 所示。可以看出铝粉尺寸为 2～3 μm 的 CA-4 炸药水中爆炸冲击波能最高，较 CA-1 炸药提高 14.2%。但是两种炸药水中爆炸的气泡脉动周期仅相差 0.09 ms，水中爆炸气泡能基本相同。铝粉尺寸为 200 nm 的 CA-5 炸药水中爆炸气泡脉动周期最短，冲击波能较低，水中爆炸总能量小于 CA-1 和 CA-4 炸药。200 nm 和 3 μm 铝粉比例为 1:1 的 CA-6 炸药水中爆炸气泡能较 CA-5 炸药冲击波能高 6%，但低于 CA-1 和 CA-4 炸药水中爆炸气泡能。说明在该试验条件下，由于炸药铝粉尺寸减小，铝粉与爆轰产物的反应速率加快，释放的能量支持冲击波的传播，但当铝粉尺寸达到纳米级时，炸药水中爆炸冲击波压力较大，冲击波在传播的过程中能量损失更多，导致冲击波能降低，又由于铝粉反应过快，铝粉反应的能量过早释放，支持气泡脉动的能量减少，使炸药水中爆炸气泡能降低。使用铝粉颗粒级配的 CA-6 炸药，水中爆炸气泡能较 CA-5 炸药有所提高，主要是炸药中 3 μm 的铝粉在一定程度上减缓了铝粉的反应速率。

表 6.4.8　不同铝粉尺寸的 CL-20 含铝炸药气泡脉动周期、冲击波能、气泡能和总能量

炸药	铝粉尺寸	气泡脉动周期 t_b/ms	冲击波能 e_s/(MJ/kg)	气泡能 e_b/(MJ/kg)	总能量 e_{tc}/(MJ/kg)
CA-1(CL-20/Al/Binder/82/15/3)	16～18 μm	69.84	1.20	2.89	4.10
CA-4(CL-20/Al/Binder/82/15/3)	2～3 μm	69.93	1.37	2.90	4.28
CA-5(CL-20/Al/Binder/82/15/3)	200 nm	65.86	1.27	2.48	3.75
CA-6(CL-20/Al/Binder/82/15/3)	200 nm /3 μm(1:1)	66.57	1.26	2.63	3.89

参考文献

[1] Finger M, Horning H C, Lee E L, et al. Metal acceleration by composite explosives // Proceedings of the 5th International Detonation Symposium, 1970: 137-151.

[2] Bjarnholt G. Effects of aluminum and lithium flouridead mixtures on metal acceleration ability of Comp B // Proceedings of the 6th International Detonation Symposium, 1976: 510-521.

[3] Almstrom H, Bjarnholt G. Method for electrically initiating and controlling the burning of a propellant charge and propellant charge. Patent No.5854439, US, 1998.

[4] Stiel L I, Baker E L, Capellos C. Jaguar analyses of experimental detonation values for aluminized explosives. AIP Conference Proceedings, 2004, 706(1): 891-894.

[5] Balas W, Nicolich S, Capellos C, et al. New aluminized explosives for high energy, high blast warhead applications // Proceedings 2006 Insensitive Munitions & Energetic Materials Technology Symposium, 2006.

[6] 韩勇, 黄辉, 黄毅民, 等. 不同直径含铝炸药的作功能力. 火炸药学报, 2008, 31(6): 5-7.

[7] Baker E L, Balas W, Capellos C, et al. Combined effects aluminized explosives. New Jersey: Army Armament Research Development and Engineering Center Picatinny Arsenal NJ Munitions Engineering Technology Center, 2010.

[8] Nicolich S M, Capellos C, Balas W A, et al. High-blast explosive compositions containing particulate metal. US 8168016 B1, 2012.

[9] Davydov V Y, Grishkin A M, Muryshev E Y. Effect of gasdynamic conditions on energy output of secondary reactions in propellant action of explosives. Combustion Explosion & Shock Waves, 1993, 29(2): 233-238.

[10] Orlenko L P. Physics of Explosion [in Russian], Vol. 1. Moscow: Fizmatlit, 2002.

[11] Gogulya M F, Makhov M N, Brazhnikov M A, et al. Explosive characteristics of aluminized HMX-based nanocomposites. Combustion Explosion & Shock Waves, 2008, 44(2): 198-212.

[12] Makhov M N, Gogulya M F, Dolgoborodov A Y, et al. Acceleration ability and heat of explosive decomposition of aluminized explosives. Combustion Explosion & Shock Waves, 2004, 40(4): 458-466.

[13] Makhov M N, Arkhipov V I. Method for estimating the acceleration ability of aluminized high explosives. Russian Journal of Physical Chemistry B Focus on Physics, 2008, 2(4): 602-608.

[14] Makhov M N. Heat of explosion and acceleration ability of aluminized CL20-based compositions. Russian Journal of Physical Chemistry B, 2014, 8(2): 186-191.

[15] Makhov M N. Effect of aluminum and boron additives on the heat of explosion and acceleration ability of high explosives. Russian Journal of Physical Chemistry B, 2015, 9(1): 50-55.

[16] Miller P J, Bedford C D, Davis J J. Effect of metal particle size on the detonation properties of various metalized explosives // Proceedings of the 11th International Detonation Symposium. Colorado, 1998: 214-220.

[17] 陈朗, 张寿齐, 赵玉华. 不同铝粉尺寸含铝炸药加速金属能力的研究. 爆炸与冲击, 1999, 19(3): 250-255.

[18] 陈朗, 龙新平, 冯长根, 等. 含铝炸药爆轰. 北京: 国防工业出版社, 2004.

[19] Cole R H. Underwater explosions. Princeton, New Jersey: Princeton University Press, 1948.

[20] Bjarnholt G. Suggestions on standards for measurement and data evaluation in the underwater explosion test // Propellants, Explosives, Pyrotechnics, 1980, 5(2-3): 67-74.

[21] Miller P J, Guirguis R H. Experimental study and model calculations of metal combustion in ai/ap underwater explosives. MRS Online Proceedings Library, 1993, 296: 299-304.

[22] Bocksteiner G. Evaluation of underwater explosive performance of PBXW-115 (AUST). Australia: Defence Science and Technology Organization Canberra, 1996.

[23] StrøMsøE E, Eriksen S W. Performance of high explosives in underwater applications. Part 2: Aluminized explosives. Propellants Explosives Pyrotechnics, 1990, 15(2): 52-53.

[24] 牛国涛, 王淑萍, 金大勇, 等. 纳米铝对 RDX 基炸药水下爆炸能量的影响. 火炸药学报, 2015, 38(1): 64-68.

[25] Xiang D, Rong J, He X, et al. Underwater explosion performance of RDX/AP-based aluminized explosives. Central European Journal of Energetic Materials, 2017, 14(1): 60-76.

[26] Hu H, Chen L, Yan J, et al. Effect of aluminum powder on underwater explosion performance of CL-20 based explosives. Propellants, Explosives, Pyrotechnics, 2019, 44(7): 837-843.

[27] Baker E L, Balas W, Capellos C, et al. Combined effects aluminized explosives. New Jersey: Army Armament Research Development and Engineering Center Picatinny Arsenal NJ Munitions Engineering Technology Center, 2010.